THÈSES

PRÉSENTÉES

À LA FACULTÉ DES SCIENCES DE PARIS

POUR OBTENIR

LE GRADE DE DOCTEUR ÈS-SCIENCES NATURELLES

Par Paul HALLEZ,

Maître de Conférences à la Faculté de Médecine de Lille.

1re Thèse. — CONTRIBUTIONS A L'HISTOIRE NATURELLE DES TURBELLARIÉS.

2e Thèse. — PROPOSITIONS DONNÉES PAR LA FACULTÉ.

Soutenues le   Juillet 1879, devant la Commission d'examen.

MM. MILNE-EDWARDS,   *Président.*

HÉBERT,
DUCHARTRE,   *Examinateurs.*

LILLE,
IMPRIMERIE L. DANEL,
rue Nationale, 93.

1879

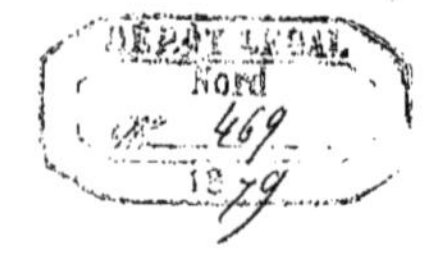

THÈSES

PRÉSENTÉES

A LA FACULTÉ DES SCIENCES DE PARIS

POUR OBTENIR

LE GRADE DE DOCTEUR ÈS-SCIENCES NATURELLES

Par Paul HALLEZ,

Maître de Conférences à la Faculté de Médecine de Lille.

1re Thèse. — CONTRIBUTIONS A L'HISTOIRE NATURELLE DES TURBELLARIÉS.

2e Thèse. — PROPOSITIONS DONNÉES PAR LA FACULTÉ.

Soutenues le   Juillet 1879, devant la Commission d'examen.

MM. MILNE-EDWARDS,   *Président.*

HÉBERT,   } *Examinateurs.*
DUCHARTRE,

LILLE,
IMPRIMERIE L. DANEL,
rue Nationale, 93.
—
1879

ACADÉMIE DE PARIS.

FACULTÉ DES SCIENCES DE PARIS.

MM.

Doyen	MILNE EDWARDS, Professeur.	Zoologie, Anatomie, Physiologie comparée.
Professeurs honoraires.	DUMAS. PASTEUR.	
Professeurs	CHASLES................	Géométrie supérieure.
	P. DESAINS	Physique.
	LIOUVILLE	Mécanique rationnelle.
	PUISEUX................	Astronomie.
	HÉBERT	Géologie.
	DUCHARTRE	Botanique.
	JAMIN	Physique.
	SERRET	Calcul différentiel et intégral.
	H. S^{te} - CLAIRE DEVILLE..	Chimie.
	DE LACAZE-DUTHIERS...	Zoologie, Anatomie, Physiologie comparée.
	BERT...................	Physiologie.
	HERMITE	Algèbre supérieure.
	BRIOT	Calcul des probabilités, Physique mathémathique.
	BOUQUET	Mécanique physique et expérimentale.
	TROOST	Chimie.
	WURTZ.................	Chimie organique.
	FRIEDEL	Minéralogie.
	O. BONNET	Astronomie.
Agrégés	BERTRAND.............. J. VIEILLE	Sciences mathématiques.
	PELIGOT................	Sciences physiques.
Secrétaire	PHILIPPON.	

CONTRIBUTIONS A L'HISTOIRE NATURELLE

DES TURBELLARIÉS

Par Paul HALLEZ

Maître de Conférences à la Faculté de Médecine de Lille.

Nec species sua cuique manet, rerumque novatrix
Ex aliis alias reparat natura figuras.

Rien ne garde sa forme primitive ; la nature renouvelle
tout et substitue incessamment une figure à une autre.

OVIDE, Métamorphoses, Lib. XV, V, 252-53.

A MONSIEUR LE DOCTEUR A. GIARD,

Professeur à la Faculté des Sciences et à la Faculté de Médecine
de Lille.

Mon cher Maître,

En publiant ce travail, je crains bien de ne produire qu'une œuvre indigne de votre enseignement et de vos conseils. Je vous en offre néanmoins la dédicace, comme un témoignage de ma vive reconnaissance pour l'affection dont vous n'avez cessé de m'entourer en toutes circonstances.

Mon plus vif désir est de pouvoir arriver à consacrer tout mon temps à des études qui me sont chères, en mettant à profit vos excellentes leçons.

Si par un dévouement semblable à celui dont vous m'avez donné des preuves constantes, j'arrivais à faire quelques nouveaux prosélytes, je croirais avoir acquitté une partie de la dette que j'ai contractée envers vous.

Votre élève tout dévoué,
P. HALLEZ.

INTRODUCTION.

Les recherches et les observations dont je publie les résultats dans le présent mémoire ont été faites en partie à Lille, en partie au Laboratoire de Zoologie de Wimereux, dirigé par M. le professeur A. GIARD. Elles ont porté sur plus de quarante espèces différentes, appartenant aux types les plus divers des Rhabdocœles et des Dendrocœles d'eau douce et d'eau de mer, ainsi qu'aux Planaires terrestres. Comme j'ai étudié toutes ces espèces avec soin, au point de vue anatomique, histologique, et biologique, j'ose espérer, s'il m'arrive parfois de manifester quelque tendance à généraliser le résultat de mes observations, que l'on ne m'accusera pas de baser mes généralisations sur des observations insuffisantes et trop peu nombreuses.

Mes recherches ayant porté sur un grand nombre de points de l'organisation et de l'histoire naturelle générale des Turbellariés, je me trouve dans la nécessité de diviser ce mémoire en trois parties.

La *première partie* sera partagée elle-même en deux chapitres : dans le premier, je ferai connaître le résultat de mes recherches sur l'organisation, sur l'*Anatomie* des Turbellariés; dans le second, j'exposerai les observations que j'ai faites relativement à l'*Ethologie* de ces animaux.

La *seconde partie* sera exclusivement consacrée à l'exposé de mes recherches sur l'*Embryogénie*.

Enfin, dans la *troisième partie*, je donnerai la *Description des espèces nouvelles* que j'ai rencontrées, aussi bien dans l'eau douce que dans l'eau salée; enfin je discuterai la valeur des caractères que l'on a choisis pour l'établissement des grandes divisions généralement admises dans la classe des Turbellariés, et je chercherai à établir l'arbre généalogique de ces animaux.

J'aurai toujours soin, au commencement de chaque chapitre, de donner un aperçu historique, aussi complet que possible, afin de mieux préciser les faits nouveaux que je crois avoir apportés à la science.

Qu'il me soit permis d'adresser ici tous mes remerciements à Messieurs les membres du Conseil d'administration de l'*Association française pour l'avancement des Sciences*, qui ont bien voulu donner une nouvelle preuve de leur bienveillance pour les travaux du Laboratoire de Zoologie de Lille, en m'allouant une subvention de mille francs, destinée à couvrir une partie des frais de publication de mon travail.

PREMIÈRE PARTIE

ANATOMIE ET ETHOLOGIE.

I. ANATOMIE.

HISTORIQUE.

Le premier zoologiste qui s'occupa des Turbellariés est O. Fr. Müller. Ce savant publia dans *Zoologica Danica* une série de descriptions d'animaux appartenant aux différentes divisions du groupe dont nous allons nous occuper, et pour lesquels il ne créa qu'un seul genre, le genre *Planaria*.

Le nom de *Turbellariés* fut imaginé par Ehrenberg, qui fonda également les deux sous-ordres des *Rhabdocœles* et des *Dendrocœles*, aujourd'hui encore admis par tous les naturalistes.

Les premiers essais sérieux qui furent tentés pour arriver à la connaissance de l'organisation des Turbellariés, sont dus à Baer (1826) et à Dugès (1828 et 1830) qui publièrent le résultat de leurs observations à quelques années de distance, le premier en Allemagne, le second en France. L'habile investigateur de Montpellier nous donna des renseignements très-précis sur les mœurs et l'habitat des animaux qu'il avait étudiés avec tant de soin, il décrivit aussi plusieurs espèces nouvelles et révéla sur leur organisation des détails qui, pour

2

· cette époque, étaient d'une grande valeur. Dugès étendit ses recherches aux deux sous-ordres des Turbellariés ; Baer , au contraire, ne s'occupa que des Planariées proprement dites.

De 1830 à 1844, quelques mémoires relatifs aux Turbellariés furent publiés par Mertens , Ehrenberg , Franz Ferd. Schultze, Focke et Von Siebold ; Focke notamment fit une monographie de la *Planaria (Mesostomum) Ehrenbergii*, espèce qui a souvent été choisie, à cause de sa transparence, par la plupart des naturalistes qui ont entrepris des recherches sur les Rhabdocœles, et dont l'histoire cependant est loin d'être complète.

C'est en 1844 qu'Œrsted publia le premier travail d'ensemble sur toutes les espèces connues à cette époque, en donnant à propos de chacune d'elles une courte description.

Une révision semblable à celle qu'avait faite Œrsted fut entreprise en 1862 par Diesing ; mais ce dernier travail, qui rendit des services à la science en son temps, a besoin d'être refait aujourd'hui à nouveau, et tous les naturalistes qui, désirent étudier le groupe des Turbellariés, devront des remercîments à M. L. Graff, qui travaille en ce moment à débrouiller les synonymies nombreuses des différentes espèces de Turbellariés.

Entre les deux publications d'Œrsted et de Diesing , qui marquent deux dates importantes dans l'histoire des Turbellariés , parut une nombreuse série de mémoires dont je ne puis signaler ici que les plus importants.

Les Planaires marines furent l'objet d'un travail important au double point de vue de l'anatomie et de la spécification, que nous devons à M. de Quatrefages.

C'est pendant la même période qu'Oscar Schmidt, fit paraître successivement (1848-1862), huit mémoires importants sur les Rhabdocœles. L'auteur y décrit un grand nombre d'espèces nouvelles , parmi lesquelles quelques types aberrants du plus haut intérêt, et donne sur leur organisation des détails d'une grande valeur. C'est lui notamment, qui, le premier, donna des indications très-précises sur la composition des organes génitaux de ces animaux dont l'observation est toujours si délicate.

C'est encore dans le même temps , que Max Schultze publia sa notice sur la famille des Microstomiens , ses recherches sur les Planaires terrestres et ses fameux *Beitræge zur Naturgeschichte der Turbellarien* , véritable monument scientifique qui devra toujours être consulté par ceux qui entreprendront des recherches sur l'organisation des Turbellariés.

Je signalerai encore ici les travaux d'Edouard CLAPARÈDE et de P.-J. VAN BENEDEN.

Depuis la publication de l'ouvrage de DIESING jusqu'à nos jours, le nombre des mémoires publiés sur l'organisation des Turbellariés n'est pas de beaucoup inférieur à quarante. MECZNIKOW fit connaître plusieurs formes intéressantes de Rhabdocœles sur lesquelles j'aurai occasion de revenir dans le cours de cet ouvrage. Dans un autre mémoire, il fit connaitre l'anatomie d'une Planaire terrestre, le *Geodesmus bilineatus*. Cette espèce possède un appareil digestif pourvu de diverticulum disposés d'une façon très-régulière ; aussi MECZNIKOW range-t-il cet animal avec les Dendrocœles. Je montrerai, dans le cours de mon travail, que la forme de l'intestin doit être considérée comme n'ayant qu'une valeur secondaire ; d'un autre côté, l'existence chez le *Geodesmus bilineatus* d'un système de vaisseaux aquifères pourvus de flagellum, ainsi que la forme du pharynx, constituent des caractères qui, comme j'espère le démontrer, sont plus importants que celui tiré de la forme de l'intestin ; pour toutes ces raisons, je crois qu'il faudra ranger l'espèce terrestre de MECZNIKOW avec les Rhabdocœles terrestres. Nous connaitrions donc actuellement deux Rhabdocœles terrestres : le *Geodesmus bilineatus* et le *Geocentrophora sphyrocephala* décrit par DE MAN.

Edouard VAN BENEDEN a publié deux mémoires remarquables pour l'histoire générale des Turbellariés rhabdocœles.

Les Turbellariés de la baie de Sébastopol ont permis à ULIANIN de faire un fort beau mémoire, dans lequel, entre autres formes intéressantes, il fait connaître des espèces sans intestin.

GRÜBE a donné la description des Planaires du lac Baïkal, en Sibérie.

A. SCHNEIDER, dans ses importantes recherches sur les Plathelminthes, consigne des faits de haute importance au point de vue de l'anatomie et de la biologie des Rhabdocœles et particulièrement du *Mesostomum Ehrenbergii*.

Les recherches anatomiques et histologiques de MOSELEY sur les Planaires terrestres ont fourni à la science des documents de la plus grande valeur ; elles ont notamment puissamment contribué à débrouiller la disposition complexe de la musculature de ces animaux, et par suite elles ont donné le dernier coup à l'opinion ancienne relative au parenchyme du corps des Planariées.

Minot, qui a employé dans ses études la même méthode des coupes qui avait rendu de si grands services à Moseley, a, en grande partie, confirmé les observations de ce dernier.

Je signalerai encore, dans cet aperçu historique, l'important mémoire de Jensen sur les Turbellariés de la côte occidentale de Norwège.

Enfin, Ludwig Graff a publié presque sans interruption depuis 1874, une série de mémoires auxquels j'attache la plus grande importance, et auxquels je ferai de fréquents renvois dans le cours de cet ouvrage.

TÉGUMENTS.

ÉPIDERME ET BATONNETS.

La nature cellulaire de l'épiderme des Turbellariés (Rhabdocœles et Dendrocœles) est aujourd'hui un fait parfaitement établi. Les observations de Mecznikow (1) sur le *Geodesmus bilineatus*, de Schneider (2) sur le *Mesostomum Ehrenbergii*, de L. Graff (3) sur le *Stenostomum leucops*, de Moseley (4) sur les Planaires terrestres, de de Quatrefages (5) sur les Planaires marines, et d'autres investigateurs encore, ne peuvent laisser aucun doute sur la généralité de cette structure cellulaire dans tout le groupe. Je puis ajouter que, dans le cours de mes recherches sur les animaux qui font le sujet de ce mémoire, j'ai souvent eu occasion d'obtenir accessoirement de très-belles préparations de

(1) Ueber *Geodesmus bilineatus*. (Fig. 6.)
(2) Untersuchungen über Plathelminthen. (Pl. V. fig. 1 a.)
(3) Neue Mittheilungen über Turbellarien. (Pl. XXVII, fig. 8.)
(4) On the Anatomy and Histology of the Land-Planarians of Ceylan.
(5) Mémoire sur quelques Planariées marines (Pl. III, fig. 15.)

cellules épithéliales dans les types les plus différents des Turbellariés : j'en ai reproduit quelques-unes dans mes planches.

J'ai déjà montré, dans un autre travail (1), que les vacuoles ou cavités remplies d'eau (wasserklare Räume), observées par Max Schultze (2) dans la peau des Turbellariés, et par Mecznikow dans le *Geodesmus bilineatus,* étaient le résultat d'un état pathologique, et n'avaient par conséquent aucune importance.

Les cellules de l'épiderme sont généralement grandes, hexagonales, pourvues d'un noyau très-apparent (Pl. IV, fig. 33, Pl. IV, fig. 8), quelquefois framboisé (Pl. VI, fig. 6), et se colorant admirablement par la liqueur carminée de Beale. Rien n'est plus facile que d'obtenir de belles préparations de l'épiderme. Ces cellules épithéliales sont dans la règle couvertes de cils vibratiles, elles portent quelquefois encore en outre des cils longs et raides.

Autant que j'en puis juger par mes recherches sur l'embryogénie des Turbellariés, l'épiderme correspondrait à l'exoderme de la *gastrula.*

Les organes en forme de *bâtonnets,* dont l'existence est si générale dans les téguments des Turbellariés, ont été signalés pour la première fois par Ehrenberg (3), et depuis ils ont été observés par tous les naturalistes qui ont étudié le groupe qui nous occupe. L'historique de cette question a été fait avec beaucoup de science par L. Graff (4) ; aussi je me contenterai surtout ici de citer celles de mes observations personnelles qui peuvent présenter quelques résultats nouveaux pour la science.

Les bâtonnets, dont la forme et les dimensions varient considérablement d'une espèce à une autre, paraissent formés par une substance protoplasmique, réfringente, d'une nature spéciale ; ils se colorent très-bien par les réactifs carminés, et, sous l'influence de l'acide osmique, ils brunissent légèrement.

Leur formation dans des cellules spéciales fut indiquée d'abord par de Siebold. J'ai cherché à me rendre compte de la genèse de ces corps, et voici ce que j'ai observé. Les jeunes cellules productrices sont constituées par un protoplasme finement granuleux, entouré d'une membrane délicate et pourvu d'un nucléole

---

(1) Observations sur le *Prostomum lineare.*
(2) Beiträege zur naturgeschichte der Turbellarien.
(3) Abhandlungen der Berliner Académie der Wissensch, 1833.
(4) Neue Mittheilungen über Turbellarien. (P. 421.)—Voyez aussi Kurze Berichte über fortgesetzte Turbellarien studien.

(Pl. VI, fig. 9 *d*). La formation des bâtonnets, à l'intérieur de ces cellules, est d'abord indiquée par des condensations légères du protoplasme cellulaire (Pl. VI, fig. 7 *a* et 9 *e*), condensations qui m'ont toujours semblé se faire parallèlement les unes aux autres et dans un point assez éloigné du noyau. Ces petites masses protoplasmiques différenciées s'allongent, leur contour s'accentue de plus en plus, et, à mesure que leur nombre augmente, le protoplasme qui reste dans la cellule devient plus clair et le noyau tend à se rapprocher de la paroi (Pl. VI, fig. 7 *b*). Quand la différenciation du protoplasme en bâtonnets est complète, on voit les cellules productrices remplies par ces petits corps réfringents.

L'arrangement des bâtonnets dans l'intérieur des cellules est souvent très-régulier, et assez constant dans une même espèce ; tantôt les bâtonnets sont tous disposés suivant les méridiens (Pl. VI fig. 8 *b* Pl. VIII fig. 30) de la cellule, et rappellent la disposition des corps falciformes à l'intérieur des psorospermies ; tantôt tout en restant parallèles les uns aux autres, ils décrivent une spirale autour de l'axe de la cellule ; tantôt ils décrivent deux spirales dirigées en sens contraire ; tantôt enfin aucun ordre ne paraît présider dans leur arrangement respectif (Pl. VI fig. 7 *c*). J'ai été témoin une seule fois de la rupture d'une cellule productrice chez *Mesostomum tetragonum* (Pl. VI fig. 7 *d*) ; il m'a été impossible de retrouver dans cette cellule rompue la moindre trace du noyau. Nous voyons donc qu'en définitive, la génèse des bâtonnets des Mésostomiens n'est pas sans présenter certaines analogies avec celle des cristalloïdes que j'étudierai plus loin. Je regrette vivement de n'avoir pas eu la pensée d'observer ces corps dans la lumière polarisée ; car leur forme régulière, la constance de cette forme dans une même espèce, leur génèse, leur composition chimique qui paraît être voisine de celle des dodécaèdres pentagonaux des *Mesostomum*, tout me porte à les considérer comme des cristalloïdes. Cette manière de voir ne peut, d'ailleurs, à mon avis, apporter aucun argument dans la discussion de la valeur morphologique et du rôle physiologique des bâtonnets.

Une question qui a encore attiré mon attention, c'est celle qui est relative à la détermination de la place qu'occupe la couche formatrice des bâtonnets dans les téguments des Turbellariés. Dans l'opinion la plus généralement admise à cet égard, on considère les cellules à bâtonnets comme prenant naissance dans le parenchyme du corps, c'est-à-dire dans le tissu que j'étudierai un peu plus loin sous le nom de reticulum conjonctif. Cette manière de voir est notamment

soutenue par A. Schneider, L. Graff et Minot : le premier auteur a mêm
donné une coupe de Planaire d'eau douce (1) dans laquelle une couche régulière de
cellules à bâtonnets est figurée au milieu du tissu conjonctif. Les bâtonnets
sont donc, pour ces observateurs, obligés de traverser l'épaisseur des téguments
pour arriver à la surface épidermique où on les observe toujours en très-grande
abondance.

Il m'est impossible de partager cette opinion pour des raisons que je considère comme ayant une valeur réelle. En première ligne, je dois indiquer
que les cellules formatrices des bâtonnets constituent, dans la larve, une
couche qui est immédiatement placée sous l'épiderme (Pl. VIII fig. 21 *b*), et
qui, d'après mes observations, dériverait directement de l'exoderme. D'un
autre côté, si les bâtonnets prenaient naissance dans la parenchyme du corps,
on devrait en retrouver dans les différentes couches tégumentaires; je n'en ai
jamais, quant à moi, observé dans ces conditions, dans les nombreuses coupes
microscopiques que j'ai examinées. Je crois donc que les cellules observées
dans le reticulum conjonctif par A. Schneider, et considérées par lui comme
des cellules à bâtonnets, doivent avoir une toute autre signification.

Un fait qui a peut-être contribué à appuyer la manière de voir de Schneider et de L. Graff, c'est l'existence, au milieu du tissu conjonctif des Mesostomes, de cellules produisant de grands bâtonnets. Ces deux savants, ainsi
que la plupart des observateurs qui ont étudié les Mésostomiens, ont distin-
gué chez ces animaux deux sortes de cellules à bâtonnets très-différentes
(Pl. VI fig. 8 *a* et *b*): les cellules à petits et les cellules à grands bâtonnets;
les premières ne se rencontrent qu'immédiatement sous l'épiderme, les
secondes se trouvent toujours dans le tissu conjonctif. Aussi ne suis-je pas
éloigné d'admettre que ces deux formes de cellules à bâtonnets ne sont pas
homologues.

Je crois que la grande généralité des naturalistes sont aujourd'hui d'accord
pour donner aux bâtonnets la même valeur morphologique qu'aux nématocystes des Cœlentérés. Je n'ai aucun argument nouveau à ajouter à ceux qui
ont été mis en avant, notamment par L. Graff, pour démontrer cette manière
de voir que je partage entièrement.

Si les zoologistes sont d'accord relativement à la valeur morphologique des

---

(1) Untersuchungen über Plathelminthen. (Pl. VII, fig. 6.)

bâtonnets, il n'en est pas de même sous le rapport du rôle physiologique à attribuer à ces organes. On peut dire que toutes les opinions probables et improbables ont été émises à cet égard. Œrsted prenait les bâtonnets pour des muscles ; Stein et Max Schultze les considèrent comme des organes de tact (Tastkörperchen) ; Leuckart, Müller, Allmann, Kölliker, de Quatrefages, etc., n'y voient que des organes urticants ; enfin, A. Schneider veut voir dans les bâtonnets un moyen de séduction, il les compare aux traits de l'Amour (sie bei der Begattung als Reizmittel eine Art Leibespfeile verwendet werden) (1) !

Il résulte de ce qui précède qu'on ne sait rien de positif relativement au rôle physiologique des bâtonnets. Il est certain toutefois que, dans les espèces où ils sont abondants, ils doivent contribuer à donner une certaine consistance aux téguments ; il est également certain qu'on en observe toujours un ou deux dans les dentelures des papilles servant à l'adhésion. Enfin, je ferai encore remarquer que chez les *Prostomum*, animaux qui sont pourvus d'un redoutable organe de défense et d'attaque, les bâtonnets font défaut ; de même le *Stylochus tardus* trouvé par L. Graff (2), à Trieste, et qui est armé de vraies capsules urticantes, est également privé de bâtonnets. D'un autre côté, M. de Quatrefages (3) a décrit chez le *Polycelis levigatus* des bâtonnets pouvant émettre un filament urticant très-délié. J'ajouterai que j'ai vu une fois, en couvrant un *Macrostomum hystrix* d'une lame mince, des bâtonnets nombreux sortir avec une certaine force de toute la surface du corps de l'animal, sans que je puisse croire que ce phénomène ait été produit par l'effet de la pression ; car ce Macrostome a ensuite continué à se mouvoir sous mon microscope, sans présenter la moindre lésion organique.

Ces considérations pourraient donc faire supposer que les bâtonnets sont capables de jouer, au moins dans certaines espèces, un rôle semblable à celui des nématocystes.

Je crois, pour ma part, que le rôle physiologique des organes en forme de bâtonnets est probablement plus complexe qu'on ne le suppose, et que peut-être il varie d'une espèce à une autre.

---

(1) Untersuchungen über Plathelminthen, page 24.
(2) Kurze Berichte über fortgesetzte Turbellarienstudien.
(3) Mémoire sur quelques Planariées marines. (Pl. VIII, fig. 9 et 10.)

COUCHES MUSCULAIRES ET PIGMENT.

Les couches musculaires, qui constituent la partie la plus importante des téguments des Turbellariés, sont aujourd'hui asséz bien connues grâce aux travaux des zoologistes modernes, et à la méthode des coupes qui rend tous les jours de si grands services à la science.

Les travaux de Keferstein (1), de Moseley (2), de Minot (3), ont puissamment contribué à débrouiller l'étude si délicate et si difficile des couches musculaires des Turbellariés.

Si l'on compare les observations que ces savants ont faites sur les Planaires terrestres, marines et d'eau douce, on peut tirer cette conclusion que, dans tous ces types, les téguments sont constitués par quatre couches musculaires qui sont, en allant de l'extérieur vers l'intérieur: 1° une couche de fibres musculaires circulaires externe; 2° une couche de fibres longitudinales externe; 3° une couche de fibres circulaires interne; 4° une couche de fibres longitudinales interne. Tel est le plan général. Les différences de structure que l'on observe dans les différentes espèces de Turbellariés ne tiennent généralement qu'à un développement plus ou moins considérable de l'une ou de plusieurs de ces couches. Cependant les Planaires terrestres présentent une modification spéciale du système musculaire tégumentaire, modification qui consiste dans l'interposition, entre les couches 2 et 3, d'une couche supplémentaire très-développée, surtout sur la face ventrale, et formée de fibres radiales (pl. VII, fig. 15 *fr.*) Cette disposition particulière de la musculature paraît être en rapport avec l'existence, chez ces animaux, d'un pied ventral, essentiellement constitué par des fibres radiées et servant à la locomotion comme le pied des Gastéropodes.

Les observations que j'ai faites, au sujet des couches musculaires tégumentaires, sur *Planaria nigra*, *Leptoplana tremellaris*, *Eurylepta auriculata* et *Rhynchodemus terrestris*, confirment en tous points, les

---

(1) Beitræge zur Anatomie und Entwicklungsgeschichte einiger Seeplanarien von St.-Malo, 1868.
(2) On the Anatomy and Histology of the Land-Planarians of Ceylan, 1873.
(3) Studien an Turbellarien, 1877.

résultats auxquels sont arrivés mes devanciers. Je crois donc inutile d'entrer, à ce propos , dans des détails qui seraient superflus.

C'est toujours dans les couches musculaires des téguments que se trouve le pigment vrai, c'est-à-dire celui qui est constitué par des granulations diversement colorées (pl. VII, fig. 2, 4, 12, 13, 14 et 15, *pi*). Il ne faut pas confondre ces granulations pigmentaires qui compliquent quelquefois singulièrement l'étude du système tégumentaire, avec les matières colorantes diverses que l'on trouve dans le tissu conjonctif, et dont je dirai un mot quand je m'occuperai de ce dernier tissu.

J'ai cherché à me rendre compte de la génèse du pigment vrai, et les observations que j'ai faites à ce sujet, sur *Planaria nigra* et sur les points oculiformes rouges du *Microstomum lineare*, m'ont démontré que les granulations pigmentaires prenaient naissance dans des cellules.

Si l'on étudie avec soin, et avec un grossissement assez fort, les éléments histologiques nombreux que l'on peut isoler par dilacération, on trouve, à côté des petites granulations pigmentaires libres, des cellules qui doivent être considérées comme formatrices du pigment. Tantôt ces éléments cellulaires sont complètement remplis de tout petits globules fortement réfringents et colorés, qu'il est impossible de distinguer des grains de pigment ; tantôt ils ne sont qu'incomplètement envahis par ces mêmes grains. Si l'on conserve pendant quelque temps dans l'eau les cellules formatrices du pigment, on voit qu'elles finissent par se crever, et l'on peut alors constater l'existence d'une fine membrane d'enveloppe. Les cellules dans lesquelles le pigment ne s'est encore développé que d'une manière incomplète, se colorent par la liqueur carminée de Beale.

En suivant la formation des points oculiformes du *Microstomum lineare* , j'ai pu m'assurer aussi que les granules pigmentaires rouges prenaient naissance dans des cellules des téguments. En examinant à l'immersion ces cellules, sur des individus en voie de formation, on voit que les granulations pigmentaires apparaissent d'abord sous forme de tâches extrêmement pâles, qui se colorent petit à petit , en même temps que leurs contours deviennent plus nets.

En résumé, ces deux observations nous permettent de conclure que les granulations pigmentaires prennent naissance dans des cellules dont elles ne sont, en définitive, qu'une partie différenciée du protoplasme.

Cette formation du pigment peut nous expliquer la forme étoilée ou reticulée que présentent les tâches pigmentaires dans certaines espèces, telles que *Vortex vittata*, *Vorticeros pulchellum* ; il suffit de considérer chaque étoile comme le résultat de la rupture d'une cellule formatrice du pigment, les rayons de l'étoile représentant les diverses directions prises par les granulations pigmentaires au moment de la déhiscence de la cellule.

Le pigment vert du *Vortex viridis*, du *Typloplana viridata*, du *Vortex Graffii*, nov. spec., occupe la même position dans les téguments que les autres pigments (pl. VII, fig. 2, *pi*). La forme des grains de pigment vert du *Vortex viridis*, a été étudiée par Max. Schultze (1), elle rappelle celle de la chlorophylle des végétaux.

Je puis ajouter que, de même que dans cette dernière substance, la matière colorante verte paraît être une teinture qui imprègne simplement les grains. En effet, si l'on met des individus du *Vortex viridis* dans l'alcool pour les faire durcir, on les voit devenir incolores, tandis que l'alcool devient vert ; et si l'on examine ensuite au microscope les individus ainsi décolorés, on retrouve encore en place les grains de chlorophylle, mais dépourvus de leur matière colorante verte.

RETICULUM CONJONCTIF ET CAVITÉ GÉNÉRALE DU CORPS.

Je désigne sous le nom de tissu ou de reticulum conjonctif, le tissu qui constitue la majeure partie du corps des Planaires, et que les anciens naturalistes appelaient pulpe ou parenchyme ; je l'indique dans toutes mes coupes micros-copiques (Pl. VII) par les lettres *tc*. Il comble, comme on peut le voir, tous les intervalles existant entre les divers organes.

Les éléments qui le constituent sont d'abord des fibres entrecroisées en divers sens, contournant les organes et que l'on peut surtout bien voir dans les Planaires marines, chez lesquelles le reticulum est moins dense, moins

---

(1) Beiträge zur Naturgeschichte der Turbellarien. (Pl. I, fig. 1 et 2.)

serré que chez les Planaires d'eau douce et surtout que chez les Planaires
terrestres. Ces fibres conjonctives se colorent par le carmin ; elles se dirigent
pour la plupart de la face dorsale à la face ventrale, et souvent elles se bifurquent à leurs points d'insertion sur les téguments. Il n'est pas rare non plus de
voir deux fibres voisines s'anastomoser entre elles.

A côté de ces fibres conjonctives, on rencontre encore des muscles sagittés
(Pl. VIII, fig. 31) qui ont été observés pour la première fois par A. Schneider (1).
Lorsqu'ils sont jeunes, ces muscles sont pourvus d'un noyau qui se colore
fortement par les réactifs carminés ; je montrerai dans la deuxième partie de ce
mémoire, qu'ils résultent de l'allongement de cellules dérivant vraisemblablement du mésoderme.

Enfin le reticulum conjonctif présente encore de nombreux amas glandulaires qui ont été signalés par tous les observateurs qui ont employé, pour
leurs études, la méthode des coupes. Je me contenterai de citer ici deux grosses
glandes, formées par un tissu granuleux, que j'ai observées dans le *Rhynchodemus terrestris* (Pl. VII, fig. 15 *gl*) dans des coupes transversales faites à un
niveau supérieur au pharynx. Je ne puis que signaler ces glandes, n'ayant
aucune indication sur leur signification. Je citerai encore les glandes mucipares
(*Spinndrüsen*) qui ont été très-bien étudiées par A. Schneider (2) chez le
Mesostomum Ehrenbergii. Les glandes mucipares se retrouvent chez tous les
Mésostomiens, et je suis tenté de croire qu'elles existent également dans
d'autres types, où elles peuvent d'ailleurs remplir d'autres fonctions. En effet,
j'ai trouvé chez le *Vortex viridis*, par la méthode des coupes, des glandes
(Pl. VII, fig. 1 et 2 *gl*) qui sont très-bien développées à l'extrémité postérieure
du corps, ainsi que sur la face dorsale dans la moitié postérieure. Ces glandes qui
jouent sans doute un autre rôle que les *Spinndrüsen* des Mésostomes, me
paraissent avoir la même valeur morphologique que celles-ci.

Si l'on étudie comparativement le reticulum conjonctif dans les différentes
divisions des Turbellariés, on voit que c'est chez les Planaires terrestres que ce
tissu présente son plus grand développement ; puis viennent successivement
les Planaires d'eau douce, les Planaires marines et enfin les Rhabdocœles. Ces

---

(1) Untersuchungen über Plathelminthen. (Pl. III, fig. 4.)
(2) Loc. cit. page 23.

derniers animaux ont un reticulum conjonctif comparativement moins abondant et moins serré que les autres Turbellariés.

Je considère, et je crois que bon nombre de naturalistes sont de cet avis, le reticulum conjonctif comme représentant la cavité générale du corps. Quand on suit le développement des Planaires marines, on voit qu'il existe à une certaine époque un espace vide entre l'intestin et le mésoderme, espace qui bien certainement n'est autre que la cavité du corps, et qui est comblé peu à peu par suite des progrès du développement du tissu conjonctif. On voit par conséquent que la division du grand groupe des vers en *Acœlomates* et en *Cœlomates* qui avait été proposée par Hæckel, ne peut plus être admise aujourd'hui que l'on connaît d'une manière suffisante l'anatomie et l'embryogénie des Turbellariés.

Le reticulum conjonctif présente, chez certaines espèces dont les téguments sont dépourvus de pigment vrai, une matière colorante généralement dissoute dans une substance d'apparence graisseuse, et qui peut remplacer, chez ces animaux, les granulations pigmentaires des couches musculaires. L. Graff(1) a déjà appelé l'attention sur ce mode particulier de coloration des tissus ; j'y reviendrai moi-même plus loin, et je montrerai quelle importance il peut avoir au point de vue de la théorie du mimétisme.

SYSTÈME NERVEUX CENTRAL ET ORGANES DES SENS.

Toutes les recherches qui ont été faites sur les Planaires d'eau douce dans le but d'y étudier le système nerveux central, n'ont encore abouti, jusqu'à présent, qu'à des résultats en grande partie négatifs.

Dugès (2) admettait que les éléments nerveux se trouvent à l'état diffus dans tout le parenchyme de ces animaux, et que par conséquent « la sensibilité est

---

(1) Kurze Berichte über fortgesetzte Turbellarienstudien.
(2) Recherches sur l'organisation et les mœurs des Planariées.

universellement répartie à un dégré égal dans tous les points de l'organisation d'une Planaire ».

Moseley (1), dans les genres *Bipalium* et *Rhynchodemus*, ne put arriver à trouver des éléments nerveux distincts. « After most careful examination I » could not discover any thing like a ganglion-cell in the whole body of either » *Bipalium* or *Rhynchodemus*. I believe that the nervous system, which is » in these Planarians very indistinctly differenciated histologically, forms a » meshwork within the primitive vascular canals. »).

Minot (2) a fait également des recherches inutiles pour découvrir un système nerveux centralisé chez les Planaires d'eau douce. « *Bei Dendrocœlum lacteum* » und *Planaria lugubris* habe ich in meinen Schnittreihen vergebens nach » unverkennbaren nervösen Elementen gesucht. »

Je puis ajouter que, de mon côté, je n'ai jamais pu trouver la moindre trace du système nerveux dans les coupes que j'ai faites sur *Planaria fusca* et *nigra Dendrocœlum lacteum* et *Rhinchodemus terrestris*.

Il parait donc bien établi aujourd'hui que les Planariées terrestres et d'eau douce, sont privées d'un système nerveux localisé.

Au contraire tous les autres Turbellariés ont un système nerveux central d'où partent des troncs nerveux souvent très-ramifiés. Le cerveau des Rhabdocœles et des Dendrocœles marins est connu depuis fort longtemps. Œrsted (3) l'a figuré dans le *Monocelis lineata* et *Vortex littoralis*, et l'on peut dire que tous les auteurs qui vinrent après ont signalé cet organe dans la majorité de ces animaux. J'ai pour ma part découvert un cerveau dans le genre *Microstomum*, dans lequel cet organe central n'avait pas encore été signalé (Pl. VI fig. 42).

L'histologie du cerveau du *Leptoplana tremellaris* a été faite d'une manière admirable par Moseley (4). Il résulte des recherches de ce savant sur ce sujet, que le cerveau des Dendrocœles est formé de fibres et de cellules nerveuses,

---

(1) Land-Planarians of Ceylan, p. 143.
(2) Studien an Turbellarien, p. 445.
(3) Entwurf einer systematischen Eintheilung und speciellen Beschreibung der Plattwürmer. 1844.
(4) Land-Planarians of Ceylan (Pl. XV, fig. 1, 2, 3 et 4).

ces dernières se trouvant principalement à la périphérie. Minot (1) est arrivé à des conclusions semblables , à la suite de ses recherches sur le genre *Opisthoporus*. Enfin, j'ai moi-même obtenu de très-belles coupes du cerveau, chez le *Leptoplana tremellaris* (Pl. VII fig. 10) et chez l'*Eurylepta auriculata*. Mes observations confirment celles de mes devanciers, sur la disposition relative des cellules et des fibres nerveuses; celles-ci s'entrecroisent de diverses manières au centre de l'organe, où elles semblent former une véritable chiasma.

Si l'on examine ma figure 10 (pl. VII), on verra que le cerveau est plongé au milieu du reticulum conjonctif. Mes recherches sur l'embryogénie des Planaires marines, que l'on trouvera plus loin, me portent à croire que le système nerveux central se forme aux dépens du feuillet moyen , mais comme ce fait ne concorde pas avec ce qui a été constaté dans la généralité des animaux où la formation de cet organe a été suivie avec soin, je suis le premier à souhaiter que mes observations soient controlées par d'autres naturalistes.

On peut considérer comme organes du tact chez les Turbellariés les soies raides, isolées ou réunies en touffes que l'on observe dans de nombreuses espèces. Les tentacules de la région céphalique sont aussi doués d'une sensibilité plus grande que les autres parties du corps. Dans les genres proboscifères, on remarque que l'extrémité antérieure est dirigée en tous sens quand l'animal nage, aussi ai-je déjà proposé (2) de désigner la partie des téguments qui revèt la trompe sous le nom de *Tastorgan*. Le genre *Alaurina* présente une trompe tactile très-particulière, et sur laquelle j'aurai occasion de revenir plus loin.

Les organes de la vue présentent deux types différents : tantôt ils consistent simplement en tâches pigmentaires plus ou moins nombreuses, on peut alors les désigner sous le nom de *points oculiformes* , tantôt outre les tâches pigmentaires, ils sont pourvus d'une lentille réfringente et constituent alors des *yeux* beaucoup plus parfaits que les précédents. Les yeux sont ordinairement placés dans le voisinage du cerveau et sur des coupes microscopiques (pl. VII, fig. 10*y* et fig. 2 *y*), on peut reconnaitre qu'ils sont plongés au milieu du reticulum conjonctif un peu au-dessus du cerveau. J'ai déjà montré dans un autre paragraphe que les granulations pigmentaires des points oculiformes du *Microstomum li-*

---

(1) Studien an Turbellarien (Pl. XVII, fig. 20).
(2) Observations sur le *Prostomum lineare*

neare prenaient naissance dans des cellules ; il est probable qu'il doit en être de même dans les autres Turbellariés.

Un fait intéressant a été signalé dernièrement par Fries (1) : c'est l'absence complète des yeux dans une Planaire (*Planaria cavatica*) voisine du *Dendro-cœlum lacteum*, et que l'auteur a trouvée dans les eaux de cavités souterraines. L'état rudimentaire et même l'avortement complet des yeux dans les espèces vivant constamment dans l'obscurité est, du reste, un fait très-général et bien connu. Je crois pouvoir dire encore, sans être trop indiscret, que le docteur Vedjowski m'a tout récemment informé qu'il venait de trouver dans des eaux de puits un *Mesostomum* également aveugle ; c'est un fait à ajouter à celui observé par Fries. Si l'on réfléchit que les *Mesostomum* n'ont que des points oculiformes, sans lentille réfringente, on comprendra toute l'importance du fait signalé par Vedjowski, puisqu'il démontre d'une manière positive que les simples tâches pigmentaires oculiformes ont non seulement la même valeur morphologique que les yeux pourvus d'un cristallin, mais encore qu'ils jouent un rôle physiologique semblable.

Relativement aux vésicules à otolithes (pl. II, fig. 2), qui sont bien certainement des organes de sens, je n'ai aucun fait nouveau à signaler.

Quant aux fossettes latérales que l'on observe dans un certain nombre de genres, j'aurai occasion d'en parler dans les descriptions d'espèces nouvelles que je donne à la fin de ce travail.

_____

(1) Mittheilungen aus dem Gebiete der Dunkel-Fauna.

APPAREIL DIGESTIF.

L'appareil digestif des Turbellariés est constitué par un sac qui n'est pourvu d'un anus que dans le seul genre *Dinophilus*. Tantôt ce sac est simple (Rhabdocœles), tantôt il est plus ou moins ramifié (Dendrocœles) ; je démontrerai dans la troisième partie de ce mémoire que ce caractère n'a qu'une valeur de second ordre au point de vue de la classification.

Dans le *Stenostomum leucops*, le sac intestinal peut être divisé en deux chambres séparées par un étranglement (Pl. VI fig. 38) : la première est pourvue d'une paroi formée de cellules très-nettes et très-grosses ; on peut la désigner sous le nom d'estomac ; la seconde *i* est limitée par une paroi plus mince, et dont la nature cellulaire ne peut être mise en évidence qu'à l'aide des réactifs, je l'appellerai intestin. C'est à la limite de ces deux chambres que se forment les ovaires. Cette disposition, je crois, n'avait pas encore été signalée.

Dans les *Dinophilus*, le tube digestif est également partagé en deux chambres : une antérieure qui est la plus spacieuse (Pl. IV fig. 6 *e*), et une postérieure *i*, plus restreinte et communiquant avec l'ouverture anale *a* par une partie rétrécie. La disposition de l'appareil digestif justifie donc le rapprochement que je fais plus loin (1) entre les Sténostomiens et les Dinophiliens.

Dans tous les autres Turbellariés, l'appareil digestif ne présente pas de divisions en compartiments distincts.

Certains genres ne présentent pas de cavité intestinale. Comme j'aurai occasion d'en parler, à propos de l'embryogénie du *Leptoplana tremellaris*, je ne m'en occuperai pas ici.

Dans tous les Turbellariés pourvus d'un appareil digestif, la paroi de l'intestin est cellullaire. Ludwig Graff (1) a démontré que la paroi intestinale de la *Planaria Lemani* était formée uniquement par des cellules allongées, fusiformes, dilatées dans le milieu où se trouve un gros noyau, et dont

---

(1) Voir l'arbre généalogique, page 147.
2\ Note sur la position systématique du *Vortex Lemani*.

l'extrémité libre est douée de mouvements amœboïdes. Ce savant a même basé sur cette observation une théorie de l'assimilation dans les animaux inférieurs; il dit avoir rencontré également des cellules épithéliales, semblables à celles de la *Planaria Lemani*, dans la *Planaria lactea*. Je puis confirmer ses observations d'après des coupes que j'ai faites sur la *Planaria nigra* (pl. VII, fig. 7 et 8): on peut voir, en examinant mes dessins, que les cellules qui constituent la paroi des ramifications gastriques sont semblables à celles décrites par L. Graff.

Cet auteur ajoute que, d'après ce qu'il a pu voir sur le *Vortex truncata*, les éléments histologiques de l'intestin seraient les mêmes dans les Rhabdocœles que dans les Dendrocœles d'eau douce. Les observations que j'ai faites sur *Mesostomum Ehrenbergii* ne confirment pas cette dernière assertion.

Les parois intestinales, dans cette espèce, sont formées par des cellules en forme de tables (pl. VI, fig. 21). Pendant la digestion, ces cellules se gonflent considérablement, jusqu'à atteindre une dizaine de fois leur volume primitif; leur contenu devient plus transparent, et parfois, dans leur intérieur, se remarquent des gouttelettes graisseuses. En même temps le noyau disparaît après avoir pris une forme reticulée. Bientôt la cellule, considérablement distendue, présente l'aspect d'une sphère entièrement transparente *a*, sans paroi propre, qui paraît formée par un liquide très-épais et renfermant à son centre un globule réfringent, d'aspect concrétionné. A cet état, la sphère se détache de la paroi et constitue un véritable *deliquium*.

Ces sphères transparentes, avec leur concrétion centrale, qui remplissent l'intestin de tous les Turbellariés (Rhabdocœles et Dendrocœles), et qui parfois se fusionnent plusieurs ensemble, ont certainement été vues par tous les naturalistes qui ont observé de ces animaux, mais jusqu'à présent personne, à ma connaissance, n'avait déterminé ni leur origine, ni leur nature, ni leur rôle.

Le rôle de cette sécrétion doit consister très-vraisemblablement à modifier la nature chimique des aliments, de manière à permettre la diffusion de ceux-ci à travers la paroi intestinale.

Lorsqu'on examine avec soin la paroi de l'appareil digestif, il est facile de voir, en outre, qu'il existe du côté externe une couche non continue de cellules très-petites *c*, en forme de demi-lunes, qui. vraisemblablement. sont destinées à remplacer celles qui se détruisent incessamment.

Les phénomènes que je viens de décrire s'observent surtout facilement dans le cul-de-sac postérieur de l'intestin.

J'ai plusieurs fois observé des Planaires d'eau douce et des Rhabdocœles qui remplissaient d'eau leur appareil digestif et le vidaient ensuite, effectuant ainsi un véritable lavage. En recueillant avec une pipette le liquide trouble vomi dans ces circonstances, et le portant sous le microscope, j'y ai retrouvé associées avec quelques substances indigestes, une très-grande quantité des concrétions réfringentes que j'ai signalées dans les sphères aqueuses.

L. Graff (1) indique, comme étant des glandes ou des muscles, les cellules allongées que l'on observe en arrière de l'intestin du *Mesostomum Ehrenbergii*. Ces glandes, qui s'étendent jusqu'au pharynx, n'ont aucun rapport avec l'appareil digestif. Elles avaient déjà été vues par A. Schneider (2), qui avait reconnu en elles des glandes sécrétant une substance glaireuse filamenteuse, dont l'animal se sert pour tendre, entre les brindilles d'herbes, une sorte de toile comparable à celles des araignées. Schneider désigne ces glandes sous le nom de *Spinndrüsen*.

Le *pharynx* présente deux formes différentes auxquelles j'attache une plus grande valeur taxinomique qu'à la forme de l'intestin : c'est, d'une part, le *type dolioliforme*, qui correspond à peu près aux Rhabdocœles, et, d'autre part, le *type tubuliforme*, qui correspond assez bien aux Dendrocœles.

Les recherches histologiques que j'ai faites sur le pharynx corroborent les observations de mes devanciers, et particulièrement celles de Moseley (3) et de Minot (4) sur ce sujet. Dans la coupe transversale (Pl. VII fig. 5) faite à un niveau voisin de la base du pharynx dans la *Planaria nigra*, on voit que le pharynx est logé dans une gaîne *g* dont la paroi est formée de cellules épithéliales très-régulières et se colorant admirablement par les réactifs. Extérieurement le pharynx est enveloppé par une membrane d'enveloppe *ex*, puis, en allant de l'extérieur à l'intérieur, on rencontre successivement : 1° une couche peu épaisse formée par des fibres longitudinales *fle*, 2° une couche de fibres circulaires *fce*, 3° une couche extrèmement importante de fibres musculaires

---

(1) Zur Kenntniss der Turbellarien. (Pl. XVI, fig. 1 *dr*.)
(2) Untersuchungen über Plathelminthen. (Pl. III, fig. 1 *l*.)
(3) On the Anatomy and Histology of the Land-Plananians of Ceylan. (Pl. XII, fig. 8.)
(4) Studien an Turbellarien. (Pl. XX, fig. 52 et 53.)

rayonnantes *fr*, présentant, surtout à sa périphérie, des granulations qui se colorent fortement par le carmin, 4° une seconde couche de fibres longitudinales *fli*, 5°, une seconde couche de fibres circulaires *fci*, 6° une membrane *en* qui tapisse toute la surface interne du pharynx.

Dans une coupe transversale faite à un niveau plus bas que la coupe précédente, dans le voisinage de l'extrémité libre du pharynx (Pl. VII fig. 6), on retrouve encore les différentes couches que je viens de signaler, mais leur développement relatif n'est plus le même. Dans la coupe précédente, la couche des fibres rayonnantes présentait un énorme développement; dans celle-ci, cette même couche est considérablement réduite, mais en revanche, la membrane interne *en* a pris une énorme extension et présente des replis profonds.

Le pharynx de l'*Eurylepta auriculata* nous montre une structure à peu près semblable. Seulement, contrairement à ce qui existe chez *Planaria nigra*, la couche des fibres rayonnantes paraît présenter son plus grand développement vers l'extrémité libre du pharynx, comme on peut s'en assurer en examinant la coupe longitudinale (Pl. VII fig. 13 Ph).

Chez le *Rhynchodemus terrestris* (pl. VII, fig. 14 Ph), on retrouve aussi les mêmes couches que j'ai signalées chez *Planaria nigra*. Enfin, chez les Rhabdocœles, ou tout au moins dans le *Vortex viridis* (pl. VII, fig. 1, 2 et 3), le pharynx est formé par des fibres circulaires externes, des fibres rayonnantes, des fibres circulaires internes et une membrane interne. Les fibres longitudinales internes et externes font par conséquent défaut, ou, si elles existent, elles doivent être bien peu développées. Cette particularité paraît être en rapport avec le peu d'extension qu'est susceptible d'acquérir le pharynx de ces animaux dans le sens de leur grand axe.

Le pharynx des Turbellariés fonctionne à la manière d'un suçoir; le jeu du pharynx des Rhabdocœles que j'ai déja fait connaître (1), rappelle celui d'une pompe aspirante et foulante.

Certains Turbellariés, tels que *Prostomum lineare*, *Prost. Giardii* (pl. III, fig. 3), *Vortex picta* (pl. I, fig. 1 gls), *Prorhynchus stagnalis* (pl. IV, fig. 2 gl), etc., présentent à la base du pharynx des glandes monocellulaires pourvues d'un noyau et d'un nucléole, et qui secrètent un liquide qui doit, sans doute, jouer un rôle dans la digestion. Toutefois il ne faut pas prendre pour des

---

(1) Observations sur le *Prostomum lineare* page 567.

glandes les muscles rétracteurs que l'on observe notamment dans les *Mesostomum* (pl. VI, fig. 19 et 20). Ces muscles, qu'il faut ranger dans la catégorie des *Schlauchmuskeln* de L. Graff, sont variqueux, remplis par un protoplasme finement granuleux, et ne présentent jamais de noyau.

Le pharynx tubuliforme des Dendrocœles (pl. II, fig. 4), est maintenu en place par des fibres, souvent bifurquées, qui vont se perdre dans le tissu conjonctif du reticulum.

SYSTÈME DES VAISSEAUX AQUIFÈRES.

Le système des vaisseaux aquifères a surtout été bien étudié dans le genre *Mesostomum*, dans lequel il est plus facile à observer que dans les autres genres. Oscar Schmidt (1) a fait connaître la disposition générale de cet appareil chez le *Mesostomum lingua*, *Mesostomum tetragonum*, *Mesostomum personatum*, *Mesostomum Ehrenbergii*, *Mesostomum Wandae*, *Mesostomum pusillum*. Dans toutes ces espèces, le système aquifère consiste en deux tubes, présentant de nombreuses ramifications dans tout le corps, et situés l'un à droite, l'autre à gauche. Ces deux tubes ramifiés viennent se rejoindre sur la ligne médiane par deux troncs transverses qui se soudent en une dilatation en forme de vésicule contractile, et qui s'ouvre dans la gaîne du pharynx. Ces observations d'Oscar Schmidt furent confirmées depuis par plusieurs observateurs et notamment par Max Schultze (2). Je puis ajouter que mes recherches personnelles, faites sur la plupart des espèces étudiées par Oscar Schmidt, et en outre sur *Mesostomum rostratum* et *Schizostomum productum*, confirment les observations du savant allemand. Dans le genre *Typhloplana* la distribution du système aquifère est la même que chez les *Mesostomum*. On peut donc considérer la disposition précédente comme étant très-générale chez les Mésostomiens.

Dans la famille des Dérostomiens, le système aquifère a été beaucoup moins bien étudié.

Dans le *Derostomum unipunctatum*, O. Schmidt a dessiné des vaisseaux aquifères très ramifiés, mais il n'a pas vu leur communication avec le dehors. Quant aux *Vortex*, je ne sache pas que l'on ait jamais signalé chez eux ce

---

(1) Die Rhabdocœlen Strudelwürmer des süssen Wassers *et* Die Rhabdoc. Strudelwürmer auf den Umgebungen von Krakau.

2) Beitræge zur Naturgeschichte der Turbellarien.

système de vaisseaux ; en outre, si l'on examine les planches de Max Schultze, on n'y trouve aucune trace de ces organes dans les dessins de *Vortex* qu'il donne. Cependant, je puis affirmer que ces animaux sont pourvus de vaisseaux aquifères comme tous les autres Rhabdocœles vrais; mes observations sur *Vortex picta* , *viridis* et *vittata*, ne me laissent aucun doute à cet égard. J'ai trouvé, dans ces espèces, des vaisseaux latéraux ramifiés qui, autant que j'ai pu m'en assurer, doivent s'ouvrir au dehors dans le voisinage du pharynx ; seulement la vésicule contractile, qui est si visible dans les *Mesostomum*, fait ici défaut.

Il est probable que, si, jusqu'à présent, on n'avait pas découvert les vaisseaux aquifères de ces animaux, cela tient à l'abondance du pigment répandu par tout leur corps et rendant par suite, les observations un peu délicates, très-difficiles.

Quant aux *Prostomiens*, j'ai déjà fait connaître avec détails, dans un autre travail (1), la disposition de leur système aquifère. Je rappellerai seulement ici que ces organes consistent dans le *Prostomum lineare* en deux tubes pairs qui s'ouvrent isolément au dehors, dans la partie antérieure du corps, et que chacun de ces deux tubes se bifurque près du point où il communique avec l'extérieur en deux branches, dont l'une, simplement contournée, se termine en cul-de-sac et peut être considérée comme un réservoir, tandis que que l'autre, très-ramifiée, se répand par tout le corps et doit être considérée comme l'organe excréteur proprement dit.

Les observations que j'ai faites depuis la publication de ce travail, sur *Prost. Steenstrupii*, m'ont confirmé l'exactitude de mes recherches sur *Prost. lineare*, et il est probable que cette disposition est commune à toutes les espèces du genre.

Chez le *Prorhynchus stagnalis* le système aquifère a été signalé d'abord par Max Schultze (2) puis par Lieberkühn (3); je l'ai moi-même observé avec une grande netteté en divers points du corps, mais jusqu'à présent on ne connaît pas encore son mode de communication avec l'extérieur. L'existence de cet organe chez le Prorhynque est une des causes qui me portent à rattacher cet animal aux Rhabdocœles, contrairement à l'idée généralement admise. Nous allons voir en effet que le système des vaisseaux aquifères, qui est si général,

---

(1) Observations sur le *Prostomum lineare*. (Archiv. Zoolog. expérim., t. II.)
2) Beitrœge zur Naturg. der Turbellarien (Pl. VI, fig. 1.)
(3) Voyez Schneider : Untersuchungen über Plathelminthen (Pl. VII, fig. 1.)

si constant chez tous les vrais Rhabdocœles, comme cela résulte de tout ce qui précède, fait au contraire absolument défaut chez les autres Turbellariés.

La structure histologique du système aquifère des Rhabdocœles a été étudiée principalement par A. Schneider et par L. Graff. Il est hors de doute que ces organes ont une paroi propre non contractile, paroi qui, chez les Mésostomiens, porte de nombreux fouets animés d'un mouvement ondulatoire, et situés principalement dans les points où les vaisseaux aquifères se bifurquent ou changent de direction. Pour L. Graff, ces fouets seraient formés par une masse unique, tandis que pour A. Schneider ils seraient le résultat de plusieurs cils vibratiles très-longs et formant un seul faisceau. Mes recherches personnelles me portent à admettre cette dernière opinion.

On sait qu'un système analogue à celui que je viens de passer en revue chez les Rhabdocœles a été également signalé chez les Dendrocœles. Dugès (1) l'a décrit avec beaucoup de soin chez les Planaires d'eau douce et chez la Trémellaire ; pour cet auteur, il consisterait en deux troncs principaux latéraux émettant un très-grand nombre de ramifications s'anastomosant entre elles. M. E. Blanchard (2), a également donné un dessin admirable, fait d'après une préparation injectée, de l'appareil circulatoire du *Proceros velutinus* Blanch. Moseley (3), plus récemment, a aussi décrit un système de vaisseaux aquifères chez les *Bipalium*, les *Rhynchodemus*, le *Dendrocœlum lacteum* et le *Leptoplana tremellaris*.

Eh bien, quelle que puisse être l'autorité des observateurs que je viens de citer, je suis convaincu que les Dendrocœles sont absolument dépourvus de vaisseaux aquifères. J'ai fait, pour arriver à résoudre cette question, de très-nombreuses coupes, tant chez les Dendrocœles d'eau douce que chez les espèces marines et terrestres, et il ne m'a pas été possible de trouver la moindre trace de ces vaisseaux. Je puis ajouter que je ne suis point seul de cet avis : Keferstein et Minot notamment sont arrivés à des conclusions négatives en étudiant cette question.

Il est infiniment probable que Dugès a pris pour des troncs vasculaires les espaces clairs qui sont le résultat des lacunes nombreuses du tissu conjonctif. D'un autre côté, il ne peut pas y avoir de doute que M. E. Blanchard a

---

(1) Recherches sur l'organisation et les mœurs des Planariées. (Ann. sc. nat., 1re série, t. XV, pl. V, fig 1.)
(2) Recherches sur l'organisation des Vers. (Ann. Sc. nat., 3e série, t. VIII, pl. IX, fig. 1.)
3) On the Anatomy and Histology of the Land-Planarians of Ceylan.

commis ici la même erreur que chez les Cestodes et les Trématodes, et qu'il a injecté le système nerveux. Tous les naturalistes qui prendront la peine d'examiner la figure. d'ailleurs très-jolie, que donne l'auteur, partageront certainement cette manière de voir qui fut émise pour la première fois, à ma connaissance, par Keferstein (1).

Les observations de Moseley sont peut-être plus difficiles à réfuter, étant connue la grande habileté de ce savant. Cependant si l'on examine les coupes dans lesquelles il figure les troncs aquifères, on est frappé par ce fait que ces prétendus vaisseaux sont pleins et n'offrent aucune lumière. Je crois donc que Moseley s'est également mépris sur la signification des organes qu'il observait. D'un autre côté, je ne puis non plus me ranger à l'opinion de Minot (2), qui tend·à considérer ces organes non pas comme des vaisseaux aquifères, mais comme des troncs nerveux, par la raison que j'ai peine à concevoir un animal dépourvu de système nerveux, et possédant des troncs nerveux. L'examen de coupes transversales que j'ai faites chez *Eurylepta auriculata* à un niveau inférieur à celui du cerveau, m'a montré des apparences entièrement semblables à celles figurées par Moseley et disposées symétriquement sur la face ventrale. J'avoue qu'il m'a été impossible de voir dans ces organes des vaisseaux ; il me paraît, au contraire, beaucoup plus rationnel d'admettre qu'ils représentent en coupes les deux troncs nerveux principaux que l'on peut voir si facilement lorsqu'on examine l'animal par transparence sous le compresseur.

Je conclus donc qu'il est bien difficile actuellement de se prononcer sur la signification des organes désignés sous le nom de vaisseaux aquifères, par Moseley, chez les planaires terrestres.

Pour terminer ce qui est relatif aux vaisseaux aquifères, je dois encore faire remarquer qu'il résulte de mes observations que ce système fait également défaut chez le *Stenostomum leucops*, le *Dinophilus metameroïdes* et très-vraisemblablement dans les autres espèces de ce genre, ainsi que dans les animaux que je range dans la famille des Monocéliens (*Monocelis, Enterostomum, Turbella, Vorticeros*). Comme j'aurai occasion de revenir sur ce sujet dans les monographies que je donne dans la troisième partie de ce travail, je crois suffisant d'indiquer le fait pour le moment, sans discuter sa valeur.

---

(1) Beitræge zur Anat. und Entwiklungs geschichte einiger Seeplanarien, page 30.
(2) Studien an Turbellarien. (Arbeiten aus dem Zoologisch-zootomischen Institut in Würzburg. 1877, page 149.

En résumé, nous voyons donc, que le système des vaisseaux aquifères existe chez tous les vrais Rhabdocœles, qu'il manque au contraire chez les Dendrocœles, et que par conséquent sa présence ou son absence peut être considérée comme un des bons caractères distinctifs des deux sous-ordres des Turbellariés proprement dits.

SUR LA TROMPE DES RHABDOCŒLES.

Le premier Rhabdocœle pourvu d'une trompe qui ait été signalé, c'est le *Prostomum lineare* Œrsted. Les premiers observateurs qui s'occupèrent de cet animal, Dugès (1) qui, en 1828, le désigna le premier sous le nom de *Derostoma notops*, puis Ehrenberg (2) qui l'appela *Gyrator hermaphroditus* en 1835, puis Œrsted (3) qui en 1844 lui donna le nom sous lequel on le désigne le plus ordinairement aujourd'hui, puis O. Schmidt (4) en 1848, et enfin *Max Schultze* (5) en 1851, tous ces observateurs prirent la trompe du *Prostomum lineare* pour un pharynx (Schlund), et le pharynx pour une ventouse (Saugnaph). Ed. Claparède (6) le premier en 1861, exprima un doute sur l'interprétation que ses devanciers avaient donné à l'organe antérieur du Prostome, encore ce doute n'est-il indiqué que par un simple point d'interrogation dans l'explication des planches ; dans sa description du *Prostomum caledonicum* Claparède, l'auteur conserve les anciennes interprétations admises. Ce n'est qu'en 1865 que Leuckart (7) reconnut définitivement la véritable signification de la trompe et du pharynx chez le *Prostomum*.

Le second Rhabdocœle proboscifère, fut trouvé et décrit en 1848 par Oscar Schmidt (8) sous le nom de *Dinophilus vorticoïdes*. Oscar Schmidt reconnut très-bien, chez cet animal, la fonction de l'organe exsertile, qu'il désigne

---

(1) Dugès. Ann. Sc. nat., t. XV, p. 444, pl. IV, fig. 2.
(2) Ehrenberg, Abhandl. d. Berl. Acad. 1835.
(3) OErsted. Entwurf.... der Plattwürmer. Copenhague, 1844.
(4) O. Schmidt, Die Rhabdocœlen Strudelwürmer des süssen Wasser, 1848.
(5) Max Schultze, Beiträege zur Naturgeschichte der Turbellarien, 1851.
(6) Ed. Claparède, Recherch. anat sur les Ann. Turb. etc., 1861.
(7) R. Leuckart, Bericht über die Leistungen in der Naturg. der niederen Thiere. (Wiegmanns Archiv., XX, 1865.)
(8) O. Schmidt, Neue Beiträege zur Naturg. der Würmer. (P. 3, pl. I, fig. 1.)

par les noms de *Saugrüssel* et de *Zunge*, mais il se trompa en le considérant comme placé au fond du pharynx. Cette erreur fut répétée depuis, par la plupart des observateurs. En réalité, la trompe, dans le genre *Dinophilus*, est indépendante du tube digestif, comme chez tous les autres Rhabdocœles, mais seulement elle fait saillie au dehors par l'ouverture buccale, et c'est sans doute ce qui a donné lieu à la fausse interprétation d'Oscar Schmidt. Du reste, cet auteur a reconnu lui-même l'indépendance de la trompe et du pharynx quelques années plus tard (1), dans les observations qu'il fit sur le *Dinophilus gyrociliatus*. Je dois ajouter que mes recherches personnelles sur une espèce nouvelle, le *Dinophilus metameroides*, que j'ai trouvée à Vimereux, confirment complètement les dernières observations d'Oscar Schmidt.

En 1861, Ed. Claparède (2) fit connaître un nouveau Rhabdocœle probocifère, non encore pourvu de ses organes génitaux. Cette larve, à laquelle l'auteur ne donna pas de nom, se prolonge à son extrémité antérieure « en » une espèce de cône, dont les téguments forment un grand nombre de » replis frangés circulaires. Ce cône est la seule partie non ciliée du ver. » Cette larve de Claparède doit évidemment être rapportée à l'animal décrit par Busch (3), dix ans auparavant, sous le nom d'*Alaurina prolifera* et à l'espèce d'Helgoland, trouvée par Mecznikow (4), l'*Alaurina composita*. La trompe des *Alaurina* constitue un troisième type, différent de ceux des *Prostomum* et des *Dinophilus*. Ici, en effet, cet organe paraît résulter d'une simple différenciation des téguments de l'extrémité céphalique, sans qu'il y ait invagination de la peau. Il doit être regardé, à mon avis, comme un appareil tactile (*Tastorgan*) et non comme un appareil de préhension, comme chez les *Prostomum* et les *Dinophilus*.

Enfin en 1870, Ulianin(5), dans un mémoire écrit en russe et publié dans les Rapports de la société des Amis des sciences naturelles de Moscou, fit connaitre quatre nouveaux genres de la baie de Sébastopol, qui sont particulièrement intéressants sous le rapport des organes qui nous occupent en ce moment. En effet, on peut suivre sur les animaux de l'auteur Russe des modifications suc-

(1) O. Schmidt, Kenntniss der Turbellarien Rhabdocœlen, etc., Wien., 1857.

(2) Ed. Claparède, Loc. cit., pl. V, fig. 2,

(3) Busch, Beobacht. über Anat. und Entwickel. einiger wirbellosen Seethieren, Berlin, 1851, p. 114 pl. IX, fig. 9.

(4) Meeznikow, Zur Naturg. der Rhabdocœlen, p. 175, pl. IV, fig. 6. (Archiv. f. Naturg.)

(5) Ulianin, PTCHNYHЬIE YEPBN (Turbellaria) CEBACTOPOUЬCKON BYXTЬI. Moscou, 1870.

cessives de la trompe, qui nous conduisent à la complication de la trompe des Prostomiens.

Le premier de ces genres, le genre *Orcus* est caractérisé d'après Ulianin, par une trompe située sur la face ventrale, non loin de l'extrémité antérieure , et formée par un simple lobe musculaire cilié.

Dans le genre *Ludmila* Ulianin, la trompe est beaucoup plus nettement accusée, et peut entièrement rentrer dans sa gaîne. Si l'on juge de la structure de cette trompe, d'après la figure qu'en donne Ulianin, on est tenté de considérer cet organe comme une double invagination des téguments, ainsi que je le représente ci-contre.

 La trompe des *Leucon*, Ulianin, est plus développée que celle des *Ludmila*, car elle s'étend jusqu'aux yeux, mais elle ne parait pas davantage différenciée. Ulianin la représente en effet , couverte de cils vibratiles et dépourvue de papilles.

Enfin dans le quatrième genre , *Rogneda* Ulianin, la trompe semble atteindre un degré de complication aussi élevé que chez les *Prostomum*. La partie antérieure qui, chez ces derniers, est garnie de papilles , se trouve ici couverte de mamelons, et à la partie postérieure s'insère un muscle rétracteur.

Pour terminer l'énumération des Rhabdocœles probosciféres, je dois encore citer une forme intéressante décrite par L. Graff (1), le *Mesostomum montanum* qui montre pour ainsi dire la première ébauche, la première apparition de la trompe chez les Rhabdocœles; chez ce *Mesostomum*, l'extrémité antérieure du corps, très-contractile, peut s'invaginer et se dévaginer avec la plus grande facilité ; il n'y a pas encore différenciation histologique, mais seulement une tendance très-marquée pour l'invagination dans l'extrémité céphalique , invagination que nous avons vue définitive , dans les autres genres cités plus haut.

Le genre que l'on a étudié avec le plus de soin parmi tous ceux que je viens d'énumérer, c'est sans contredit le genre *Prostomum*. L'anatomie complète de la trompe de ces animaux fut faite simultanément sur le *Prostomum mamertinum* par L. Graff (2) et sur le *Prostomum lineare* , par moi (3) ; les observations de L. Graff furent publiées en même temps que les miennes.

---

(1) L. Graff, Neue Mittheilungen über Turbellarien. (Zeitschrif f. wissensch Zool. XXV, 1873.)
(2) L. Graff, Zur Kenntniss der Turbell.
(3) P. Hallez, Observat. sur le *Pr. lineare*.

Je vais d'abord rappeler succinctement les recherches du savant professeur d'Aschaffenbourg sur le *Prostomum mamertinum* et je les comparerai ensuite avec ce que j'ai vu chez le *Prostomum lineare.*

La trompe, pour L. Graff, paraît résulter d'une double invagination des téguments; une extérieure, la gaîne, et une interne, la trompe. (« Es » erscheint derselbe demnach als vollständige doppelte Einstülpüng des » Integumentes, wodurch eine äussere Rüsseltasche und ein innerer » vorstreckbarer Rüssel entsteht. ») L'ouverture de la gaîne est fermée par un sphincter. La partie postérieure de la trompe est essentiellement constituée par des muscles circulaires striés qui, en se contractant, peuvent projeter la trompe au dehors; sa partie antérieure est garnie de capsules urticantes résultant de la transformation des bâtonnets (« Nesselkapseln, Umwandlungsproducte der Stäbchen»). Quant aux muscles rétracteurs, ils sont au nombre de quatre paires, dont trois sont plus faibles et insérées sur la gaîne de la trompe. Le plus gros muscle pénètre par en bas dans l'intérieur même de la trompe, et là se divise en trois fibres plus petites qui vont s'insérer sur la pointe à la partie interne de la trompe. (Retractoren zählte ich vier Paare. Drei davon sind schwächer und inseriren sich an der Rüsselscheide, während der grässte und stärkste Muskel von unten her in den Rüssel selbst eintritt, sogleich nach seinem Eintritt sich in drei schwächere Fasern spalte und mit diesen unmittelbar an die Spitze des Rüssel's von innen her sich auheftet).

Il résulte maintenant des observations que j'ai faites sur trois espèces de *Prostomum : Prost. lineare, Prost. Steenstrupii* et *Prost. Giardii,* que la structure et la disposition des muscles rétracteurs n'est pas la même chez ces animaux que dans le *Prostomum mamertinum.*

La partie inférieure de la trompe est très-musculaire. Au dessous de l'épiderme, qui ne présente ici qu'une faible épaisseur, se trouve une couche épaisse de fibres musculaires circulaires striées transversalement. Sous cette couche, il en existe encore une autre, mais moins développée, formée de fibres musculaires longitudinales plus fines que les précédentes. Au centre de la trompe se trouve un espace vide qui correspond à la cavité générale du corps. La cavité centrale de la trompe ne peut pas être mise en doute, car très-fréquemment on voit la partie antérieure de celle-ci s'invaginer dans la moitié postérieure.

La structure de la partie antérieure diffère notablement de celle que nous venons d'examiner. Ici, l'épiderme acquiert une épaisseur beaucoup plus considérable et présente de nombreuses petites éminences qui constituent autant de papilles. Les capsules urticantes pouvant émettre au dehors des filaments urticants (Nesselfäden), qui ont été observées chez *Prostomum mamertinum*, par L. Graff, font ici complètement défaut. Les couches musculaires sont moins développées dans cette moitié que dans la moitié postérieure, et, à l'inverse de ce qui existe dans celle-ci, c'est la couche des fibres longitudinales qui l'emporte ici sur l'autre.

Enfin, la cavité centrale de la trompe est tapissée par un endothelium transparent que je n'ai bien pu mettre en évidence qu'en traitant avec l'acide acétique et avec la liqueur carminée de Beale, et surtout en écrasant la trompe avec précaution.

Quant au nombre et à la disposition des muscles rétracteurs, mes observations ne concordent pas avec celles de L. Graff. Chez les trois espèces que j'ai pu étudier, je n'ai jamais vu de muscles rétracteurs insérés d'une part aux téguments dans la partie voisine du sphincter, et d'autre part à la pointe interne de la trompe, traversant par conséquent cet organe dans toute sa longueur. Toujours j'ai vu deux sortes de muscles rétracteurs, les uns pour la trompe, les autres pour les téguments de la partie antérieure du corps. Voyons d'abord les muscles de la trompe : ceux-ci, chez le *Prostomum lineare*, sont au nombre de quatre, s'insérant d'une part à la base de la trompe, et d'autre part à la partie postérieure du corps. Ils traversent, par conséquent, la cavité du corps presque dans toute sa longueur. Les muscles rétracteurs de la trompe s'étalent à chacune de leurs extrémités et paraissent formés par un certain nombre de fibres parallèles ; c'est du moins l'aspect que l'on observe dans les préparations traitées par les acides faibles. Chez *Prostomum Giardii* et *Prostomum Steenstrupii*, j'ai vérifié cette même disposition ; seulement, dans ces deux espèces, les muscles rétracteurs ne sont pas distincts jusqu'à l'extrémité postérieure du corps, mais ils vont se joindre dans la couche des fibres musculaires longitudinales de la paroi tégumentaire, environ aux deux tiers de la longueur du corps.

Outre les muscles que je viens de citer, la trompe est maintenue en place, dans sa gaîne, par des fibres musculaires qui relient transversalement cet organe aux téguments.

Il ne me reste plus maintenant qu'à dire quelques mots sur les muscles rétracteurs des téguments de la partie antérieure du corps. Cette portion des

téguments, qui recouvre la trompe en lui formant une gaîne, présente, à
différents niveaux , des points d'insertions à des muscles qui vont se perdre
vers le niveau du pharynx et un peu au-dessous, dans la couche des fibres
longitudinales. Je considère ces muscles comme des faisceaux détachés
de la couche musculaire tégumentaire à fibres longitudinales. Ce sont
eux qui, en se contractant, produisent ces doubles et même ces
triples invaginations que l'on observe dans la partie antérieure des
téguments, et qui rappellent tout-à-fait ce qui se passe chez *Mesostomum
montanum*. C'est par la contraction de ces derniers muscles que la trompe
se trouve mise à découvert. Il est possible que la contraction des gros muscles
circulaires, qui constituent presque à eux seuls la moitié postérieure de la
trompe, joue également un rôle dans la projection de la trompe en avant,
mais cette contraction qui, dans *Prostomum mamertinum*, serait la seule
cause de dévagination, d'après L. Graff, ne peut remplir, dans les espèces
que j'ai observées, qu'un rôle secondaire. Il me paraît évident, en effet, que
ce sont les muscles des téguments qui, en se contractant et en invaginant la
peau, tendent surtout à mettre la trompe à découvert. Ces observations sont,
je le sais, assez difficiles à faire, à cause de la rapidité avec laquelle ces
phénomènes d'invagination et d'évagination se produisent, mais en multi-
pliant mes recherches sur un grand nombre d'exemplaires, j'ai pu m'assurer
de l'exactitude des faits que je viens de mentionner.

Il ne me reste plus maintenant qu'à dire un mot du rôle physiologique de
la trompe des Rhabdocœles, et particulièrement du genre *Prostomum*.

L'opinion la plus généralement répandue consiste à voir dans cet
appareil un organe de tact, aussi le voyons-nous souvent désigné sous le
nom de *Tastorgan* par les auteurs allemands. Mes observations m'ont porté
à réserver ce dernier nom à la partie des téguments qui recouvre la trompe
proprement dite, et à voir dans celle-ci un organe de préhension. Comme j'ai
déjà exposé ces observations dans un autre travail (1), je n'y reviendrai pas
ici. La fonction de la trompe des Prostomes étant bien déterminée, il est
permis, par analogie, d'attribuer le même rôle aux organes correspondants
des autres Rhabdocœles.

---

(1) Observat. sur le *Prost. lineare.*

Existe-t-il chez les Turbellariés proprement dits un organe homologue à la trompe des Némertiens ?

Lorsqu'on cherche à résoudre cette question, on se trouve en présence d'opinions différentes.

La plus anciennement émise est due à Leuckart (1). Ce savant, en 1865, considéra la trompe des Prostomes comme étant l'analogue de la trompe des Némertes. Depuis que j'ai publié mes recherches sur le *Prostomum lineare*, cette analogie ne peut plus être douteuse, car j'ai démontré que la trompe des Prostomiens n'est pas un organe tactile, comme on le croyait généralement, mais bien un organe de préhension, se comportant de la même manière que la trompe des Némertiens.

En 1873 Schneider (2) a rapproché également la trompe des Rhabdocœles de celle des Némertes. « Die Rüsselscheide von Nemertes wie der von » *Stenostomum* und *Prostomum* ist an der Kopfspitze angewachsen, der » Mund liegt weiter rückwarts. »

Cette opinion de Leuckart et de Schneider, qui est la plus ancienne, est aussi la plus généralement répandue. L. Graff, qui a fait faire tant de progrès dans ces derniers temps à l'étude des Turbellariés, semble partager cette manière de voir; il dit en effet (3) à la fin de son chapitre sur la trompe des Prostomes : « Für die Systematik ergiebt sich aus diesen Betrachtungen » der directe Nachweis der nahen Verwandtschaft der Prostomeen mit den » Nemertinen, die um so inniger sich gestalten würde, wenn einige, seither » ganz in Vergessenheit gerathene Bemerkungen Metschnikoff's über die » Entwickelung des Genitalapparates bei *Prostomum lineare*. Bestætigung » finden sollten. »

On voit de plus, par cette phrase, qu'une seconde raison qui porte L. Graff à rapprocher le Prostome des Némertes, c'est la remarque de Metschnikoff (4) relative à l'hermaphroditisme imparfait que ce dernier a remarqué chez *Prostomum lineare*. Pour Metschnikoff, en effet, tous les individus de cette espèce présenteraient toujours une prédominance d'un des deux sexes sur

---

(1) Leuckart, Bericht über die Leistung. in der Naturg. d. niederen Thieren Wiegmanns Archiv., XX, 1865.

(2) Schneider, Untersuchungen über Plathelminthen, p. 30.

(3) L. Graff, Zur Kenntniss...... p. 142.

4) Metschnikoff, Zur Naturg. der Rhabdocœlen.

l'autre. Je reviendrai plus loin sur ce sujet, mais en admettant même pour le moment que la dioïcité soit la règle pour cette espèce, je crois que cet argument est sans valeur pour établir une parenté directe entre les Prostomes et les Némertes, et si cette parenté existe, il faut d'autres preuves pour la démontrer. En effet, M. A.-F. Marion,(1) professeur à Marseille, a déjà insisté, dès 1873, sur le peu d'importance des caractères tirés de la diœcie et de l'hermaphroditisme ; il a cité des cas nombreux d'animaux hermaphrodites dans des classes d'êtres ordinairement unisexués. Moi-même, dans mes « observations sur le *Prostomum lineare* » j'ai dit quelques mots et cité quelques cas à ce sujet. Inversement, on connaît des animaux unisexués dans des classes d'êtres ordinairement hermaphrodites, par exemple, la *Planaria dioica* Clap., l'*Acmostomum dioicum* Metsch., certaines Synascidies étudiées par M. le professeur A. Giard.

Une seconde opinion relative aux homologies de la trompe des Némertiens est celle qui a été émise pour la première fois par Schneider, et qui consiste à voir un homologue de la trompe des Némertes dans le vaisseau médian du *Stenostomum* , que la plupart des auteurs considèrent comme un vaisseau aquifère.

Enfin, une troisième opinion est celle qui a été émise avec doute , par certains auteurs et d'après laquelle l'homologue de la trompe des Némertes devrait être recherché dans le pénis des Turbellariés et particulièrement du *Prorhynchus stagnalis*, M. Schult.

Je vais discuter successivement ces trois manières de voir.

La première, celle de Leuckart, de Schneider, de L. Graff et de la plupart des auteurs , relative à la trompe des *Prostomum.*, et par suite à celle des *Ludmila, Leucon, Orcus, Rogneda, Dinophilus, Alaurina*, présente certainement de fortes probabilités dans l'état actuel de la science. En effet, par son mode de formation, par sa position, par ses connexions, et l'on pourrait ajouter, bien que cette considération soit nulle dans la détermination des homologies, par sa fonction, la trompe des Rhabdocœles rappelle de très-près la trompe des Némertes.

1° *Mode de formation.* --- On sait que, dans le *Pilidium*, qui doit être considéré comme représentant le mode primitif de développement des Némertiens,

---

(1) A.-F. Marion, Recherches sur les animaux inférieurs du golfe de Marseille. Description d'une Borlasie hermaphrodite. (Ann. Sc. nat.. 1873.)

la trompe apparaît d'abord sous forme d'un tube né par invagination de l'exoderme. Dans les types à larves de Desor ou à développemeut direct qui ont été si bien étudiés par Jules Barrois, la trompe se montre d'abord sous la forme d'un bourgeon plein, qui se creuse plus tard ; mais c'est là très-vraisemblablement un mode de développement abrégé , et cela est d'autant plus probable que tout, dans l'embryogénie de ces types , rappelle une condensation de l'évolution. Le mode de formation par invagination exodermique doit donc être considéré comme le processus primitif.

Si maintenant nous examinons comment se forme la trompe des Prostomes, nous voyons, comme je le montrerai plus loin, qu'ici également il y a invagination exodermique. Ce fait qui nous est démontré par l'embryogénie se trouve encore confirmé par l'étude de l'anatomie comparée des Turbellariés Rhabdocœles. En effet, si nous partons du *Mesostomum montanum* que j'ai déjà cité plus haut, et sur lequel le processus à l'aide duquel se forme la trompe est pour ainsi dire saisissable sur le fait, nous trouvons toute une série de formes intermédiaires entre ce type simple et la trompe hautement différenciée des *Prostomum, Acmostomum*, etc.

Je ferai enfin remarquer que l'apparition de la trompe chez les Prostomes se fait de très bonne heure ; c'est encore une analogie de plus avec ce qui se passe chez les Némertiens.

2° *Position et connexions.* --- Il n'est pas nécessaire d'insister sur ces considérations. Chez les Rhabdocœles comme chez les Némertiens, la trompe est renfermée dans une gaine qui s'ouvre au dehors à l'extrémité antérieure du corps, ou dans le voisinage de cette extrémité. De part et d'autre, elle est située sous les ganglions cérébraux et au-dessus du tube digestif. Cette dernière connexion que l'on ne peut pas vérifier facilement dans le plus grand nombre des Rhabdocœles, parce que l'intestin ne s'étend pas jusqu'à la trompe, est très-manifeste dans le genre *Dinophilus*, comme on pourra s'en convaincre en lisant la description du *Dinophilus metameroïdes*, que je donne dans la troisième partie de ce travail.

Nous voyons donc, en résumé , que de très-fortes probabilités existent en faveur de l'homologie de la trompe des Rhabdocœles et celle des Rhynchocœles.

Examinons maintenant le cas particulier du *Stenostomum*.

L'organe qui nous occupe ici est un long tube à paroi transparente, quoique musculaire, situé sur la ligne médiane, au-dessus du tube digestif, et passant entre les deux ganglions nerveux qui se trouvent placés à droite et à gauche du côté de la face dorsale de l'animal, et qui constituent à eux seuls tout le système central de l'innervation.

La grande ressemblance du tube médian des *Stenostomum* avec les vaisseaux aquifères des autres Turbellariés, quand on se contente d'un examen superficiel, l'a fait considérer par la plupart des observateurs comme un tronc aquifère.

Oscar Schmidt (1), qui, le premier, nous a fait connaître deux espèces de ce genre, le *Stenostomum leucops* et le *Stenostomum unicolor*, considère ce tube comme un vaisseau aquifère, et le décrit comme formant un coude dans la partie céphalique et se repliant de nouveau en bas.

Plus récemment, en 1875, L. Graff (2) a confirmé les observations d'Oscar Schmidt, et a décrit également dans la région céphalique deux troncs, l'un ascendant et l'autre descendant (aufsteigender und absteigender Gefässstamm.)

Cependant, dès 1873, A. Schneider (3) avait émis d'autres considérations au sujet du *Stenostomum*. Voici ce qu'il dit à ce sujet : « Uebersehen « hat man bisher ganz lich den Rüssel von Stenostomum, derselbe ist aller- » dings sehr rudimentär und deshalb bis jetzt für ein Wassergefäss gehalten » worden. Allein der helle, vom Kopf bis zum Schwanz laufende Kanal gleicht » durch seine Lage und die muskulöse Beschaffenheit seiner Wand volls- » tändig der Rüsselscheide eines Nemertes. Auch enthält er vorn deutlich » einen inneren Strang, welcher weiter hinten an der Rüsselscheid angewa- » chsen ist, der unzweifelhaft dem Rüssel entspricht. Hervorgestreckt habe » ich ihn allerdings nicht gesehen. »

On voit donc que pour Schneider, le tube médian du *Stenostomum* représente la gaîne de la trompe des Némertes ; il ne fait aucune mention du reploiement de ce tube dans la partie antérieure, et le dessin qui accompagne sa description est parfaitement conforme à sa manière de voir.

---

(1) O. Schmidt, Die Rhabdocœlen Strudelwürmer, pl. VI, fig. 48,
(2) L. Graff, Neue Mittheilungen über Turbellarien, pl. XXVII, fig. 5 et 6.
(3) A. Schneider, Untersuchungen über Plathelminthen, p. 30. (Pl. IV, fig. 2.

En 1877, Jules Barrois, dans son mémoire sur l'embryologie des Némertes (1), épouse complètement les idées de Schneider. Pour lui, le tube médian vient déboucher à la partie antérieure dans une cavité plus large, qu'il considère comme l'homologue de la cavité correspondante des Némertiens et qu'il désigne sous le nom de cavité prostomiale.

J'ai fait moi-même quelques observations sur le *Stenostomum leucops*, qui est si commun dans tous les fossés de nos environs, et je ne puis que confirmer en tous points les vues de Schneider et de Jules Barrois. Je crois que ce qui a pu donner lieu à la croyance d'une anse du tube du *Stenostomum* dans la région céphalique, c'est la dilatation en chambre prostomiale observée par Jules Barrois, les contours de cette chambre ayant été pris pour un repli du tube.

On voit donc par ce qui précède que le long tube des *Stenostomum* présente les plus grandes analogies avec la trompe de Rhynchocœles.

D'un autre côté, nous trouvons encore d'autres analogies qui ne sont pas moins remarquables. Les masses musculaires antérieures que Jules Barrois désigne sous le nom de disques antérieurs ou de lames prostomiales, et que j'ai pu voir très-nettement en employant une solution peu concentrée d'acide nitrique, ces masses musculaires rappellent tout-à-fait la disposition de la musculature dans la tête des Némertiens.

Le système nerveux formé de deux masses cérébrales placées entre les organes latéraux et l'œsophage, représente la disposition bien connue des *Enopla*. Schneider (2) figure même ces deux grosses masses nerveuses latérales comme étant reliées entre elles par une large commissure dorsale passant au dessus du tube médian. Cette disposition serait encore une analogie de plus pour le rapprochement du *Stenostomum* et des Rhynchocœles. J'avoue que je n'ai pas pu voir, même avec les réactifs les mieux appropriés, la commissure dorsale si nettement représentée par A. Schneider : ce résultat négatif me porte à croire que le *Stenostomum*, étudié par le savant professeur de Giessen pourrait bien être une variété distincte de l'espèce des environs de Lille.

Enfin, je dois, en terminant, détruire un dernier scrupule qui a retenu Jules Barrois dans le rapprochement des Sténostomes avec les Némertes,

---

(1) Ann. Sc. nat., 1877.
(2) Loc. cit., pl. IV, fig. 2.

c'est la disposition de l'intestin, qui est droit comme chez les Rhabdocœles, et n'offre aucune trace de cœcums. Cette considération n'a, à mon avis, aucune espèce d'importance, la dendrocœlie et la rhabdocœlie ne constituant que des caractères d'un ordre tout-à-fait secondaire. Je n'insiste pas, pour le moment, sur ce sujet que je traite dans un autre chapitre.

En résumé, d'après tout ce qui précède, je crois qu'il faut considérer les *Stenostomum*, et particulièrement le *Stenost. leucops*, O. Schm. qui est le seul dont l'étude ait été faite d'une manière assez complète, comme un vrai Némertien dégradé, et non comme un vrai Rhabdocœle, ainsi qu'on l'admet généralement. Dès lors, la question de l'homologie de son tube médian et de la trompe de Némertes, ne laisse subsister aucun doute. Comme corollaire de cette démonstration, nous pouvons dire, si nous admettons l'homologie de la trompe des Rhabdocœles et de celle des Némertiens, que les trompes des Rhabdocœles, du *Stenostomum* et des Rhynchocœles, sont des organes homologues.

En troisième lieu, il me reste à examiner une dernière manière de voir qui consiste à rapprocher la trompe des Némertiens du pénis des Turbellariés.

Delle Chiaje (1) est le premier naturaliste, à ma connaissance, qui ait tenté ce rapprochement. Depuis, cette idée a été rappelée par divers auteurs, et admise avec plus ou moins de conviction. Le point de départ de cette opinion a toujours été l'étude du *Prorhynchus stagnalis* M. Schultze, qui, depuis sa découverte en 1851 par Max Schultze (2), a toujours été laissé dans la classe dans laquelle l'avait placé ce savant, c'est-à-dire avec les Némertiens.

Cependant, en 1873, un éminent zoologiste (3), Lieberkühn, démontra que la prétendue trompe du Prorhynchus, qui, en somme, avait été le point de départ du classement de cet animal avec les Rhynchocœles, était un véritable pénis. Aussi A. Schneider n'hésite-t-il pas à repousser l'homologie de l'organe du Prorhynque avec la trompe des Némertes. « Dass der sogenannte » Rüssel, » dit-il, « von **Prorhynchus** cin Penis ist und mit dem Rüssel der » Poliadeen nichts gemein hat, wird aus den in Anfang mitzutheilenden » Untersuchungen Lieberkühn's hervorgehen. »

J'ai repris les observations de Lieberkühn, et, comme on le verra quelques

---

(1) Delle Chiaje. Memorie, etc., II. p. 407.
(2) Max Schultze. Beitræge, etc.
(3) A. Schneider. Untersuchung. über die Plathelminthen.

chapitres plus loin, je suis arrivé à retrouver chez le *Prorhynchus* toutes les parties qui constituent l'appareil mâle des Turbellariés Rhabdocœles. Je démontrerai de plus que les connexions entre ces diverses parties sont les mêmes dans cet animal que dans d'autres animaux du même groupe, et que le tube excréteur des glandes accessoires mâles (Pl. IV, fig. 1, *c a*), qui porte le stylet, est ici, comme dans la règle, placé à l'intérieur même du canal déférent et du pénis.

La disposition des organes mâles du *Prorhynchus* présente donc les concordances les plus remarquables, concordances qui vont jusqu'à l'identité, avec la disposition que j'ai déjà fait connaître dans un précédent travail sur le *Prostomum lineare*.

Il résulte de ces connexions, qui n'avaient pas encore été signalées jusqu'à ce jour, que si l'on voulait encore aujourd'hui soutenir l'homologie de l'organe du *Prorhynchus* et de la trompe des Némertes, ce ne serait plus dans le pénis qu'il faudrait chercher cette homologie, mais bien dans le conduit excréteur des glandes accessoires mâles.

Il est regrettable que l'on ne connaisse pas le mode de formation des organes génitaux chez le *Prorhynchus*, car le meilleur criterium pour arriver à déterminer les homologies, consiste à bien se rendre compte du mode de formation des organes. Cependant, je crois que, pour le cas qui nous occupe, la connaissance exacte du mode d'apparition des organes mâles du Prorhynchus ne nous apprendrait pas grand'chose. Je montrerai en effet plus loin, que les organes mâles chez les Turbellariés paraissent se former, au moins dans quelques cas, aux dépens de l'exoderme ; de sorte que si l'on venait à constater que l'appareil du *Prorhynchus* apparaît, ce qui est fort possible, sous la forme d'un bourgeon exodermique, ce fait pourrait être interprété différemment, selon que l'on serait ou que l'on ne serait pas partisan de l'homologie de cet organe avec la trompe des Némertes. En effet, ce processus rappellerait aussi bien le mode d'apparition des organes mâles que le mode de formation condensée observée par Jules Barrois pour la trompe du *Lineus obscurus*, par exemple.

On voit donc, en définitive, que le meilleur criterium auquel on puisse avoir recours pour reconnaître deux organes homologues peut ici faire défaut. On se trouve, par conséquent, réduit à considérer l'ensemble des caractères du *Prorhynchus*. Or l'ensemble des particularités anatomiques de cet animal tend au moins autant à le faire rapprocher des Rhabdocœles qu'à le faire ranger parmi les Némertiens. En effet, j'ai déjà montré que la similitude la plus complète existait entre son appareil reproducteur mâle et celui des Rhabdocœles. Son appareil femelle s'éloigne aussi considérablement de celui des Némertiens. De plus, je n'ai jamais été frappé de l'existence des deux gros disques musculaires antérieurs dessinés par Jules Barrois (1). Il existe dans cette région des vaisseaux aquifères très-visibles, et l'épaississement des téguments dans la partie céphalique ne m'a pas semblé dépasser de beaucoup ce que l'on observe dans bon nombre de Rhabdocœles.

D'un autre côté, je sais bien que l'existence des fossettes ciliées, la présence de cœcums intestinaux, constituent des caractères qui tendraient à faire rapprocher le *Prorhynchus* des Rhynchocœles ; mais ces caractères, et notamment les fossettes ciliées sont loin d'être spéciaux au *Prorhynchus* et aux Némertiens. Aussi, pour conclure, je crois que le *Prorhynchus stagnalis* tout aberrant qu'il est, et bien que présentant quelques points de ressemblance, quelques analogies avec les Némertiens, offre néamoins, par l'ensemble de ses caractères, une plus grande somme d'affinités avec le type Rhabdocœle plutôt qu'avec le type Rhynchocœle.

Ce qui ressort de toute cette discussion au sujet des homologies de la trompe des Némertiens, c'est :

1° Que l'homologue de cet organe dans les Rhabdocœles est très-vraisemblablement la trompe que l'on observe dans un certain nombre de genres de cette classe ;

2° Que le *Stenostomum leucops* O. Schm. est un véritable Némertien dégradé ;

3° Que le *Prorhynchus stagnalis* M. Schu. est plus voisin des Rhabdocœles que des Némertiens.

REPRODUCTION ASEXUÉE.

BOURGEONNEMENT. — RÉGÉNÉRATION DES PARTIES MUTILÉES.

La reproduction par fissiparité a été observée dans un certain nombre de Turbellariés appartenant tous aux types les plus inférieurs du groupe. Je citerai

---

1) Loc cit., pl. XI, fig. 461.

notammeut le *Microstomum lineare* Œrst. le *Microst. giganteum*, nov. spec., l'*Alaurina prolifera* Busch, l'*Alaurina composita* Mecznik., le *Stenostomum leucops* O. Schm., le *Stenost. unicolor*. O Schm.

Les phénomènes de bourgeonnement qui président à la formation des métamères qui s'individualiseront plus tard, ont été étudiés par Jules Barrois (1) chez le *Stenostomum leucops*, et par L. Graff (2) chez le *Microstomum lineare*. On trouvera encore dans la troisième partie de ce travail, le résultat de mes observations personnelles sur la reproduction fissipare du *Microstomum giganteum* (3). Il ressort, en somme, de ces différents travaux que les phénomènes intimes de la production des métamères consistent dans la formation de deux bourgeons circulaires, appartenant l'un à l'endoderme et l'autre à l'exoderme : ces deux bourgeons circulaires marchent à la rencontre l'un de l'autre, et, de cette sorte de conjugaison, résulte une cloison s'étendant à travers la cavité du corps, cloison qui se dédoublera ultérieurement. Chez les *Microstomum* je me suis assuré que les bourgeons circulaires se forment constamment vers le tiers postérieur de chacun des individus qui composent les cormus, et que ces segments inégaux au début se régularisent dans la suite du développement.

J'ai eu occasion d'observer deux cas intéressants de régénération de parties mutilées ; je les ai reproduits par le dessin (pl. V, fig. 16 et 17). Dans le premier cas, c'est un jeune *Dendrocœlum lacteum*, qui avait sans doute subi une mutilation à gauche et dans la moitié antérieure du corps ; ce petit lambeau qui restait adhérent au corps de la Planaire par sa partie postérieure, avait régénéré sa partie céphalique qui présentait des yeux et tous les détails caractéristiques de la tête des *Dendrocœlum*. Le second cas est celui d'une *Planaria nigra* adulte, possédant deux pharynx réunis par la base et pouvant fonctionner d'une manière tout à fait indépendante : il est probable qu'ici encore cette anomalie était le résultat d'une mutilation, mais cette mutilation n'a pu être produite que pendant que le pharynx était sorti de sa gaîne, car la Planaire était entière et ne possédait qu'une seule ouverture pour la sortie des deux pharynx.

Je me contente de signaler ces deux anomalies que j'ai rencontrées par

---

(1) Mémoire sur l'Embryologie des Némertes. (Ann. Sc. nat., VIe série, t. VI, 1877.)

(2) Neue Mittheilungen über Turbellarien (Zeitschrif f. Wissensch. Zool., XXV, 1875.)

(3) Consulter encore sur cette question l'important mémoire de Semper : Die Verwandschaftsbeziehungen der gegliederten Thiere. (Arbeiten aus dem zoologisch-zootomischen Institut in Würzburg. 1876-1877.)

hasard. N'ayant pas fait sur cette question des observations suivies , je ne puis prétendre à la traiter d'une manière générale. Pallas, Draparnaud , Moquin et surtout Dugès, firent sur ce sujet des expériences variées, dont devront tenir compte les naturalistes qui voudraient aborder cette étude si intéressante au point de vue de la biologie générale.

ORGANES DE LA REPRODUCTION.

Un des traits les plus saillants de l'organisation des Turbellariés, c'est le développement considérable, l'extrême abondance, l'étonnante différenciation des glandes accessoires des organes de la reproduction dans les deux sexes.

Avant d'aborder l'étude de chacun des organes de la génération, en particulier, je crois devoir entrer dans quelques considérations générales.

FORMATION DES ORGANES GÉNITAUX.

La première question qui se présente à nous quand nous abordons l'étude des organes reproducteurs, c'est celle qui est relative à l'origine de ces organes.

Dans la généralité des cas, le mode de formation de l'appareil génital est très-difficile à saisir ; mais dans les espèces, telles que *Stenostomum leucops* et *Microstomum lineare*, chez lesquelles les sexes sont répartis sur des individus différents et chez lesquelles les individus d'un même cormus, constamment du même sexe, nous présentent parfois des organes reproducteurs à divers degrés de développement, ces sortes de recherches se trouvent rendues plus faciles.

Voici ce que j'ai observé sur le *Stenostomum leucops* : je dois dire d'abord que je n'ai rencontré dans cette espèce que des individus femelles. Pendant tout le printemps et l'été, ces animaux se reproduisent par fissiparité ; c'est principalement au commencement de l'automne que j'ai rencontré des individus sexués. En soumettant un certain nombre de femelles à un examen minutieux je me suis assuré que c'est toujours aux dépens de la paroi intestinale, et dans la première partie de l'intestin (pl. VI, fig. 38), que se forment les œufs. On voit en effet que ceux-ci , le plus ordinairement au nombre de trois, sont toujours intimement unis à la partie stomacale et enveloppés par une fine membrane *m* dérivant de l'intestin.

Chez le *Microstomum lineare* (Pl. VI fig. 36 et 37) c'est également aux dépens de l'intestin que se forme le sexe femelle. La première apparition de l'ovaire est indiquée par un léger bourgeonnement de la paroi digestive (Pl. VI fig. 36). Ce bourgeon grandit (Pl. VI fig. 37), il reste pendant un moment attaché à l'intestin par un court pédicelle et finit par devenir libre ; au moins, quand l'ovaire est entièrement développé, il n'est plus guère possible de retrouver trace du pédicelle. Quant au mode de formation du testicule, mes observations sont moins concluantes, mais je suis assez porté à croire que l'organe mâle dérive de la peau, en tout cas, je n'ai jamais observé, à aucun degré du développement, la moindre adhérence, la moindre connexion de cet organe avec l'intestin.

On voit donc que les quelques observations malheureusement encore bien peu nombreuses, que j'ai pu faire sur l'origine des organes génitaux, viennent à l'appui de la théorie d'Édouard Van Beneden, théorie à laquelle le savant belge a été conduit par ses belles études sur les polypes hydraires. On sait que, d'après cette théorie, les organes mâles naitraient aux dépens de l'exoderme, et des organes femelles aux dépens de l'endoderme, de sorte que, en définitive, la fécondation pourrait être considérée comme une sorte de conjugaison s'opérant entre les deux feuillets primitifs. Bien que cette théorie ne puisse pas encore être admise d'une manière générale, parce qu'elle ne repose pas sur un nombre de faits suffisant, j'ai cru néanmoins devoir faire remarquer que mes observations sur les Turbellariés corroboraient les vues du savant professeur belge. Je rappellerai de plus que, d'après M. le docteur A. Giard, l'organe mâle de la Sacculine se forme aux dépens des glandes frontales, lesquelles proviennent de l'exoderme : il y aurait donc encore ici un fait confirmatif. Enfin les recherches de H. Fol sur les mollusques ptéropodes et gastéropodes et celles de M. Giard sur les Ophiures hermaphrodites, ajoutent aussi un point d'appui à la manière de voir d'Édouard Van Beneden.

HERMAPHRODITISME.

La plupart des Turbellariés sont hermaphrodites, mais cependant il existe plusieurs espèces qui sont dioïques. Comme j'ai déjà, dans un paragraphe précédent (1), cherché à démontrer le peu d'importance du caractère tiré de la monœcie et de la diœcie, je ne veux pas y revenir ici. Je me bornerai :

---

(1) **Voir page 32**

1° à démontrer que la maturation des testicules et des ovaires se fait à des époques différentes, de telle sorte que, dans la généralité des cas, les individus ne présentent en définitive qu'un seul sexe parfaitement développé ; 2° à discuter la question de l'homologie entre l'ovaire et le testicule.

Metschnikoff est le premier, je crois, qui ait attiré l'attention des naturalistes, sur l'inégalité du développement des sexes chez les Turbellariés hermaphrodites, en indiquant que les individus du *Prostomum lineare* présentaient toujours une prédominance de l'un des deux sexes sur l'autre.

C'est certainement chez les Rhabdocœles que ce fait est le moins frappant. J'ai observé un très-grand nombre d'espèces appartenant à ce sous-ordre, et cela aux époques les plus diverses de l'année, et j'ai toujours remarqué que si, d'une manière constante, les testicules arrivaient à maturité avant les ovaires, cependant la production des spermatozoïdes n'était pas interrompue chez ces animaux pendant toute la période pendant laquelle ils donnent des œufs mûrs. En effet, que l'on étudie, soit pendant le printemps, soit pendant l'été, différentes espèces appartenant aux genres *Prostomum, Vortex, Typhloplana, Mesostomum*, on trouvera toujours des spermatozoïdes à divers degrés de développement, et sur le même individu des œufs mûrs et souvent aussi plusieurs capsules de divers âges. C'est même sur des exemplaires qui me donnaient des capsules ovigères, que j'ai étudié le développement des spermatozoïdes, que je décris plus loin. J'ajouterai encore que j'ai pu vérifier par l'observation directe, sur le *Prostomum lineare* et l'*Hypostomum viride*, qu'il y avait fécondation croisée, c'est-à-dire que les deux individus accouplés jouaient tous deux et à la fois le rôle de mâle et de femelle. C'est seulement pendant l'automne que l'on voit la production des spermatozoïdes décroître, puis disparaître ; c'est d'ailleurs à la même époque que la production des œufs cesse.

Chez les Dendrocœles, et particulièrement dans les espèces marines, les choses paraissent se passer différemment. Il résulte, en effet, de mes observations sur *Leptoplana tremellaris* et *Eurylepta auriculata* que la formation des spermatozoïdes commence vers les mois de janvier et de février, et se continue pendant la plus grande partie du printemps. Jusqu'à cette époque, je n'ai jamais rencontré la moindre trace d'ovaires. Je suppose que les accouplements doivent se faire au printemps, car j'ai trouvé, en avril, des individus dont le receptaculum seminis était bourré de spermatozoïdes, et j'ajouterai que ces individus ne m'ont pas paru avoir des ovaires. Pendant l'été, au contraire, les exemplaires que j'ai étudiés ne m'ont jamais montré de capsules testiculaires, tandis que leurs ovaires étaient extrèmement nombreux, et leurs oviductes considérablement dilatés par les œufs. On voit que, dans ces deux espèces, l'alternance sexuelle, si je puis ainsi m'exprimer, est manifeste: mais, en somme, nous n'avons ici qu'une exagération de ce que j'ai signalé chez les Rhabdocœles. La seule différence consiste en ce que, chez les Dendrocœles marins, la formation des spermatozoïdes paraît s'arrêter quand la production des œufs commence, tandis que chez les Rhabdocœles elle se continue pendant le fonctionnement des organes femelles; mais des deux côtés, c'est le sexe mâle qui se développe d'abord; c'est là, du reste, une loi très-générale.

Chez les Dendrocœles d'eau douce, les choses semblent se passer comme chez les Dendrocœles marins. En effet, si l'on étudie ces animaux par la méthode des coupes, on voit que les individus qui présentent des testicules ne possèdent pas d'ovaires, et que ceux qui sont pourvus d'ovaires n'ont pas de testicules. Et pourtant ces derniers ont presque toujours leurs vésicules séminales remplies de sperme, et de plus, j'ai vu des *Planaria fusca* s'accoupler fréquemment, non-seulement au printemps, mais même pendant l'été, c'est-à-dire à une époque où ces animaux pondent, et, par conséquent, ne doivent plus produire de spermatozoïdes. Je crois donc que les vésicules séminales doivent être considérées comme de vastes réservoirs, dans lesquels le sperme peut séjourner plus ou moins longtemps, et qui ne se vident que petit à petit, à mesure que l'animal s'accouple.

Pour terminer ce qui est relatif à l'hermaphroditisme, je ne dirai plus que quelques mots pour combattre l'homologie que l'on cherche parfois à établir entre le testicule et l'ovaire. Il me semble que l'existence seule de ces deux organes sur le même individu et simultanément, est suffisante pour écarter la question de leur homologie. Je ferai remarquer, de plus, que la théorie d'Edouard Van Beneden, qui paraît être vraie au moins pour le groupe d'animaux dont je m'occupe ici, en démontrant la différence d'origine du testicule et de l'ovaire, s'oppose absolument à ce qu'on puisse encore considérer ces organes comme homologues. Il en résulte donc que l'état hermaphrodite doit être considéré comme l'état primitif, et l'état unisexué comme résultant de l'avortement de l'un des deux sexes. D'ailleurs, l'embryon vertébré lui-même n'est-il pas d'abord hermaphrodite, avant d'être unisexué!

APPAREIL MALE.

TESTICULES ET DÉVELOPPEMENT DES SPERMATOZOIDES.

Les testicules présentent deux types bien différents, suivant qu'on les étudie chez les Rhabdocœles ou chez les Dendrocœles. Dans les premiers, ils consistent toujours en deux organes souvent extrêmement allongés, et occupant les parties latérales du corps ; quelquefois cependant, comme dans *Prostomum lineare*, il n'y a qu'un seul testicule impair.

Ces organes sont toujours formés par une paroi cellulaire transparente que l'on peut mettre en évidence en employant des réactifs variés , et notamment le picro-carminate d'ammoniaque. J'ai représenté (pl. VI, fig. 11), les cellules de la paroi testiculaire du *Mesost. tetragonum*, traitées par l'acide acétique. Ils sont remplis par des cellules mères et des spermatozoïdes à toutes les phases de leur développement.

Si l'on examine le contenu des testicules du *Mesostomum Ehrenbergii*, après avoir dilacéré avec précaution un de ces animaux, on est d'abord frappé par un nombre extrêmement considérable de petites cellules arrondies et entièrement transparentes quand on les regarde sans employer de réactif (pl. VI, fig. 12). Si l'on vient à les traiter par l'acide acétique, ou mieux par le picro-carminate d'ammoniaque, on voit leur contenu devenir finement granuleux et au centre apparaît souvent aussi un noyau qui se colore plus fortement par le carmin. C'est à l'intérieur de ces cellules que vont prendre naissance les cellules-filles que nous verrons se transformer en spermatozoïdes.

Le premier phénomène que l'on observe, quand les cellules-filles vont se former, c'est une condensation considérable du protoplasme au centre de la cellule (pl. VI, fig. 13 *b*): cet amas protoplasmique central est finement granuleux et se colore à la manière des noyaux, le reste de la cellule est rempli par un protoplasme plus aqueux, se colorant faiblement par les liqueurs carminées. Dans le stade suivant, le protoplasme central, le noyau s'allonge et devient finement strié, suivant son grand axe (pl. VI, fig. 13 *c*); puis il se renfle à l'équateur et à chacune de ses extrémités apparaît un petit nucléole (pl. VI, fig. 13, *d*). Il se divise ensuite en deux et les deux nucléoles que je viens de signaler deviennent chacun le noyau des deux cellules-filles formées (pl. VI, 14, *a* et *b*). Je ferai remarquer que, dans la formation de ces cellules-filles, le protoplasme cellulaire paraît être entièrement indifférent, il semble n'y prendre aucune part.

Les deux cellules-filles ainsi formées se divisent à leur tour par un processus identique à celui que je viens de signaler et dont j'ai représenté quelques phases (pl. VI, fig. 14, *c*, *d*). On peut voir, en examinant la figure 14 *d*, qu'au moment où la division va se faire, il se produit à l'équateur un petit sillon qui doit sans doute s'accentuer de plus en plus. Il est probable qu'au fur et à mesure que la segmentation s'accomplit, les nucléoles qui, primitivement, sont très-excentriques, gagnent petit à petit le centre des cellules de nouvelle formation ; il est permis de le croire en considérant les figures 13 *d*, 14 *d*, 14 *a* et 14 *e* (pl. VI).

Chez *Mesostomum Ehrenbergii*, je n'ai jamais vu plus de quatre cellules-filles dans les cellules-mères, mais chez *Mesost. personatum* et chez *Hypostomum viride*, j'ai observé des cellules-mères qui contenaient seize cellules-filles. Je ferai remarquer que mes observations sur la première espèce ont été faites en été, tandis que mes observations sur les deux dernières ont été faites au printemps. D'autre part, je n'ai trouvé, en été, que quatre cellules-filles dans les cellules-mères du *Mesost. personatum*. Je conclus donc que *le nombre des cellules-filles formées dans une cellule-mère est d'autant moins considérable que l'animal est plus fatigué par le travail génétique.*

Quelque soit leur nombre, les cellules-filles ne tardent pas à s'allonger par un point de leur surface ; elle deviennent rapidement libres par la rupture de la cellule-mère, et passent successivement par les formes que j'ai représentées dans la figure 15 (Pl. VI). Ces spermatozoïdes en voie de développement se rencontrent fréquemment, non-seulement chez les *Mesostomum,* mais chez presque tous les Rhabdocœles et les planaires marines, réunis par leurs têtes en nombre très-variable (deux ou trois, et parfois une vingtaine) et peuvent ainsi former des amas très-volumineux (Pl. VI fig. 17). En me basant sur le nombre variable des spermatozoïdes ainsi réunis par groupes, sur l'état d'isolement dans lequel on rencontre presque toujours les zoospermes, et enfin sur la disproportion qui existe très-fréquemment entre le nombre des spermatozoïdes soudés et celui des cellules-filles qu'on observe dans les cellules-mères du même animal, je suis porté à considérer les différents spermatozoïdes qui constituent un groupe comme ne représentant pas les cellules-filles d'une même cellule-mère.

Cependant il est possible que dans certaines espèces les cellules-filles se transforment en spermatozoïdes avant la rupture des parois de la cellule-mère. Du reste, ces faits me paraissent n'avoir qu'une faible valeur, étant connue la facilité avec laquelle les spermatozoïdes peuvent se souder les uns avec les autres dans la plupart des espèces animales.

Les spermatozoïdes du *Mesost. Ehrenbergü* entièrement développés sont filiformes ; si l'on vient à les traiter par l'acide acétique, ils s'enroulent sur eux-mêmes en tire-bouchon et prennent des apparences variées dont j'ai représenté quelques-unes dans la figure 18 (Pl. VI).

C'est à l'influence des réactifs qu'il faut sans doute attribuer les formes dessinées par Schneider (1).

Dans la figure 16 (Pl. VI) j'ai dessiné une série de formes que j'ai observées dans les testicules du *Mesost. Ehrenbergü*. Ces différentes cellules sont considérablement plus grosses que les cellules-mères des spermatozoïdes. En *a* on voit une cellule telle que je l'ai observée sans l'emploi des réactifs, et paraissant en voie de division ; en *b* j'ai figuré la même cellule telle qu'elle m'est apparue le lendemain après un traitement par l'acide acétique et la liqueur carminée de Beale : les lignes foncées et divergentes que l'on voit aux deux pôles étaient fortement colorées en rouge. Dans les figures *c, d, e*, les parties ombrées sont également celles qui se colorent avec une plus grande intensité sous l'influence des liqueurs carminées.

A. Schneider a déjà observé quelques-unes de ces formes (2), mais il commet une erreur, à mon avis, en les considérant comme des phases spéciales du développement des spermatozoïdes. La ressemblance de ces corps et particulièrement de ceux que j'ai représentés en *c* et en *d*, avec les corpuscules falciformes, m'engage à les considérer comme des *psorospermies* vivant en parasites dans les testicules du *Mesost. Ehrenbergü*.

Bien que je n'aie pas fait sur les autres espèces de Rhabdocœles des observations aussi suivies que sur cette dernière, cependant les phases que j'ai pu voir me permettent de croire que les phénomènes essentiels, et notamment le mode de formation des cellules-filles, sont les mêmes dans tout ce groupe.

Chez les Dendrocœles, d'après mes observations sur les espèces d'eau douce et sur le *Leptoplana tremellaris* et l'*Eurylepta auriculata*, le processus sui-

---

(1) Untersuchungen über Plathelminthen. (Pl. V, fig. 8 *p, q, r.*)
(2) Loc. cit. (Pl. V, fig. 8 *e, f, g, h, i, k, l.*)

vant lequel se forment les cellules-filles et les spermatozoïdes est semblable à celui que j'ai décrit chez les Rhabdocœles.

Mais, tandis que chez les Rhabdocœles, les testicules sont dans la règle au nombre de deux, chez les Dendrocœles ils sont toujours très-nombreux. Quant à l'étude histologique de ces organes, je n'ai rien à ajouter aux splendides recherches que Moseley (1) a faites à ce sujet sur les Planaires terrestres. Dans les coupes que j'ai faites sur des individus de *Planaria nigra*, d'*Eurylepta auriculata* et de *Rhynchodemus terrestris*, au moment où les testicules étaient bien développés (Pl. VII, fig. 4, 13 et 15 *T*), j'ai constamment trouvé ces organes plongés au milieu du tissu conjonctif, du côté de la face ventrale. Mes observations concordent donc parfaitement avec celles de Moseley et de Minot.

Je terminerai cet article en donnant quelques indications sur les testicules des *Monocelis* et des *Enterostomum*, genres que je classe, pour des raisons que j'indiquerai plus tard, parmi les Dendrocœles. Chez les *Monocelis*, les testicules sont à une certaine période de leur développement, comme je le montrerai dans la troisième partie de cet ouvrage, remplis par des cellules-filles qui toutes se transforment en spermatozoïdes, qui sont filiformes dans l'espèce de Wimereux (*Monocelis Balani* Nov. spec.) Quand les spermatozoïdes sont entièrement développés, on les trouve disposés en faisceau à l'intérieur du testicule, et à côté de ce faisceau, on remarque presque constamment une petite masse protoplasmique réfringente (Pl. II, fig. 10) que je considère comme un reste non utilisé du protoplasme des cellules-mères primitives. Il me semble que l'apparence toute particulière des testicules de l'*Enterostomum Finyalianum* est susceptible de recevoir une interprétation à peu près semblable. Ed. Claparède (2), qui le premier observa ces organes, dit à leur sujet : « Examinés à un fort grossissement, ces testicules paraissent » formés d'une boule granuleuse ou cellule centrale mesurant $0^{mm}014$ en » diamètre et munie d'un noyau transparent. Tout autour sont distribués les » zoospermes. » Si l'on examine mes figures 17 à 22 (Pl. II), on peut s'assurer que la masse protoplasmique centrale tantôt ne renferme pas de noyau, et tantôt en renferme plusieurs. Je donne à ces noyaux, qui sont eux-mêmes nucléolés, la valeur de cellules-filles, et à la masse protoplasmique, au sein

---

(1) On the Anatomy and Histology of the Land-Planarians of Ceylan.
(2) Recherch. anat. sur les Annélides, Turbellariés, etc. (Pl. VI, fig. 13.)

de laquelle ils prennent naissance, la valeur d'une cellule-mère. Les cellules-filles, une fois formées, sont probablement rejetées hors du protoplasme central et se transforment en spermatozoïdes à la périphérie : on trouve en effet fréquemment à la périphérie des zoospermes à divers degrés de développement. Quant au protoplasme central, il s'épuise peu à peu ; tantôt il disparaît entièrement (fig. 21, Pl. II), tantôt, au contraire, on retrouve au centre de la capsule testiculaire un petit amas réfringent, comme chez *Monocelis Balani*, que l'on doit aussi sans doute considérer comme un reste non utilisé du protoplasme de la cellule-mère.

GLANDES ACCESSOIRES MALES.

Etudions d'abord cet appareil chez les Rhabdocœles.

Oscar Schmidt, Max Schultze et la plupart des observateurs qui vinrent après, signalèrent l'existence des glandes accessoires mâles chez un grand nombre de Rhabdocœles. Je les ai, quant à moi, observées dans toutes les espèces, tant d'eau douce que marines, que j'ai rencontrées. On peut donc dire que leur présence chez tous ces animaux est très-générale.

Ces glandes consistent toujours en cellules généralement pyriformes, pourvues d'un noyau et d'un nucléole et réunies ordinairement entre elles par leurs conduits excréteurs, de manière à présenter l'aspect de grappes ou de faisceaux. Il suffit de jeter un regard sur les différentes figures que j'en donne dans mes planches, pour se faire une idée de la disposition de cet appareil.

Le produit de ces glandes consiste le plus ordinairement en granules réfringents qui mesurent en moyenne 3 μ en diamètre. Tantôt ces granules restent isolés, c'est le cas le plus général ; tantôt ils s'agglomèrent entre eux et forment de petites masses sphériques qui peuvent devenir polyédriques par pression réciproque quand elles sont suffisamment nombreuses, et mesurent jusqu'à 10 et 22 μ en diamètre ; c'est le cas, par exemple, du *Mesostomum tetragonum* (pl. I, fig. 3 r). Dans d'autres cas, par exemple, chez le *Prorhynchus stagnalis*, le produit des glandes accessoires mâles est liquide ; sa présence est alors beaucoup plus difficile à constater à l'intérieur des canaux excréteurs et du réservoir.

J'ai cherché à saisir le mécanisme par lequel se forme le produit de secrétion de ces glandes, mais je ne suis arrivé qu'à des résultats insuffisants. On voit seulement que les granulations réfringentes apparaissent d'abord vers l'extrémité aveugle de la cellule sécrétante et autour du noyau, elles envahissent ensuite tout l'intérieur de la cellule, puis sont expulsées par le canal excréteur ; pendant que s'accomplit cette transformation du protoplasme cellulaire, le noyau persiste, quelquefois même il semble se dédoubler, comme on peut le voir sur les glandes du *Prostomum lineare* (pl. III, fig. 6 *gl*). Mais pendant combien de temps ces cellules sécrétantes peuvent-elles fonctionner, et comment se forment les nouvelles cellules qui doivent remplacer les anciennes? Ce sont autant de questions que je pose, mais que je ne puis résoudre.

Chez les Dendrocœles, l'existence de glandes accessoires mâles est également la règle. C'est Oscar Schmidt (1), à ma connaissance, qui le premier signala la présence de ces glandes chez le *Dendrocœlum lacteum* et chez la *Planaria gonocephala*. Depuis Minot (2), les a également vues et dessinées dans les genres *Mesodiscus* et *Opisthoporus* qu'il a créés.

Elles consistent en nombreuses cellules plus ou moins allongées, pourvues d'un noyau et d'un nucléole, et situées dans le voisinage du pénis (3). Mes recherches à ce sujet confirment pleinement les observations des savants allemands. Ces cellules sont réunies entre elles et forment deux fortes grappes qui vont verser leur produit dans la vésicule copulatrice.

Quant aux éléments sécrétés par les glandes accessoires des Dendrocœles, ils consistent chez *Planaria nigra* (pl. V, fig. 12 *c*), et *fusca* en granulations réfringentes qui s'accolent entre elles comme chez *Mesost. tetragonum*, et constituent de petites masses arrondies ayant en moyenne 10 µ en diamètre.

Relativement au rôle physiologique du produit de ces glandes, j'ai déjà publié (4) quelques notes, qui me permettront d'être plus bref ici. Dans la grande généralité des cas, les granulations accessoires sont éjaculées avec les spermatozoïdes, et on les retrouve dans le *receptaculum seminis*. Je me suis assuré par de nombreuses observations faites sur diverses espèces appartenant aux deux sous-ordres des Turbellariés, qu'elles disparaissent petit à petit dans cet organe comme si elles étaient absorbées graduellement par les sper-

---

(1) Untersuchungen über Turbellarien von Corfu und Cephalonia. (Pl. IV, fig. 10 *n*, et pl. II, fig. 8 *d*.)

(2) Studien an Turbellarien, p. 438.

(3) Voyez Minot, loc. cit. Pl. XVI, fig. 4 *dr* et pl. XIX, fig. 46.

(4) Voyez : 1° Comptes-rendus, juillet 1874 ; 2° Observat. sur le *Prost. lineare* · 3° Bulletin scientifique du Nord, 1878.

matozoïdes, qui n'acquièrent le plus ordinairement toute leur motilité que dans le *receptaculum*. J'ai donc conclu de mes recherches sur cette question que le produit des glandes accessoires mâles doit être considéré comme une réserve nutritive destinée à parachever le développement des spermatozoïdes, et à entretenir leur vitalité. En effet, chez ces animaux, dans lesquels un seul accouplement peut suffire à un grand nombre de fécondations, les zoospermes peuvent quelquefois séjourner un temps assez long dans le *receptaculum seminis*, on conçoit par conséquent que leur vitalité pourrait s'affaiblir s'ils ne se trouvaient dans un milieu spécial.

Un fait qui, à mon avis, apporte un sérieux point d'appui à cette manière de voir, c'est que dans les espèces chez lesquelles les glandes accessoires ont une toute autre destination, puisqu'elles secrètent un véritable venin (*Prostomum lineare*, *Prostomum Giardii* nov. spec. (1) et *Prorhynchus stagnalis*), il existe, au moins dans les deux espèces de Prostomes que je viens de citer, des *receptaculum seminis*, dont les parois sécrètent un liquide albumineux, épais, qui doit remplacer physiologiquement le produit des glandes accessoires.

CANAUX EXCRÉTEURS ET APPAREIL COPULATEUR.

1° CHEZ LES RHABDOCŒLES.

On sait déjà d'une manière générale, grâce surtout aux remarquables travaux d'Oscar Schmidt, de Max Schultze et de Ludwig Graff, qu'il existe des canaux excréteurs spéciaux pour les testicules et pour les glandes accessoires mâles, que ces canaux excréteurs présentent dans la règle des dilatations vésiculiformes, à structure plus ou moins complexe, paires ou impaires, et servant de réservoirs pour les spermatozoïdes, ou pour le produit des glandes accessoires, et enfin que ces vésicules sont en communication avec un pénis ou organe cupulateur, dont la forme et la structure sont extrêmement variables, suivant les genres et les espèces.

Il n'y a donc rien de nouveau à apprendre quant à la composition générale de ce système excréteur. Mais cette étude soulève une question qui n'a pas

---

1) Voir plus loin, 3e partie.

encore été signalée d'une façon suffisante jusqu'ici , c'est celle des connexions remarquables qui existent entre les vaisseaux excréteurs des testicules avec ceux des glandes accessoires. J'ai fait à ce point de vue de très-nombreuses observations, tant sur les Rhadocœles d'eau douce que sur les Rhabdocœles marins, et je suis arrivé à des résultats généraux assez intéressants, que je vais exposer.

Voyons d'abord le cas le plus simple, celui où le réservoir des glandes accessoires mâles est entièrement distinct de la vésicule séminale, c'est-à-dire celui où ces deux vésicules ne sont pas enveloppées par une enveloppe commune. Le *Macrostomum hystrix* Œrst. nous en offre un bel exemple. Cette espèce , qui est si commune dans tous nos fossés, possède une vésisule séminale (Pl. I, fig. 12 *vs*) , dans laquelle viennent aboutir les deux canaux déférents *c d*, et qui communique à sa partie inférieure par un court canal avec une seconde vésicule à peu près semblable à la première. Cette seconde vésicule *r* reçoit par le canal excréteur *ca* les granules réfringents des glandes accessoires, et communique avec le pénis chitineux *p* bien connu.

La disposition que je viens de décrire n'avait pas encore été reconnue par les différents auteurs qui se sont occupés de cet animal : ni Œrsted(1), ni Édouard Van Beneden (2), ni Oscar Schmidt (3), ni Max Schultze (4) n'en font mention. Cependant si l'on examine la figure que donne ce dernier auteur (5), il semble que Max Schultze avait vu les deux vésicules, mais qu'il ne sut pas reconnaitre leur véritable signification, ni leurs rapports avec les canaux excréteurs des testicules et des glandes accessoires.

Chez le *Macrostomum hystrix*, les deux vésicules sont donc superposées, elles communiquent l'une avec l'autre par une partie rétrécie, en forme de canal, et lors de l'éjaculation, elles se vident successivement : le réservoir des glandes accessoires d'abord, la vésicule séminale ensuite. Ici les granules réfringents jouent un rôle nutritif vis-à-vis des spermatozoïdes.

Dans le genre *Prostomum*, au moins dans les deux espèces que j'ai étudiées avec soin , ainsi que dans le *Prorhynchus stagnalis*, l'indépendance

---

(1) Entwurf einer systemat Eintheil. und speciellen Beschreibung der Plattwürmer.

(2) Étude zoolog. et anatom. du genre Macrostomum (Bull. Acad. roy. de Bruxelles, 2e série, T. XXX , 1870, p. 146).

(3) Die Rhabdocœlen Strudelwürmer des süssen Wassers.

(4) Beiträge zur Naturg. der Turbellarien

(5) Loc. cit. (Pl. V. fig. 3, *e*, *f*.)

des deux vésicules est complète, il n'existe entre elles aucune communication ni directe, ni indirecte. Cette disposition anatomique est évidemment en rapport avec la fonction toute spéciale que remplissent les glandes acccessoires mâles dans ces animaux. J'ai déjà dit plus haut, en effet, que ces glandes secrétaient un véritable venin, et non des éléments nutritifs des spermatozoïdes, comme dans la règle. Mais si les vésicules sont indépenpendantes, il n'en est pas de même des conduits qui en partent pour aller s'ouvrir à l'extérieur. Ces canaux présentent, en effet, sur une étendue plus ou moins grande de leur longueur, des connexions intimes qui n'avaient pas encore été signalées avant la publication de mes « observations sur le *Prostomum lineare*. »

Dans cette espèce (Pl. III fig. 6), j'ai montré (1) que la vésicule des glandes à venin déversait son contenu au dehors par l'intermédiaire d'un canal chitineux en forme de stylet (*as, a*), et que le canal déférent *c d* enveloppait le premier conduit comme le ferait une gaine; de sorte que, sur la plus grande partie de leur étendue, les canaux excréteurs des testicules et des glandes accessoires sont emboités l'un dans l'autre, le premier étant périphérique, le second étant central. Si cette liaison intime n'existait pas entre ces deux tubes, on voit qu'il serait bien difficile d'établir l'homologie de la glande à venin des Prostomes avec les glandes accessoires des autres Rhabdocœles.

Dans le *Prostomum Giardii*, Nov. spec. (Pl. III fig. 3) dont on trouvera la description dans la troisième partie de ce travail, les connexions entre les deux ordres de canaux sont les mêmes que chez le *Prostomum lineare*. Cependant l'emboitement des deux conduits n'existe que sur une étendue peu considérable, et de plus l'appareil en fouet *f* correspondant au stylet de l'espèce des eaux douces, au lieu de traverser le pénis dans toute son étendue, comme c'est le cas pour le *Prostomum lineare*, est complètement isolé de l'appareil copulateur et va même déboucher au dehors par une ouverture spéciale située vers le milieu du corps et à la face ventrale (Pl. III fig. 3 S), tandisque le pénis fait saillie au dehors par l'ouverture génitale qui se trouve à la partie postérieure du corps. Nous constatons par conséquent ici une tendance manifeste vers une indépendance plus accusée encore que chez le *Prostomum lineare*, des organes essentiels du sexe mâle et de leurs parties accessoires.

____

(1) Arch. de zool. expérim. et génér., T. II, p. 574, Pl. XXII. fig. 4 et Pl. XXI, fig. 4, 2, 6 et 7).

Bien que je ne connaisse aucune espèce chez laquelle cette indépendance soit complète, on peut cependant concevoir que ce cas puisse se réaliser ; la question de l'origine de ces organes glandulaires et de leurs homologies pourrait alors être très-embarrassante, si l'on ne connaissait pas la série des états intermédiaires dont je m'occupe en ce moment. Je sais bien que je fournis peut-être ici un argument que pourront faire valoir les naturalistes qui recherchent l'homologue de la trompe des Némertes dans les organes mâles des Turbellariés ; comme je l'ai d'ailleurs dit dans un paragraphe précédent je ne répudie, pas cette théorie d'une manière absolue, à la condition toutefois que ce ne soit pas le pénis, mais bien les organes accessoires qui soient pris comme homologues. Cependant je le répète, je crois qu'il n'y a entre les organes mâles des Prostomes et du Prorhynche et la trompe des Némertiens que des analogies, et pas autre chose.

Les organes mâles du *Prorhynchus stagnalis* (Pl. IV fig. 1) présentent avec ceux des Prostomes et particulièrement du *Prostomum lineare* les rapports les plus remarquables. Il existe dans cette espèce une vésicule séminale *vs* et un réservoir des glandes accessoires mâles *r* qui sont parfaitement distincts l'un de l'autre. Ces deux vésicules avaient déjà été vues par Lieberkühn (1), mais cet auteur ne reconnut pas leur signification, et de plus il crut qu'elles communiquaient l'une avec l'autre, et qu'elles présentaient, par conséquent, une disposition tout-à-fait comparable à celle que j'ai décrite chez le *Macrostomum hystrix*. Je me suis assuré que cela n'est pas exact, mais que le canal déférent *cd* passe sous le réservoir *r* et n'y aboutit pas. Au point où viennent s'insérer toutes les glandes accessoires *gl*, on retrouve le canal déférent *p* et le canal excréteur *ca* qui sort de la vésicule *r* des glandes accessoires. Comme on peut le voir en examinant mon dessin, le conduit excréteur des glandes accessoires est inclus dans le canal déférent, à partir du réservoir *r* jusqu'à l'ouverture génitale. Enfin ces deux tubes concentriques sont eux-mêmes enveloppés par une gaîne *g* commune, de sorte qu'une section faite dans un point intermédiaire entre l'insertion de la vésicule *r* et l'ouverture génitale montrerait trois tubes concentriques. L'extrémité du conduit excréteur des glandes accessoires se termine par un stylet *S* chitineux, et les parois du canal déférent et de la gaîne sont également soutenues, dans le voisinage de l'ouverture génitale, par des pièces chitineuses *s*. Le réservoir des glandes accessoires

---

(1) A. Schneider. Untersuchungen über Plathelminthen (Pl. VII, fig. 2).

possède une paroi musculaire épaisse dont les fibres sont disposées en deux couches et ont, par rapport au réservoir, une direction oblique dans deux sens différents, comme je l'ai représenté dans la figure 1 (Pl. IV). Cette disposition des fibres musculaires est d'ailleurs très-générale, non-seulement dans les réservoirs des glandes accessoires, mais encore dans les vésicules séminales, et doit singulièrement faciliter l'expulsion de leur contenu. L'éjaculation du venin est indépendante de l'éjaculation du sperme, et quand on provoque l'éjaculation artificiellement, notamment à l'aide d'un acide, on voit le liquide vénéneux sortir par la pointe du stylet, et les spermatozoïdes sortir par l'ouverture circulaire du canal p.

Il résulte donc d'une manière évidente, de la description qui précède, que la disposition anatomique des organes mâles du *Prorhynchus stagnalis* est identique à celle que j'ai signalée chez le *Prostomum lineare*, et dès lors il n'y a pas plus de raison de rapprocher des Némertiens l'une plutôt que l'autre de ces deux espèces, en se basant du moins sur la structure des organes génitaux.

En second lieu, examinons les cas dans lesquels les deux vésicules sont plus ou moins intimement réunies ensemble. Je ferai observer, dès maintenant, que, dans le cas des Prostomes et du Prorhynque, les glandes accessoires ayant à remplir une fonction qui n'est nullement en rapport avec l'accouplement, le réservoir de ces glandes et la vésicule séminale doivent nécessairement pouvoir se contracter d'une manière indépendante, tandis que dans les espèces dont je vais maintenant m'occuper, le produit des glandes accessoires, étant pour ainsi dire une annexe des spermatozoïdes, doit pouvoir être éjaculé en même temps que ceux-ci ; aussi, voyons-nous ici une enveloppe musculaire commune aux deux vésicules. Partant de ces considérations, on pourrait se demander si, chez le *Macrotomum hystrix*, le produit des glandes accessoires ne jouerait pas aussi un rôle analogue à celui des Prostomes et du Prorhynque ; mais cette idée doit être écartée, parce que nous avons vu les granules réfringents éjaculés avec les spermatozoïdes, et ceux-ci être obligés de traverser le réservoir des glandes accessoires. Peut-être sommes-nous là en présence d'une disposition anatomique rappelant une conformation primitive de ces deux organes.

Dans toutes les espèces de *Vortex* que j'ai examinées, les deux vésicules sont superposées, la vésicule séminale étant supérieure, comme chez *Macrostomum hystrix* ; seulement, tandis que, dans cette dernière espèce, les deux vésicules ne communiquent que par un canal étroit, chez les *Vortex*, au contraire, elles communiquent largement entre elles.

J'ai représenté avec soin dans les figures 1, 2 et 7 (pl. I), la disposition des vésicules et des conduits excréteurs des testicules et des glandes accessoires chez *Vortex picta* et *Vortex Graffii*, Nov. spec. Il suffit de regarder ces dessins pour saisir, au premier coup d'œil, les relations qui existent entre les diverses parties qui constituent ces organes. Dans l'*Hypostomum viride*, le *Vortex truncata* et le *Vortex vittata*, je me suis assuré que l'arrangement était le même.

Dans le *Mesostomum personatum* (pl. I, fig. 4), dans le *Schizostomum productum* (pl. I, fig. V), les relations entre le réservoir spermatique et le réservoir des glandes accessoires sont encore les mêmes que chez les *Vortex*.

Il existe, sans doute, dans toutes les espèces que je viens de citer, une cloison incomplète entre les deux vésicules, car jamais on ne voit les spermatozoïdes se mélanger avec les granules réfringents. Si l'on provoque artificiellement une éjaculation, on assiste d'abord à l'expulsion des granulations réfringentes, puis à celle des spermatozoïdes, et l'on voit ces derniers traverser la vésicule des glandes accessoires pour arriver au canal éjaculateur et au pénis.

Dans les *Mesostomum tetragonum* et *rostratum*, il ne paraît y avoir qu'un seul réservoir commun aux spermatozoïdes et aux granulations réfringentes. Dans la première espèce (pl. I, fig. 3), la vésicule unique présente une paroi musculaire très-épaisse *p m*, tapissée intérieurement par un endothelium *e*, et dans sa cavité viennent s'ouvrir à l'une de ses extrémités deux canaux déférents *cd* et deux canaux excréteurs des glandes accessoires *ca*. L'intérieur de la vésicule est plus ou moins rempli par les zoospermes et les éléments accessoires. Ceux-ci *r* occupent constamment la partie la plus voisine du canal éjaculateur où on les voit agglomérés en amas polyédriques, comme je l'ai dit plus haut; à l'extrémité opposée, on les voit libres, non encore réunis en petites masses, et ordinairement disposés par séries linéaires. Les spermatozoïdes forment ordinairement un paquet assez volumineux, de forme variable, et normalement situé au-dessus des corps réfringents. Il est facile de s'assurer, à la position variable du paquet de zoospermes et des amas de granulations accessoires, qu'il n'existe aucune cloison à l'intérieur de la vésicule. Quand l'éjaculation se produit, ce sont les éléments accessoires qui sont expulsés les premiers.

Chez *Mesostomum rostratum* (Pl. I, fig. 9), la vésicule est également unique ; elle est tapissée par une paroi *p c* formée par des cellules nucléées qui, vues de face (Pl. I, fig. 10 *b*), sont hexagonales, et qui, de profil, (Pl. I, fig. 10 *a*), paraissent fusiformes. Les canaux déférents *c d* présentent , avant de s'ouvrir dans la vésicule , deux dilatations assez considérables. Les canaux excréteurs des glandes accessoires débouchent dans le réservoir unique par un point très-voisin de l'embouchure des canaux déférents ; on ne les a pas figurés dans le dessin. La vésicule est remplie de granulations réfringentes, et contient un paquet de spermatozoïdes dont la position est variable. Enfin, le pénis ou organe copulateur est un tube légèrement ondulé, couvert de fines papilles extérieurement, et qui m'a paru s'insérer à la partie supérieure de la vésicule.

J'ai représenté dans la figure 6 (Pl. I) le pénis et la vésicule séminale du *Typhloplana viridata* : c'est la seule espèce chez laquelle je n'ai pas pu découvrir de glandes accessoires.

En résumé, nous voyons que, chez les Rhabdocœles, la vésicule séminale et le réservoir des glandes accessoires peuvent : 1° être distinctes et communiquer ensemble ; 2° être réunies en une seule vésicule ; 3° être distinctes et indépendantes. Ce troisième cas ne se rencontre que dans les espèces où les glandes accessoires ne jouent plus aucun rôle dans l'accouplement, mais constituent un appareil à venin. Chez les animaux qui présentent cette adaptation spéciale , les canaux éjaculateurs des deux vésicules se pénètrent de telle sorte que le canal venant du réservoir à venin est toujours central.

Je crois avoir contribué à établir nettement les diverses connexions que l'on peut observer entre le système excréteur des testicules et celui des glandes accessoires. Ces connexions n'avaient pas encore été reconnues dans la généralité des cas, cependant Oscar Schmidt (1) les avait observées pour le *Mesostomum personatum*.

2° Chez les Dendrocœles.

Jusqu'à présent, des canaux déférents, directement en communication avec les testicules, n'ont encore été signalés que par Moseley (2) chez les

---

(1) Die Rhabdocœlen Strudelwürmer aus den Ungebungen von Krakau (Pl. III, fig. 2).
(2) On the Anatomy and Histology of the Land-Planarians of Ceylan.

Planaires terrestres, et particulièrement chez *Bipalium Diana*. Ce sont des conduits extrêmement déliés formés par une paroi cellulaire non ciliée. Minot (1) dit les avoir aussi retrouvés après de longues et pénibles recherches.

Je n'ai aucun fait nouveau à apporter sur ce sujet. Les observations minutieuses que j'ai faites sur des Planaires d'eau douce, marines et terrestres, ne m'ont jamais donné que des résultats négatifs, bien que je possède plusieurs coupes passant par des testicules.

Quant aux gros canaux déférents, généralement dilatés en vésicules séminales (Pl. V., fig. 8 *vs* Pl. VII, fig. 4 *vs* et fig. 11 *cd*), ils sont trop bien connus pour que je m'y arrête.

Chez les Planaires d'eau douce, les canaux excréteurs des glandes accessoires, qui ont été vus pour la première fois par Oscar Schmidt, viennent déverser leur contenu dans une vésicule qui, tantôt leur est spéciale, comme chez *Planaria torva* (2), *Planaria polychroa* (3), *Planaria fusca* (4), *Planaria gonocephala* (4), et qui tantôt leur est commune avec les spermatozoïdes, comme chez *Planaria nigra*, *Dendrocœlum lacteum*, *Dendrocœlum Angarense* (Pl. V., fig. 8 vc) : dans ce dernier cas, je désigne cette vésicule sous le nom de vésicule copulatrice.

Chez les Dendrocœles marins, les relations entre la vésicule séminale et la vésicule des glandes accessoires ne sont encore qu'imparfaitement connues. Cependant il paraît exister dans la plupart de ces animaux deux vésicules distinctes et superposées. M. de Quatrefages (5), dans un très-beau mémoire, a dessiné chez plusieurs espèces deux vésicules superposées, notamment chez *Stylochus palmula*, *Stylochus maculatus*, *Polycelis pallidus* et *Proceros sanguinolentus* : ces deux vésicules pourraient bien avoir la même signification physiologique que les deux vésicules observées dans certaines espèces d'eau douce. De mon côté, j'ai dessiné (Pl. V., fig. 19) les organes mâles de l'*Eurylepta auriculata* : on peut voir qu'il existe dans cette espèce deux vésicules séparées, une pour le sperme *vs*, une pour les

---

(1) Studien an Turbellarien.
(2) O. Schmidt. Die Dendrocœlen Strudelwürmer aus den Umgebungen von Gratz (Pl. III, fig. 6 *m*).
(3) O. Schmidt. Ueber *Planaria torva* autorum (Zeitschrift, 1862. Pl. X, fig. 5).
(4) D'après mes observations.
(5 Mémoire sur quelques Planariées marines (Ann. Sc. nat., 3e série, T. IV, 1845).

glandes accessoires R, et que toutes deux viennent déboucher dans une petite vésicule copulatrice *vc*, terminée par un pénis chitineux *p*.

APPAREIL FEMELLE.

OVAIRES ET ŒUFS.

Chez les Rhabdocœles, les ovaires sont le plus souvent au nombre de deux ; quelquefois cependant. on n'en rencontre qu'un. Chez les Dendrocœles ils sont ordinairement très-nombreux et disséminés au milieu du tissu conjonctif comme les testicules ; seulement au lieu d'occuper la face ventrale , ils se trouvent toujours sur la face dorsale (pl. VII, fig. 11 O).

Les œufs sont constitués par un vitellus plus ou moins volumineux , une vésicule germinative transparente, toujours très-grande dans les espèces pourvus de *Dotterzellen*, ou éléments deutoplasmiques et une tâche de Wagner toujours très-apparente et présentant à l'intérieur quelques espaces plus clairs, qui sont d'autant plus nombreux et d'autant plus gros que l'œuf est plus voisin de la maturité. Ces taches supplémentaires qu'Édouard Van Beneden appelle des *pseudo-nucléoles* se rencontrent toujours dans les vieux noyaux.

Il est intéressant de constater que le vitellus présente son plus grand développement chez les Planaires marines (pl. VIII, fig. 3 et pl. IX fig. 1), c'est-à-dire précisément dans les espèces où il n'y a pas de *dotterzellen*, tandis qu'au contraire, il offre son minimum de développement chez les Planaires d'eau douce (pl. V, fig. 18), qui sont les Turbellariés chez lesquels les éléments deutoplasmiques sont le plus abondants. L'interprétation de ce fait n'offre pas de difficulté, les *dotterzellen* pouvant être considérés physiologiquement comme un vitellus nutritif.

L. Graff (1) a décrit l'œuf du *Vorticeros pulchellum* et je reproduis le dessin qu'il en donne (pl. X, fig. 17). On voit que cet œuf est entouré par une enveloppe très-remarquable formée de cellules cylindriques. Au point de vue morphologique, cet œuf pluricellulaire doit, je crois, être considéré , non pas comme un œuf simple, mais bien comme un ovaire entier, dans lequel une seule cellule arrive à maturité, les autres se disposant autour de celle-ci et lui constituant une enveloppe. Il est à remarquer en effet que , chez les *Vorticeros* , les ovaires sont nombreux et disséminés au milieu du tissu con-

(1) Zur Kenntniss der Turbellarien (Zeitschrift. XXIV, Tab. XVIII fig. 6).

jonctif comme chez les autres Dendrocœles. Peut-être sommes-nous là en présence du point de départ de la différenciation de l'ovaire en deux organes distincts : l'ovaire proprement dit et le vitellogène. Il serait à ce point de vue fort intéressant de suivre le développement de ces œufs pour voir ce que deviennent les cellules cylindriques périphériques.

Comment se forment les œufs chez les Turbellariés ?

Edouard Van Beneden (1), dans un remarquable mémoire qu'il publia en 1870, émit une théorie à laquelle il fut conduit par les recherches qu'il fit principalement sur le *Prostomum caledonicum*, les *Macrostomum* et le *Prorhynchus stagnalis*. Cette théorie, d'ailleurs, n'était pas nouvelle ; Von Siebold (2) l'avait déjà adoptée, ainsi que M. de Quatrefages (3). Pour le savant belge, l'extrémité aveugle des ovaires, qu'il désigne sous le nom de *germigènes*, est remplie par un protoplasme présentant çà et là des noyaux disséminés dans sa masse ; au fur et à mesure que l'on s'éloigne de l'extrémité en cul-de-sac, on voit la masse protoplasmique se fendiller autour des noyaux libres, pour constituer le vitellus de l'œuf. Cette manière de voir, que l'auteur généralisa beaucoup en se basant sur l'observation d'un grand nombre de types appartenant à des groupes très-divers du règne animal, me paraît reposer sur de fausses interprétations. Je base cette assertion sur un grand nombre d'observations minutieuses que j'ai faites sur la plupart des espèces appartenant au groupe des Turbellariés que j'ai eues entre les mains. J'ai toujours remarqué que les œufs les plus petits, étant examinés à l'immersion, se présentaient constamment avec tous leurs éléments : vitellus, vésicule et tache germinatives ; seulement au début les dimensions de la vésicule germinative transparente sont par rapport au vitellus beaucoup plus considérables qu'elles ne le sont dans l'œuf mûr ; on peut s'en assurer en examinant les figures 13, 14 et 15 (pl. X), qui représentent les divers états de développement de l'œuf du *Prostomum lineare*, ainsi que la figure 16 (pl. X) *b,c,d,e,f,g*, qui nous montre tous les stades que l'on observe quand on suit la marche du développement de l'œuf du *Prorhynchus stagnalis* jusqu'au moment où il est mûr. Quand l'œuf s'accroît dans l'ovaire, c'est surtout le vitellus qui prend de l'extension, le volume de la vésicule germinative augmente relativement peu.

---

(1) Recherches sur la composition et la signification de l'œuf (Mém. couronnés et Mém. des Sav. étrang. de l'Acad. roy. de Bruxelles. T. XXXIV. 1870).

(2) Helminthologische Beiträge. Muller's Arch. 1836.

(3) Mémoire sur quelques Planaries marines, page 169.

Je crois que l'erreur d'Ed. Van Beneden tient à la particularité que je viens de signaler. J'ai déjà d'ailleurs combattu la même théorie dans un travail antérieur (1) auquel je renvoie le lecteur.

Les observations que j'ai faites sur le *Prorhynchus stagnalis* tendent à substituer à la théorie d'Édouard Van Beneden, une toute autre manière de voir.

En effet, j'ai obtenu par dilacération, une préparation du cul-de-sac de l'ovaire du *Prorhynchus stagnalis* (Pl. X fig. 16 a) montrant la paroi ovarienne formée par des cellules pourvues d'un noyau très-volumineux, et sur laquelle quelques-unes de ces celllules, d'ailleurs entièrement semblables à de jeunes œufs, faisaient hernie. Il va sans dire que je me suis assuré que ces œufs étaient bien réellement adhérents à la paroi. Cette observation nous porterait donc à croire que les œufs ne sont autre chose que des cellules détachées de la paroi ovarienne. Schneider (2) a vu les œufs dans l'extrémité aveugle du *Mesostomum Ehrenbergii* proliférer par voie de division nucléaire; je signalerai dans le paragraphe suivant des faits analogues pour les *dotterzellen* et les recherches que j'ai faites sur .ces éléments cellulaires pourront par analogie jeter un grand jour sur les phénomènes qui doivent présider à la formation des œufs.

Si l'on suit le développement du vitellus, (et cette étude est particulièrement facile dans l'ovaire allongé du *Prorhynchus stagnalis*), on voit qu'homogène et finement granuleuse au début, cette partie de l'œuf se charge peu à peu de granules réfringents qui s'accumulent surtout autour du noyau, et principalement à deux de ses pôles (Pl. X fig. 16 d, e, f). Quand l'œuf est mûr, ces granulations réfringentes sont disséminées dans toute la masse du vitellus.

Une question extrêmement intéressante est celle qui est relative à l'existence d'*œufs d'été* et d'*œufs d'hiver*, chez certains Rhabdocœles. Il résulte des belles recherches de A. Schneider (3) sur ce sujet, que les petits qui sortent au printemps des *œufs d'hiver* (*Wintereier*) à coque dure et opaque, donnent pendant un certain temps des *œufs d'été* (*Sommereier*) à coque molle et transparente dont le développement se fait tout entier dans l'utérus;

---

(1) Observations sur le Prostomum lineare p. 576, Pl, XXII, fig. 4.
(2) Untersuchungen über Plathelminthen, p. 52. (Pl. V, fig. 4 *b*).
(3) Untersuchungen über Plathelminthen. page 37.

puis ils forment des œufs à coque dure (*œufs d'hiver*). Ceux-ci sont pondus et ne se développent que lentement ; l'éclosion des petits qu'ils renferment ne se fait qu'au printemps suivant. Un second fait également fort important, établi par Schneider, c'est que les *œufs d'été* résultent d'une autofécondation , tandisque les *œufs d'hiver* résultent d'une fécondation croisée : « Selbstbefruchtung findet normal nur für die Sommereier der » Winterthiere statt. » En troisième lieu le savant professeur de Giessen a encore démontré que les animaux, sortis des *œufs d'été* , ne donnent que des *œufs d'hiver* : « Sommerthiere, welche in isolirten Müttern aufwachsen, » erzeugen nur Wintereier. »

Je n'ai rien à ajouter aux délicates et patientes expériences faites par A. Schneider pour arriver à établir les lois que je viens de résumer. Je me contenterai ici de faire une seule observation.

D'abord je ferai remarquer qu'on ne connait les deux sortes d'œufs que dans des espèces appartenant au genre *Mesostomum*, ce sont : *Mesost. Ehrenbergü*, *M. lingua*, *M. productum*, *M. tetragonum* et *M. Craci*. Toutes ces espèces sont transparentes. Je me suis assuré que le *Mesostomum personatum*, qui est fortement coloré en noir par un pigment abondant, ne présente jamais d'*œufs d'été* à coque molle et transparente : toujours ses œufs sont à coque dure et opaque. D'un autre côté les autres genres des Rhabdocœles , et notamment les *Vortex* , qui sont pour la plupart plus ou moins fortement colorés, ne présentent jamais, pas plus que *M. personatum*, d'œufs à coque transparente. Je conclus de ces faits que la production d'œufs à coque transparente chez les Mésostomiens transparents est le résultat d'une adaptation particulière ayant pour but de protéger ces animaux, c'est en un mot un cas particulier de *mimétisme*. Ces *Mesostomum* sont essentiellement nageurs, ils ne pourraient donc pas échapper à leurs nombreux ennemis si leur présence était décelée par l'existence dans leur corps de nombreux œufs à coque rouge. Quand commence pour eux la période de production d'œufs à coque dure, on les voit s'abriter sous les feuilles, sur les bords des fossés, souvent même dans la vase ; ils ne nagent plus, ils s'entourent de filaments secrétés par leurs glandes mucipares (*Spinndrüsen*), enfin ils deviennent complètement immobiles, et le protoplasme de leurs tissus cristallise, comme je le montrerai plus loin.

Mais si la production d'œufs transparents est si importante pour la protection de ces animaux, pourquoi produisent-ils des œufs opaques et colorés ? La réponse à cette question est facile, si l'on songe que ces *œufs d'hiver* ne se forment qu'à la fin de la saison chaude. C'est qu'en effet, à côté de la protection de l'individu, il y a une autre protection, plus nécessaire encore que la première, c'est celle de l'espèce. Et comment cette protection serait-elle assurée, si les œufs qui doivent passer l'hiver n'étaient entourés d'une coque dure et résistante? L'individu alors supplée, comme je viens de le dire, en se cachant sous les feuilles ou dans la vase, aux conditions mauvaises dans lesquelles le met sa progéniture.

Une autre objection que l'on pourrait faire à ma manière de voir, c'est celle-ci : pourquoi les Turbellariés transparents, autres que ceux appartenant au genre *Mesostomum*, ne produisent-ils pas aussi des œufs à coque molle et transparente ? Cette objection n'est pas embarrassante, car les Turbellariés de cette catégorie, parmi lesquels je citerai *Prostomum lineare*, *Prost. Giardii*. *Dendrocœlum lacteum*, ne portent jamais qu'une seule capsule à la fois, et encore celle-ci est-elle le plus ordinairement pondue avant que la coque soit devenue opaque ; au contraire il n'est pas rare de rencontrer des *Mesostomum* ayant 30 à 40 œufs à coque dure dans leurs utérus.

Enfin, comme corollaire de cette dernière proposition, je signalerai ce fait que, dans les types les plus inférieurs (*Macrostomum hystrix*, *Stenostomum leucops*, *Microstomum lineare*), formes qui sont transparentes et chez lesquelles les œufs sejournent plus ou moins longtemps dans le corps, les œufs sont aussi transparents.

Il résulte de tout ce que je viens de dire que le mimétisme paraît être la cause principale de la production des *œufs d'été* à coque transparente chez les Turbellariés. Quant au développement plus rapide de ces œufs il tient vraisemblablement à la température et surtout au milieu dans lequel se fait leur développement. D'ailleurs, dans les espèces qui ne présentent jamais d'œufs à coque transparente, les œufs pondus au printemps et au commencement de l'été se développent de même beaucoup plus rapidement que ceux qui ne sont pondus qu'à la fin de la saison chaude ; ceux-ci n'arrivent à l'éclosion qu'au printemps suivant. Peut-être l'état d'épuisement dans lequel doivent se trouver les animaux à cette époque exerce-t-il une influence sur la vitalité des ovules?.

VITELLOGÈNES ET DOTTERZELLEN.

Les organes femelles accessoires, improprement appelés *vitellogènes* ou *deutoplasmigènes* (Dotterstok), sont ordinairement pairs chez les

Rhabdocœles; chez les Dendrocœles d'eau douce, ils sont nombreux comme les ovaires; chez les Dendrocœles marins, ils font défaut. La disposition générale de ces organes est aujourd'hui suffisamment connue dans un grand nombre de types du groupe des Turbellariés, pour qu'il soit inutile que je m'arrête ici sur ce sujet.

Je vais surtout m'appliquer à exposer les faits qui tendent à démontrer que le *vitellogène* n'est autre chose qu'une partie différenciée de l'ovaire, et à faire l'étude encore incomplète des éléments cellulaires produits par cet organe.

L'idée qui consiste à considérer le vitellogène comme un ovaire n'est pas nouvelle ; elle a été soutenue par un certain nombre de naturalistes et notamment par Gegenbaur. Je crois, par l'exposé des observations qui va suivre, pouvoir la confirmer.

Certains Turbellariés sont particulièrement intéressants à étudier à ce point de vue. En première ligne, je citerai les *Macrostomum*. Chez ces animaux, d'après Max Schultze (1) et Ed. Van Beneden (2), les ovaires allongés formeraient dans leur extrémité aveugle des vésicules germinatives et à l'autre extrémité des granulations réfringentes qui constitueraient la plus grande partie du vitellus : la première partie représenterait le germigène (Keimstok), la seconde, le vitellogène (Dotterstok) des autres Turbellariés. Voici ce que dit à ce propos Ed. Van Beneden (3) : « Une simplification bien remarquable » de l'appareil sexuel des Rhabdocœles se présente dans le genre » *Macrostomum*. Le germigène et le vitellogène sont confondus en un même » canal, dont la partie supérieure donne naissance aux germes, et dont la partie » inférieure forme le vitellus. Mais ce qui est surtout à remarquer, c'est qu'ici » les germes deviennent eux-mêmes les agents actifs de la formation des » éléments nutritifs du vitellus. Ils élaborent eux-mêmes ces éléments. Quand » les germes sont arrivés à maturité, ils descendent dans la partie inférieure » du tube sexuel, où ils deviennent de vraies cellules sécrétoires et où ils se » chargent d'éléments réfringents. » J'ai examiné avec le plus grand soin l'organe femelle du *Macrostomum hystrix* et je puis affirmer que les œufs, les plus petits que l'on puisse observer dans le fond du cul-de-sac ovarien,

---

(1) Beitræge zur Naturgeschichte der Turbullarien.
(2) Étude anat. et zool. du genre *Macrostomum*, et Recherches sur la compos. et la signif. de l'œuf.
(3) Recherches sur la comp. et la signif de l'œuf, page 64.

sont toujours pourvus d'un vitellus et d'une vésicule germinative relativement grande. Ils ne présentent donc pas d'exception à la règle que j'ai fait connaître plus haut, relativement à la formation des œufs. Ces œufs s'accroissent au fur et à mesure qu'ils progressent le long de l'ovaire, et vers l'extrémité voisine de l'utérus, on voit le vitellus se remplir de granulations réfringentes. J'ai fait, pour arriver à connaître l'origine de ces granulations, des observations nombreuses et minutieuses, et je suis arrivé à cette conclusion qu'elles provenaient de cellules séparées de la paroi ovarienne et ayant, par conséquent, la même signification que les œufs. Seulement, ces cellules entrent rapidement en régression et produisent toutes les granulations si abondantes dans cette partie de l'ovaire. Ce sont ces granulations qui viennent se mélanger au vitellus de l'œuf. On voit donc que mes observations ne concordent pas avec les vues du savant belge.

Le *Prorhynchus stagnalis*, étudié également par Max Schultze et par Ed. Van Beneden, nous offre encore un exemple très-instructif au point de vue qui nous occupe. Ce dernier auteur s'est fait une idée très-nette de la signification des deux extrémités opposées de la glande femelle de ces animaux. « Par la constitution de son appareil femelle, dit-il, qui se réduit à » un tube aveugle dont l'extrémité en cul-de-sac donne naissance aux germes » tandis que la partie inférieure fournit les éléments nutritifs du vitellus, » le *Prorhynchus* établit le passage des Rhabdocœles à double glande aux » Némertiens à glande simple.» J'ai déjà fait connaître plus haut la formation des œufs dans cet animal (pl. X, fig. 16); les éléments nutritifs formés dans la partie inférieure du sac ovarien par un processus identique à celui des œufs, sont constitués par des cellules à protoplasme fortement granuleux et réfringent et pourvues d'un noyau et d'un nucléole (pl. X, fig. 16 h). Ces éléments nutritifs se disposent en grand nombre autour de l'œuf mûr pour former une capsule ovigère, et n'entrent en régression que très-tard ; pendant longtemps, on les voit doués de mouvements amœboïdes sur lesquels je reviendrai plus loin, et qui témoignent de leur vitalité, et de leur autonomie. On voit donc que les différences à établir entre les cellules nutritives de l'œuf chez les *Macrostomum* et le *Prorhynchus*, consistent en ce que, chez les premiers, ces cellules entrent en régression de bonne heure et en ce que le produit de leur deliquium va se mélanger avec le vitellus, tandis que, chez le second, elles gardent leur vitalité pendant très-longtemps et ne se mélangent pas avec le vitellus. Supposons que la partie inférieure du sac ovarien du *Prorhynchus*, produisant les cellules nutritives, au lieu de se trouver en ligne droite avec la partie qui produit les œufs, vienne à former un diverticulum en communication avec la partie inférieure de l'ovaire par un canal rétréci, et nous aurons la disposition ordinaire des autres Rhabdocales, c'est-à-dire une différenciation de l'ovaire en deux glandes distinctes.

Un certain nombre d'autres Turbellariés paraissent encore nous présenter des faits intéressants au point de vue qui nous occupe ici; je citerai entre autres *Aphanostomum diversicolor* (1), *Nadina pulchella* (2), *Dinophilus vorticoides* (3). Mais comme je n'ai pas fait d'observations personnelles sur ces animaux, je me contente de les signaler.

Il est à remarquer que les espèces qui présentent une différenciation incomplète de l'organe femelle en deux glandes distinctes, constituent toutes des types assez inférieurs. Il suffit même de jeter un coup d'œil sur l'arbre généalogique que je donne plus loin, pour s'assurer que cette différenciation s'accentue de plus en plus, depuis les *Macrostomiens* jusqu'au *Prorhynchus* chez lequel elle est presque complète.

Étudions maintenant les éléments nutritifs, leur formation, leur état d'indépendance, leur régression.

Afin d'abréger mes phrases, je désignerai dorénavant ces cellules sous le nom allemand de *Dotterzellen*, d'abord parce qu'il est commode, et qu'ensuite ces éléments nutritifs n'ont pas encore reçu de dénomination dans notre langue.

Je vais d'abord étudier les *dotterzellen* chez les Rhabdocœles. Si l'on examine un cul-de-sac de vitellogène (Pl. X fig. 20), on voit que la paroi qui en forme le fond, est formée par des cellules nucléées en voie de division *a*. J'ai suivi toutes les phases de la division dans les *dotterzellen* du *Prostomum lineare* (Pl. X fig. 21 d, e): cette segmentation nucléaire se fait suivant le processus ordinaire, sur lequel je crois inutile d'insister ici, d'autant plus que j'aurai à m'en occuper avec détails dans la seconde partie de ce travail. J'ai obtenu de très-belles préparations de *dotterzellen* en voie de division, en employant l'acide acétique et la liqueur de Beale.

Les *dotterzellen* jeunes, issues de la paroi cellulaire du fond des culs-de-

---

(1) Turbellarier ved Norges Vestkyst ah. Jensen. Pl. I, fig. 14.
(2) Ulianin. Turbellariés de la baie de Sébastopol.
(3) Éd. Van Beneden, Recherches sur la comp. et la signif de l'œuf, p. 68.

sac du vitellogène, sont formées par un protoplasme finement granuleux et pourvues d'un noyau (Pl. X, fig. 2, a, b, c, d, e, fig. 24, a, b, c). Au fur et à mesure que l'on s'éloigne de l'extrémité aveugle pour se rapprocher de l'extrémité ouverte du vitellogène, on rencontre des *dotterzellen* à tous les degrés du développement. On peut ainsi s'assurer qu'elles grossissent dans des proportions considérables, et qu'en même temps des modifications importantes se produisent dans la nature du protoplasme et du noyau. Le noyau primitivement homogène devient granuleux et acquiert un nucléole (Pl. X fig. 21 g). Le protoplasme semble se partager en un nombre plus ou moins considérable de petites sphères d'apparence aqueuse (Pl. X fig. 19 et 21), et en même temps on voit apparaître dans son intérieur un globule fortement réfringent (Pl. X fig. 21 f, gl) d'apparence graisseuse. Au fur et à mesure que la *dotterzellen* se développe, on voit croître le nombre des globules réfringents, mais le globule primitif présente toujours une taille plus considérable que les globules de seconde formation. En traitant des *dotterzellen* entièrement développées, par l'acide nitrique (Pl. X fig. 19), les sphères d'apparence aqueuse persistent, le noyau devient plus visible, mais les globules réfringents disparaissent; en les traitant par l'acide acétique, elles prennent l'apparence de cellules à protoplasme homogène dans lesquelles le noyau seul est nettement indiqué (Pl. X fig. 21 g).

Chez les Dendrocœles, la structure des *dotterzellen* est encore plus facile à apprécier, à cause de la grande dimension de ces cellules nutritives. Chez *Dendrocœlum angarense* on reconnaît parfaitement la structure générale que j'ai indiquée pour les *dotterzellen* des Rhabdocœles ; au moment de la formation des capsules ovigères (Pl. X, fig. 25-29), les *dotterzellen* ont un protoplasme finement granuleux, divisé en petites sphères, et possédant dans le voisinage du noyau *n* un globule fortement réfringent *gl*. Le noyau est entouré par une large zône de protoplasme incolore, que l'on prendrait volontiers pour une vacuole ; il a un aspect framboisé, mais en l'examinant à l'immersion, on reconnaît que cet aspect tient à la disposition réticulée du protoplasme (Pl X, fig. 40), disposition qui est caractéristique des vieux noyaux. A mesure que la *dotterzellen* vieillit, le protoplasme se remplit de fines granulations réfringentes (Pl. X., fig. 30 et 31), et en même temps le gros globule réfringent *gl* semble se partager en deux (Pl. X., fig. 31, 32, 34, 35).

Dans toutes les espèces de Planaires d'eau douce, les *dotterzellen* sont très-semblables; on ne peut les distinguer que d'après leurs dimensions et aussi d'après le nombre des globules réfringents qu'elles renferment. On peut, en effet, en examinant mes figures 36 , 37 et 39 (Pl. X) , s'assurer que, dans le genre *Planaria* , les globules réfringents sont plus nombreux que dans le genre *Dendrocœlum*.

Le phénomène le plus remarquable que nous présente la vie des *dotter-zellen* , c'est bien certainement la faculté contractile. De Siebold (1) est le premier auteur, à ma connaissance, qui ait signalé les mouvements amœboïdes de ces cellules. Le mouvement le plus ordinaire rappelle tout-à-fait ce que l'on observe chez certaines amœbes , il consiste en une onde se propageant d'une extrémité à l'autre de la cellule. On voit d'abord en un point se produire un petit mamelon presque incolore (Pl. X, fig. 32) , puis toute la substance protoplasmique passe successivement avec tous les éléments qu'elle contient dans ce mamelon, qui devient ainsi de plus en plus considérable (Pl. X, 21 h, 26 , 39). Ces mouvements de pétrissage peuvent durer pendant un temps assez long , je les ai observés dans des capsules quinze jours après la ponte.

Ces mouvements de pétrissage , qui constituent une des meilleures preuves que l'on puisse invoquer pour prouver l'autonomie des *dotterzellen* , se rencontrent non-seulement chez les Dendrocœles , mais encore dans tous les Rhabdocœles que j'ai examinés. Je puis affirmer aujourd'hui, après des études très-attentives, que dans toutes ces espèces de Rhabdocœles par moi observées, à l'exception des *Macrostomum* , les *dotterzellen* conservent leur autonomie, comme chez les Dendrocœles , presque jusqu'à l'éclosion des jeunes. J'ai, en effet , fréquemment ouvert des capsules de Turbellariés, appartenant à ces deux sous-ordres , dans lesquelles les jeunes animaux étaient complètement développés , et dans lesquelles on trouvait encore des *dotterzellen* à peine modifiées, mais dont les mouvements amœboïdes avaient disparu.

Quelle est la signification de ces mouvements ?

Je crois qu'elle est la même que celle que j'attribue plus loin aux mouvements de pétrissage que l'on observe dans l'œuf avant et après la sortie du globule polaire , c'est-à-dire qu'elle est surtout atavique. Le vitellogène n'étant qu'une partie différenciée de l'ovaire, les *dotterzellen* doivent évidemment avoir la même signification que les ovules ; ce sont des œufs avortés, frappés d'arrêt de développement, et par suite , les phénomènes biologiques

---

(1) Ueber die Dotterkugeln.

qu'ils présentent doivent correspondre aux phénomènes analogues que l'on constate dans les œufs normaux.

Il ne me reste plus, pour terminer l'histoire si intéressante des *dotterzellen*, qu'à examiner leur mode de destruction.

Quand les larves sont déjà en grande partie formées, les *dotterzellen* qui n'ont pas été dévorées se déforment. On les voit alors émettre des prolongements souvent ramifiés, et prendre, par suite, les formes les plus variables (Pl. X, fig. 33, 34 et 35). A cet état, le protoplasme est encore contractile, on peut, en effet, constater que ces prolongements sarcodiques peuvent se contracter avec une lenteur qui rappelle les contractions des Rhizopodes, et notamment des *Actinophrys*. Enfin, les *dotterzellen* qui ne sont pas utilisées pour la nourriture des embryons, entrent en diffluence, et il devient bien difficile d'en retrouver quelques parties.

CANAUX EXCRÉTEURS, UTÉRUS ET RECEPTACULUM SEMINIS.

Outre les organes que nous venons d'étudier, l'appareil femelle comprend encore les oviductes, les vitelloductes, l'utérus et le receptaculum seminis.

Je n'ai que peu d'observations nouvelles à signaler relativement à ces organes. Je mentionnerai seulement chez les Rhabdocœles la présence constante des éléments des glandes accessoires mâles dans le receptaculum seminis, et la sécrétion d'une matière albuminoïde par les parois du receptaculum dans les espèces chez lesquelles les glandes accessoires mâles ne concourent pas à la génération (*Prostomum lineare* et *Giardii*) Enfin, je signalerai encore l'existence de glandes spéciales (Pl. I, fig. 1 glu), versant leur produit dans l'utérus ; c'est sur le *Vortex picta* que j'ai fait cette observation. Je suppose que ces glandes doivent servir à la formation de la coque dure de la capsule.

Schneider (1) admet que cette coque est une formation dérivant des *dotterzellen*. Je ne puis admettre cette manière de voir, d'abord à cause de l'existence de glandes utérines dont le rôle serait dans ce cas inexplicable ; ensuite parce que certaines de ces coques *Prostomum lineare, Steenstrupii*,

---

(1) Untersuchungen über Plathelminthen.

Dendrocœlum lacteum, etc.), présentent un pédicelle quelquefois très-long : en admettant l'opinion de Schneider, la formation du pédicelle est très-difficile à expliquer, au contraire, en considérant la coque comme résultant d'une sécrétion utérine, l'existence du pédicelle s'explique naturellement par la simple observation de l'utérus qui, dans les espèces que je viens de citer, est pyriforme et terminé par un conduit rétréci. Enfin, j'ai observé un grand nombre de capsules du *Dendrocœlum angarense*, dont la coque était plus grande que le contenu : comment expliquer qu'une coque semblable puisse être formée par les *dotterzellen* ?

Chez les Dendrocœles, l'existence d'oviductes directement en rapport avec les ovaires fut mise en évidence par Moseley (1) dans les genres *Bipalium* et *Rhynchodemus*. Dans ces animaux, les canaux excréteurs sont formés par des cellules cylindriques ciliées. J'avoue n'avoir jamais pu voir ces origines des oviductes ni dans les espèces marines, ni dans les espèces d'eau douce. Aussi je suis assez disposé à admettre jusqu'à preuve du contraire, qu'au moins dans un certain nombre d'espèces, les œufs mûrs, en sortant des ovaires, tombent entre les mailles du tissu conjonctif et sont ensuite conduits dans les oviductes, souvent fortement dilatés, qui ont été vus par tous les observateurs (pl. VII, fig. 11 et 13 ovid.).

Dans les planaires d'eau douce, il n'existe normalement qu'un seul oviducte formé par une paroi cellulaire (pl. V, fig. 80 et pl. VII, fig. 4 ovid.) Ce canal qu'Oscar Schmidt (2) a pris pour un utérus est situé sur la ligne médiane au-dessus du pharynx, comme on peut le voir sur mes coupes microscopiques; il se termine, non pas par une dilatation aveugle, comme le représente le savant allemand, mais bien par une extrémité ouverte en forme d'entonnoir. Cette terminaison de l'oviducte me confirme dans l'idée que les œufs doivent tomber, au moins chez ces animaux, entre les mailles du tissu conjonctif qui oblitère en grande partie la cavité générale du corps. Ce qui m'empêche de voir dans ce canal un utérus, c'est que j'ai observé très-fréquemment des capsules toutes formées dans les différentes espèces de nos eaux douces, et jamais les capsules ne se trouvaient dans ce conduit.

---

(1) On the Anatomy and Histology of the Land-Planarians of Ceylan

(2) Untersuchungen über Turbellarien von Curfu und Cephalonia *et* Die Dendrocœlen Strudelwürmer aus den Umgebungen von Gratz.

Un autre point que mes travaux ont encore contribué à éclaircir, c'est celui qui concerne les corps que Osc. Scmidt (1) qualifie de *Ræthselhaftes Organ*. Ces corps que j'ai représentés dans mes figures 9, 10 et 12 (Pl. V) ne sont autres que des pseudo-spermatophores renfermés dans les *receptaculum seminis*. Dans la figure 8 (Pl. V) je n'ai représenté qu'un seul *receptaculum*, mais ils sont normalement au nombre de deux dans toutes les espèces d'eau douce. Les *receptaculum seminis* des *Dendrocœlum angarense* (Pl. V fig. 8 R et 9) sont des poches à paroi formée par des fibres musculaires. Les pseudo-spermatophores sont généralement pyriformes : la partie renflée est formée par les éléments des glandes accessoires mâles (Pl. V fig. 12 c) et par des spermatozoïdes enchevêtrés les uns dans les autres, la partie allongée est exclusivement formée par des spermatozoïdes disposés en faisceau. La formation de ces corps spermatiques s'explique tout naturellement quand on assiste à une éjaculation provoquée artificiellement ; on voit en effet dans le premier temps sortir une grande quantité d'éléments accessoires mélangés avec des spermatozoïdes, cette masse assez considérable prend la forme d'une sphère ; dans le second temps de l'éjaculation, il ne sort que des spermatozoïdes disposés tous parallèlement les uns aux autres, ce sont eux qui constituent la partie amincie. La forme des pseudo-spermatophores n'a donc pas plus de valeur que celle des matières fécales après la défécation : elle tient surtout à la consistance du produit. Quelque temps après l'accouplement, on ne retrouve dans le *receptaculum seminis* qu'une masse formée de spermatozoïdes et d'éléments accessoires et n'ayant d'autre forme que celle du *receptaculum* (Pl. V fig. 8 R).

---

(1) Die Dendrocœlen Strudelwürmer aus den Umgebungen von Gratz. (Pl. III, fig. 3.)

II. ÉTHOLOGIE.

Dans ce paragraphe, j'étudierai plus spécialement les modifications adaptatives que présentent un grand nombre de Turbellariés rhabdocœles et dendrocœles. J'examinerai ensuite un mode très-intéressant de régression des tissus que j'ai observé dans les *Mesostomum* à la fin de la saison chaude ; et enfin je décrirai brièvement quelques parasites que j'ai rencontrés chez les Planaires d'eau douce.

Comme dans les différents chapitres de ce travail j'ai eu ou j'aurai occasion de donner des renseignements sur l'habitat, sur les mœurs et sur quelques autres questions relatives à la biologie de ces animaux, je crois inutile d'y insister d'une façon plus spéciale ici, d'autant plus que les travaux de mes devanciers, et particulièrement ceux de Dugès et de M. de Quatrefages ont déjà donné d'excellentes indications sur ces questions.

Je ferai remarquer que les faits signalés dans ce paragraphe étant pour la plupart nouveaux pour la science, je puis me dispenser ici d'un aperçu historique.

MIMÉTISME ET ADAPTATION.

La théorie des ressemblances protectrices des animaux ou du mimétisme , qui rend tous les jours de si grands services aux sciences naturelles, en donnant l'explication de phénomènes qu'il serait impossible d'interpréter sans son secours, est aujourd'hui suffisamment connue dans son ensemble, grâce aux remarquables travaux de Lamarck, Darwin, Wallace, A. Giard et autres éminents naturalistes, pour qu'il soit inutile d'entrer ici dans des considérations générales à ce sujet. Je me contenterai donc dans ce chapitre de faire connaître les faits particuliers que j'ai pu observer par moi-même , en ne m'occupant exclusivement que de ceux qui sont relatifs à la classe des Turbellariés.

L'étude attentive des formes nombreuses que j'ai rencontrées m'a persuadé qu'il n'existe peut-être pas une seule espèce qui ne présente des adaptations protectrices vraiment remarquables au point de vue de la couleur.

La *Leptoplana tremellaris* est souvent extrêmement difficile à se procurer tant elle se confond facilement avec les corps sur lesquels elle se tient. Il faut, pour ainsi dire, que l'œil ait acquis une certaine éducation pour qu'on puisse arriver à la distinguer. Je me souviens avoir un jour pêché une vingtaine de Trémellaires en une heure environ, tandis que quelques-uns de mes amis qui en cherchaient également à mon côté, ont eu beaucoup de peine pour en ramasser deux ou trois. Il est certain que ces animaux ne seraient nullement visibles s'ils ne se contractaient légèrement au moment où l'on retourne la pierre en la sortant de l'eau.

L'*Hypostomum viride*, dont les téguments renferment de la chlorophylle habite exclusivement les conferves d'eau douce. Le meilleur moyen de se procurer cette espèce est de recueillir des conferves et de la chercher au milieu des filaments entrecroisés de ces algues. Le *Typhloplana viridata* et le *Vortex Graffii* que je décris plus loin, espèces qui sont également colorées en vert par des grains de chlorophylle, se rencontrent également au milieu des conferves.

Il existe à Wimereux deux espèces de *Vorticeros* : le *Vorticeros pulchellum* O. Schm. Var. *luteum*, qui est d'un beau jaune serin et le *Vorticeros Schmidtii* Nov. Spec., qui est coloré en rouge. La première espèce ne se rencontre qu'au milieu des Bugula, ou dans les touffes de Campanulaires, la seconde au contraire, vit constamment au milieu des algues rouges. Ce fait est très-frappant : j'ai bien des fois isolé dans des aquariums différents des touffes de Bugula et de Campanulaires et dans d'autres des algues rouges, et toujours j'ai trouvé l'espèce jaune dans les premiers, l'espèce rouge dans les seconds. C'est également dans les aquariums renfermant des algues rouges, que j'ai rencontré le *Prostomum Steenstrupii*, le *Vortex vittata*, le *Dinophilus metameroïdes* Nov. Spec. et l'*Enterostomum fingalianum*, dont la coloration est également rouge.

Les espèces qui habitent les fossés dont le fond est argileux ou couvert de pierres, présentent une coloration très-voisine de la couleur de l'argile : qu'il me suffise de citer *Planaria fusca*, *viganensis*, *gonocephala*, *Dendrocœlum angarense*, *Derostomum galizianum*, etc.

Planaria nigra, bien qu'accompagnant fréquemment les espèces précédentes, est cependant bien plus abondante dans les fossés dont la vase est noire et putride ; les naturalistes qui ont conservé des Planaires d'espèces différentes dans des aquariums, ont d'ailleurs pu remarquer que quand l'eau se corrompt, on voit successivement disparaître *Dendrocœlum lacteum*, puis *Planaria fusca*, tandis que la *Planaria nigra* résiste parfaitement dans des eaux, même fortement corrompues. A propos de la *Planaria nigra*, je signalerai encore la ressemblance étonnante qu'elle présente avec *Limax parvulus* surtout quand ce petit gastéropode rampe à la surface de l'eau.

Le *Mesostomum personatum* qui est également noir est toujours commun dans les fossés où abonde *Planaria nigra*.

Enfin je signalerai encore ici la Planaire bleue tachetée de jaune qui vit en parasite sur le *Botryllus violaceus* et la *Pl. Schlosseri* qui ont été signalées par M. le professeur A. Giard (1).

On peut donc dire d'une manière générale que les Turbellariés prennent tous la couleur des objets sur lesquels ils vivent.

Les espèces plus ou moins transparentes, telles que *Mesostomum Ehrenbergii*, *M. tetragonum*, *Dendrocœlum lacteum*, etc., etc., se trouvent également protégées, quelque soit le corps sur lequel elles se posent, parceque la coloration de la pierre ou de la plante reste apparente à travers les parois du corps de ces animaux. Il est digne de remarque que les Rhabdocœles transparents nagent beaucoup plus volontiers au milieu des fossés et des ruisseaux que les espèces colorées. J'en ai eu la preuve, non-seulement en faisant des observations dans mes aquariums, mais encore par la manière dont on peut principalement se procurer les différentes espèces de Rhabdocœles. Ainsi tandis que je me suis toujours procuré facilement les espèces vertes en les recherchant au milieu des Conferves, au contraire, c'est en pêchant au filet fin que j'ai rencontré la plus grande quantité de *Mesostomum Ehrenbergii*, *tetragonum* et *rostratum*. Ces différences dans les habitudes des Rhabdocœles colorés et des Rhabdocœles transparents, s'expliquent facilement en les considérant comme étant en rapport avec le mimétisme ; il est clair que les espèces vertes, par exemple, ne seraient nullement protégées si elles nageaient au

---

(1) Recherches sur les Synascidies, page 58. Pl. XXVII, fig. 9, *et* Contributions à l'Hist. nat. des Ascidies, Archiv. Zool., II, 1873.

milieu de l'eau, tandis que dans ces conditions les espèces transparentes sont aussi bien dissimulées que sur n'importe quel corps.

Je ferai encore remarquer que *Dendrocælum lacteum* ressemble étonnemment, quand il reste immobile, à une foliole morte et séparée de *Lemna trisulca* ; cette ressemblance est telle que bien souvent elle m'a induit en erreur : ce fait peut, je crois, expliquer pourquoi cette espèce semble affectionner les fossés dans lesquels cette plante abonde.

Enfin je rappelle ici pour mémoire, le fait de mimétisme si intéressant que j'ai signalé plus haut à propos des *œufs d'été* et des *œufs d'hiver*.

Tous les faits que je viens de consigner sont bien certainement le résultat d'adaptations spéciales, le résultat du mimétisme, et viennent donner un appui de plus à la théorie de la couleur protectrice, si parfaitement exposée par Wallace (1). Ils peuvent aussi nous expliquer les modifications de coloration que présente quelquefois une même espèce dans des localités différentes. Ainsi le *Vorticeros pulchellum* observé par Oscar Schmidt dans la mer du Nord et par L. Graff à Messine est rouge, la même espèce à Wimereux est jaune : il est probable que dans les deux premières localités ce *Vorticeros* vit sur les algues rouges ; je ferai remarquer en outre que les deux habiles observateurs que je viens de nommer n'ont trouvé qu'une seule espèce appartenant à ce genre. A Wimereux, au contraire, il existe deux espèces de *Vorticeros* : il est donc probable qu'une concurrence vitale a dû s'établir entre ces deux formes voisines, concurrence à la suite de laquelle, une des deux espèces est allée habiter les Bryozoaires et les Campanulaires et s'est adaptée par voie de sélection au milieu sur lequel elle vivait, tandis que l'autre restait sur les algues rouges et conservait sa livrée protectrice.

Le plus ordinairement, le changement de couleur résultant du changement de milieu est accompagné d'autres modifications dans la forme du corps, de telle sorte que l'on a fait de ces deux variétés deux espèces différentes.

Le cas des *Vorticeros* que je viens de signaler en est une preuve. La présence de deux longs tentacules chez le *Vorticeros pulchellum* est sans doute en rapport avec l'habitat de cette espèce : en effet, j'ai dit que cet animal se trouvait dans la zône à *Bugula*, c'est-à-dire dans une zône plus profonde que celle où l'on rencontre le *Vorticeros Schmidtii* nov. spec. ;

---

(1) **La Sélection naturelle**, 1872.

or je montrerai plus loin que la plupart des espèces pélagiques sont pourvues de tentacules, tandis que les espèces littorales en sont généralement privées.

Je citerai encore comme exemple la *Planaria viganensis*. Cette jolie espèce qui fut trouvée par Dugès au Vigan, petite ville située au pied des Cévennes, vit dans les fontaines d'eau très-pure; M. le professeur Giard m'en a procuré des exemplaires qu'il avait trouvés également dans des ruisseaux d'eau courante et pure, à Bas Meudon et à Wimereux. Eh bien, la *Planaria viganensis*, d'après les individus que j'ai examinés, parait être extrêmement voisine de la *Planaria nigra*, dont elle ne se distingue guère que par sa coloration et la forme de sa tête : elle est d'un brun chocolat en-dessus et grise en-dessous, et sa tête plus large que celle de la *Planaria nigra* est auriculée. On peut donc considérer la *Planaria viganensis* comme une forme particulière de la *Planaria nigra* adaptée à des eaux courantes et limpides. Le pigment noir de cette dernière Planaire, qui la protège efficacement quand elle habite des eaux dont la vase est noire, devient au contraire un point de mire quand elle va habiter des ruisseaux dont le fond est garni de cailloux, le plus ordinairement siliceux, aussi ne devons-nous pas nous étonner si cette coloration s'est modifiée sous l'influence de la sélection, de manière à devenir de nouveau protectrice.

Quant aux auricules, je montrerai tout à l'heure qu'elles sont aussi le résultat d'une adaptation particulière, car on ne les rencontre que dans les espèces qui habitent des eaux courantes et la haute mer.

La *Planaria fusca* présente aussi, comme *Pl. nigra*, une variété spéciale aux eaux limpides et courantes, c'est la *Planaria gonocephala* Dugès (1). J'ai rencontré cette dernière à Montigny-sur-Roc, près de Valenciennes, dans les ruisseaux d'eau de sources qui coulent au pied du Caillou-qui-Bique, et dont le fond est garni de cailloux. Oscar Schmidt (2) l'a aussi observé dans des eaux limpides et courantes, dans les environs de Gratz. Par tous les détails de son organisation, et notamment par la structure de ses

---

(1) Voyez Dugès (Ann. Sc. nat., 1re série, t. XXI, 1830, pl. II, fig. 22.) et Oscar Schmidt (Die Dendrocœlen Strudelwürmer aus den Umgebungen von Gratz, pl. IV, fig. 4 et 6.) et Untersuchungen über Turbellarien von Corfu und Cephalonia (Pl. II, fig. 6, 7 et 8.), car je crois que la *Planaria sagitta* O. Schm. ne peut pas être distinguée de la *Planaria gonocephala* Dugès.

(2) Die Dendrocœlen Strudelwürmer aus den Umgebungen von Gratz. (Zeitschrif f. wissensch. zool., t. 10, 1860.)

organes génitaux, qui sont semblables à ceux de *Planaria fusca*, cette espèce est identique à *Pl. fusca*, dont elle ne se distingue que par son allure plus vive, et par la forme de sa tête. Celle-ci, en effet, est nettement triangulaire, elle présente deux petits lobes tentaculiformes, situés l'un à droite et l'autre à gauche, à la base du triangle, et sa face supérieure est pourvue d'une légère carène sur la ligne médiane. La coloration de cette espèce est la même que chez *Planaria fusca*; on comprend, en effet, qu'ici le pigment ne se soit point modifié, puisque cette dernière Planaire, qui vit principalement dans les eaux dormantes dont le fond est garni de pierres, présente précisément une coloration très-voisine des cailloux sous lesquels on la trouve le plus ordinairement.

J'ai dit un peu plus haut que les tentacules ne se rencontraient en général que dans les espèces vivant dans les eaux courantes. Je viens de citer deux exemples parmi les Planaires d'eau douce; je ferai encore remarquer que les Planaires marines, qui sont pourvues de tentacules (*Stylochus, Thysanozoon, Proceros, Eurylepta*, etc.), ne se rencontrent qu'accidentellement sur les côtes; il faut, en général, pour les atteindre, profiter des grandes marées, et quelques-unes même, telles que certaines espèces de *Stylochus* et de *Thysanozoon*, habitent la haute mer. Au contraire, les espèces essentiellement littorales et vivant constamment abritées sous les pierres, comme la *Leptoplana tremellaris*, par exemple, ne présentent aucun appendice en forme de tentacule.

L'existence de tentacules chez une espèce constitue pour cet animal un avantage incontestable, car ces appendices sont des organes de tact souvent extrêmement sensibles, et d'autant plus précieux qu'ils sont plus développés; on pourrait presque dire que les services qu'ils rendent sont en raison directe de leur longueur, ils sont, en effet, d'autant plus utiles, qu'ils permettent à l'animal de reconnaître à une plus grande distance, soit un obstacle, soit un ennemi, soit une proie. D'un autre côté, on comprend que des tentacules ne rendraient guère de services aux espèces vivant sur des fonds vaseux, et souvent même dans la vase, comme *Planaria nigra*, pour ne citer qu'un seul exemple. C'est là, je crois, qu'il faut aller chercher l'explication de l'absence des tentacules dans les espèces d'eau douce vivant au milieu d'eaux dormantes et vaseuses, et dans les espèces littorales qui habitent un milieu très-analogue.

En tout cas, le fait des modifications adaptatives subies par ces animaux, me paraît parfaitement établi.

Un autre genre de mimétisme, qui joue également un rôle important, au point de vue de la protection dans un certain nombre d'espèces, est celui qui est occasionné par le régime de l'animal. Les espèces blanches ou transparentes présentent, après avoir mangé, la coloration des corps dont ils ont rempli leur estomac. Je n'aurais pas même mentionné cette cause toute particulière de protection, si, dans ma pensée, je ne lui accordais une part active dans la coloration des téguments de certaines espèces. Je crois, en effet, qu'au moins dans quelques cas, l'alimentation doit entrer comme facteur, au même titre que la sélection naturelle, pour la formation des variétés de couleur. Cette assertion ne repose pas sur une simple vue de l'esprit, mais bien sur des faits d'observation, comme je vais le montrer.

Afin d'arriver à me procurer des capsules ovigères, dont l'âge me fut rigoureusement connu, j'ai élevé des *Dendrocœlum lacteum* dans mes aquariums. La nourriture que je leur donnais consistait en grande partie en larves de Chironomes. Quand une Planaire a mangé une ou plusieurs de ces larves, ses ramifications gastriques sont injectées en rouge, et en l'examinant avec soin, on voit que le reticulum lui-même prend, quelque temps après, une teinte rosée. Il n'est pas douteux que, dans ce cas, une partie au moins de la matière colorante rouge est absorbée par la paroi intestinale et passe ensuite par diffusion jusque dans le reticulum conjonctif.

Un autre exemple bien plus remarquable nous est offert par le *Dinophilus vorticoïdes*. Cette intéressante espèce est vivement colorée en rouge, et en l'examinant au microscope, on voit que la matière colorante n'est pas régulièrement distribuée, mais que son intensité est beaucoup plus grande dans l'estomac que partout ailleurs. Mereschkowsky (1) nous a fait connaître les éléments qui donnent à l'animal sa coloration : ce sont des gouttelettes d'apparence graisseuse réunies en petites sphères et qui n'ont rien de commun avec les grains de pigment ordinaires. (Die Wandungen des Magens sind mit runden Zellen belegt, die mit runden, orangefarbenen und Fetttropfen

---

(1) Uber einiger Turbellarien der Weissen Meeres. (Archiv. für Naturgeschichte, 1879, page 52.)

ähnlichen kügelchen vollgestopft sind. Die Färbung des Körpers hängt eben von diesen orangefarbenen Kügelchen ab, die frei oder (und dies geschieht seltener) von runden zellen umschlossen in grosser Menge durch den ganzen Körper zerstreut sind). Je conclus de cette observation de Mereschkowsky et de celle que j'ai pu faire moi-même sur le *Dinophilus metameroides*, Nov. spec., que la matière colorante de ces animaux dérive directement de l'intestin d'où elle passe dans la cavité du corps par diffusion. Je crois également que l'on peut, jusqu'à un certain point, se rendre compte de l'origine de la matière colorante dans l'intestin, si l'on tient compte du régime des *Dinophilus* ; les seules substances alimentaires que j'aie rencontrées dans l'appareil digestif de ces animaux sont des diatomées et des débris d'algues rouges. Je pense donc que leur alimentation est essentiellement végétale et que, par suite, leur trompe doit surtout leur servir à brosser la surface des végétaux pour en détacher les diatomées et quelques débris de la plante, et non à saisir un animal vivant comme la trompe des Prostomes et autres genres proboscifères; d'ailleurs la conformation du pharynx des Dinophiliens diffère essentiellement de celle du pharynx des Rhabdocœles carnivores. Eh bien, les diatomées et les algues rouges renferment, comme l'ont montré les belles recherches de MM. Millardet et Kraus (1), ainsi que celles de Rosanof (2), des matières colorantes particulières, et entre autres des substances dichroïques appelées par les premiers *Phycocyanine* et par le second *Phycoérythrine*. Je crois, après tout ce que je viens dire, qu'il est permis d'admettre que la matière colorante rouge des Dinophiliens n'est autre que celles des algues, modifiée ou non et peut être dissoute dans une substance grasse particulière, en tout cas, dans une substance fortement réfringente.

Le cas des *Dinophilus* est certainement le plus beau que l'on puisse citer dans l'état actuel de la science, comme exemple de l'influence de l'alimentation sur la coloration des animaux, et par suite du rôle que peut jouer la nourriture comme facteur du mimétisme.

Je ne sache pas que jusqu'à présent, l'attention des naturalistes ait été attirée sur cet ordre de faits, je suis d'autant plus heureux d'avoir pu le faire que je suis convaincu qu'il y a là tout un vaste champ à exploiter, et que

---

(1) Comptes-rendus, t. LXVI, 1868, p. 505.
(2) Comptes-rendus, t. LXII, 1866.

l'importance des aliments considérés à ce point de vue est peut-être beaucoup plus considérable qu'on ne peut le supposer aujourd'hui .

SUR LES CRISTALLOIDES DES *MESOSTOMUM* ET PARTICULIÈREMENT DU *MESOSTOMUM EHRENBERGII*.

Pl. VI, fig. 22-26.

Vers la fin du mois d'août, et dans les mois de septembre et d'octobre, le *Mesostomum Ehrenbergü* présente un aspect tout particulier. En effet, au lieu de cette transparence parfaite qui a toujours fait rechercher cette belle espèce pour les recherches micrographiques, presque tous les individus offrent une coloration d'un blanc mât particulière, et qu'il n'est pas possible de confondre avec la coloration blanche qui est caractéristique des testicules bourrés de spermatozoïdes. Dès que mon attention fut attirée sur ce fait, j'en cherchai la raison.

A l'examen microscopique, je reconnus que cet aspect spécial était dû à la présence d'un nombre extrêmement considérable de très-petits corps incolores, très-réfringents, qui, à un examen superficiel, présentent une forme à peu près hexagonale.

Une observation plus attentive me fit reconnaître que la forme réelle de ces corpuscules était celle de dodécaédres pentagonaux, dont les arètes sont tellement vives que les angles paraissent échinés. En observant ces cristaux dans l'éclairage oblique, on peut voir avec la plus grande netteté que toutes les facettes sont pentagonales et égales. Cette forme dodécaédrique est bien certainement le résultat d'une cristallisation, et ne résulte pas d'une pression réciproque de ces corps les uns sur les autres. En effet, j'ai trouvé fréquemment ceux-ci isolés, soit dans les muscles, soit dans des cellules à bâtonnets, et présentant néanmoins leur forme caractéristique. Il est clair que, dans ce cas, ils n'étaient soumis à aucune espèce de pression. En outre, je conserve depuis plus d'un an des préparations de ces corps dans des liquides différents, et aucun d'eux ne s'est nullement modifié dans ses contours.

La forme cristalline de ces petits corpuscules appartenant au système cubique, il était inutile de les observer entre les prismes croisés de Nicol.

J'ai cherché à déterminer la composition chimique de ces dodécaèdres en les mettant en contact avec divers réactifs. L'acide acétique faible ne les attaque pas; l'acide nitrique ne les dissout nullement, seulement, quand il est suffisamment concentré, il les contracte sans altérer sensiblement leur forme; les alcalins, et notamment le carbonate de potasse, les attaquent beaucoup plus profondément, et les dissolvent même en grande partie; la liqueur carminée de Beale les colore uniformément en rouge, à la manière des substances protoplasmiques; l'acide osmique les colore légèrement en brun noirâtre, sans toutefois leur donner cette teinte noire foncée qu'il communique ordinairement aux matières grasses non mélangées; enfin, la solution aqueuse d'iode est sans action, sauf une légère coloration en jaune. Toutes ces réactions me portent à admettre que ces petits dodécaèdres pentagonaux sont formés chimiquement par une matière albuminoïde unie à une faible proportion de matière grasse. Ces sortes de combinaisons du protoplasme avec des matières grasses sont d'ailleurs extrêmement communes, dans le règne animal au moins, car chaque fois que l'on fait agir l'acide osmique sur une substance protoplasmique, on obtient presque constamment une réduction partielle. Cependant, à ma connaissance, c'est la première fois que l'on signale une de ces combinaisons à l'état cristallisé, chez les animaux.

Après avoir déterminé la composition chimique de ces corps, autant qu'on peut le faire avec les réactifs sous le microscope, je me suis efforcé de rechercher les conditions dans lesquelles ils apparaissent au milieu des tissus. J'ai choisi pour cela des Mésostomes aussi sains que possible, et je crois être parvenu à résoudre, au moins en partie, la question que je m'étais posée.

Ces cristalloïdes se rencontrent d'abord dans l'intérieur des muscles, et particulièrement des muscles rétracteurs du pharynx, que Schneider considère comme des glandes salivaires (*Speicheldrüsen*), dans l'intérieur des cellules à grands bâtonnets, dans les glandes mucipares (*Spinndrüsen*), ainsi que dans les vitellogènes et les testicules, quand les phénomènes de la reproduction ont cessé; plus tard, ils finissent par envahir le tissu conjonctif.

Avant l'apparition des dodécaèdres, on voit dans ces différents organes la substance protoplasmique se transformer en sphère d'un diamètre d'abord beaucoup plus petit que celui des dodécaèdres. Le nombre de ces sphères, très-restreint au début, va sans cesse en augmentant, et quand tout ou au moins la plus grande partie du protoplasme se trouve transformée en dodécaèdres pentagonaux, on n'y rencontre plus que de très-rares sphères semblables à celles dont je viens de parler.

Cette sorte de morcellement du protoplasme qui se produit surtout quand il vieillit , n'est pas rare ; je me contenterai de rappeler ici ce que je dis à ce sujet, à propos des *dotterzellen* et des cellules endodermiques de la *Leptoplana tremellaris* et de l'*Eurylepta auriculata.*

Pour bien étudier ces corpuscules sphériques du protoplasme des Mésostomes, il est nécessaire de les isoler en écrasant avec soin la préparation. On voit alors très-nettement leur contour circulaire (pl. VI, fig, 25), et au centre un amas de protoplasme rayonnant vers la périphérie.

Lorsque ces sphères ont atteint un diamètre égal à celui des dodécaèdres, les rayons divergents de l'amas protoplasmique central, que l'on peut très-facile-ment colorer par les liqueurs carminées, deviennent moins nombreux, souvent au nombre de six. De plus j'ai cru remarquer qu'ils se trouvaient disposés sui-vant trois diamètres perpendiculaires entre eux.

Je n'hésite pas à considérer les corps que je viens de décrire comme étant en rapport avec la forme dodécaédrique, et comme précédant celle-ci. On peut voir en effet, en jetant un coup d'œil sur mes dessins, qu'il existe toute une série de formes intermédiaires entre ces deux états.

Ces faits, comme on peut le voir, sont extrêmement intéressants au point de vue général de la génése de cristalloïdes. Ils nous montrent en effet comment des parcelles de protoplasme, présentant pendant un temps plus ou moins long, tous les caractères d'une petite masse protoplasmique vieillie, mais non encore morte puisqu'elle continue de s'accroître, peuvent à un moment donné, prendre d'un seul coup une forme géométrique, sans qu'il soit possible de pouvoir admettre qu'il y ait là une juxtaposition successive de petites molécules cristallines. On voit donc quelle distinction il y aurait à établir, sous le rapport de la génése, entre les cristalloïdes, et les vrais cris-taux. Il est probable que cette cristallisation du protoplasme est déterminée par la pénétration et la combinaison avec les substances albuminoïdes, d'une matière étrangère grasse ou saline.

Une autre distinction importante que l'on peut encore établir entre les cristalloïdes et les cristaux vrais, c'est que, tandis que ces derniers sont sus-ceptibles de s'accroître à l'infini, les premiers, au contraire, sont toujours d'une dimension déterminée, constante, et ne s'accroissent plus une fois formés. Enfin je ferai encore remarquer que l'existence des cristalloïdes, peut aussi bien s'expliquer dans l'hypothèse soutenue par Nägeli, Dippel et un grand nombre d'autres botanistes, relativement à la structure cristalline du prototoplasme vivant, que dans l'hypothèse plus généralement admise qui considère le protoplasme comme une substance amorphe.

Quel peut-être le rôle, quelle peut être la signification de ces cristalloïdes ?

Schneider a déjà signalé, également chez le *Mesostomum Ehrenbergii*, les sphères à protoplasme étoilé, auxquelles il ne consacre que quelques lignes dans ses *Untersuchungen über Plathelminthen*. Il les considère comme des parasites envahissant le corps de ce *Mesostomum* à l'automne. Il dit de plus qu'elles finissent par s'entourer d'un kyste de forme polyédrique par pression : « Zulezt umgiebt er sich mit einer Cyste, welche von polydrischen sich tref-
» fenden Leisten besetzt ist. »

J'ai déjà dit plus haut quelles sont les raisons qui m'empêchent de voir dans ces dodécaèdres le résultat d'une pression réciproque. Quant à la manière de voir, d'ailleurs purement gratuite, de Schneider, relativement à la nature parasitaire des corps dont je m'occupe, je ne puis non plus la partager. Non seulement je n'ai jamais vu l'immigration de ces corps dans l'intérieur des Mésostomes, mais je les ai vus pour ainsi dire prendre naissance dans la profondeur même des tissus de ces animaux, et aux dépens du protoplasme de ces tissus.

Ma conviction est que ces dodécaèdres pentagonaux sont des cristalloïdes, et qu'on doit les considérer comme le résultat d'un phénomène particulier de régression, comparable sans doute à celui qui produit les grains d'amidon, les grains d'aleurone et les cristalloïdes observés chez les végétaux, particulièrement chez les *Bornetia* et les *Pilobolus*.

L'envahissement du corps des Mésostomes par ces cristalloïdes exige un temps assez long pour être complet ; d'après les expériences que j'ai faites sur quelques individus que j'avais isolés pour suivre les progrès de la régression, il faudrait environ deux mois.

Chez les Mésostomes complètement envahis, le corps est bourré par des milliers de dodécaèdres qui se répandent partout dans les mailles du tissu conjonctif ; les corps sphériques sont alors extrêmement rares. Dans cet état, les animaux ne présentent plus que des mouvements très-lents ; ils se tiennent de préférence au fond dés aquariums, dans la vase où ils s'entourent d'une matière glaireuse probablement sécrétée par les glandes mucipares, (Spinndrüsen), et restent alors dans un état d'immobilité à peu près complète.

Je suis assez porté à croire que, dans ces conditions, les Mesostomes peuvent hiverner, grâce aux réserves nutritives accumulées dans leurs tissus.

J'ai également observé un mode de régression semblable à celui que je viens de décrire, chez *Mesostomum rostratum* ; seulement, dans cette espèce, les cristalloïdes sont beaucoup plus petits et plus difficiles à observer.

D'ailleurs je suis bien convaincu que des phénomènes analogues doivent être beaucoup plus répandus qu'on ne le croit, et que, s'ils n'ont pas été signalés jusqu'ici, c'est qu'on ne les a pas recherchés. Il y aurait matière pour un travail remarquable, si l'on voulait étudier à ce point de vue, pendant l'automne, certains animaux inférieurs qui passent l'hiver. On sait, en effet, combien nombreuses et variées sont les modifications qui se produisent à la fin de la saison chaude chez un très-grand nombre d'animaux : les unes ont un rôle évidemment protecteur, telle est, pour n'en citer qu'un seul exemple, l'exagération dans la production des spicules calcaires chez les *Didemnum*, signalée par M. A. Giard dans ses belles *Recherches sur les Synascidies* (1) ; d'autres consistent dans la formation de réserves alimentaires. Je suis heureux d'avoir pu attirer l'attention des zoologistes sur cette seconde catégorie des modifications automnales, modifications qui, à ma connaissance, n'avaient pas encore été signalées, et dont j'espère pourvoir quelque jour reprendre l'étude d'une manière plus étendue. Peut-être faudra-t-il ranger dans cette même catégorie, les modifications que subissent les glandes génitales des Oursins quand elles entrent en régression, après que la saison de la reproduction est passée ; je veux parler des modifications qui ont été signalées par M. le professeur A. Giard (2).

PARASITES DES PLANAIRES D'EAU DOUCE.

Je terminerai ce chapitre dans lequel j'ai fait connaître les résultats de mes observations relatives à l'éthologie des Turbellariés, en donnant la liste des Parasites, par moi rencontrés chez les Planaires d'eau douce.

1° J'ai trouvé fréquemment, au milieu des fibres musculaires rayonnantes du pharynx de la *Planaria nigra* et du *Dendrocœlum lacteum*, un petit Nématoïde enroulé sur lui-même et enfermé dans un kyste.

---

(1) Arch. Zool. expérimentale, t. I.
(2) Sur une fonction nouvelle des glandes génitales des Oursins. (Comptes-rendus Acad. des Sc., 5 novembre 1877.)

2° Les infusoires que j'ai représentés dans les figures 20 et 21 (Pl. V) sont entièrement couverts des cils vibratiles très-fins. Ils vivent dans les ramifications gastriques de la *Planaria nigra*; leur corps est contractile et paraît rempli de petits globules réfringents ayant une apparence graisseuse. La première fois que je les ai rencontrés, je les ai pris pour des amas de globules de graisse tels que ceux que l'on rencontre parfois dans l'intestin, mais quand je les revis, j'ai pu reconnaître, après avoir dilacéré la Planaire, qu'ils pouvaient nager librement dans l'eau, grâce à un revêtement ciliaire que je n'avais primitivement pas observé. Je ne connais aucun infusoire dont on puisse rapprocher ceux que je viens de signaler.

3° Dans les figures 22, 23 et 24, j'ai représenté un infusoire, très-commun à la surface de la peau des Planaires d'eau douce. Je m'étonne que cette espèce, voisine des Urcéolaires, n'ait pas encore été signalée. J'ai trouvé également sur les hydres d'eau douce un infusoire très-semblable et peut-être identique à celui des Planaires. Hatchett Jackson (1) a décrit de son côté un infusoire vivant en ectoparasite sur la spongille d'eau douce, et qui n'est pas sans présenter quelques analogies avec l'espèce des Planaires. Toutefois il se distingue nettement de celle-ci par l'existence d'un cercle de longues soies raides qui lui a valu son nom (*Cyclochæta spongillæ*).

L'infusoire ectoparasite des Planaires présente une forme assez allongée et recourbée en corne d'abondance lorsqu'il voyage à la surface cutanée des Planaires (Pl. V, fig. 22). Il est pourvu d'un disque en forme de ventouse, garni sur son bord libre de cils vibratiles très-longs et présentant l'aspect d'un soleil (Pl. V, fig. 23). Ce disque, que je désignerais volontiers sous le nom de disque locomoteur parce que c'est sur lui que l'animal se tient quand il rampe, présente sur toute sa surface des stries très-fines et très-rapprochées, disposées radialement. Au fond de l'entonnoir formé par le disque, se trouve un bourrelet annulaire mamelonné que l'on voit dans toutes mes figures et surtout dans la figure 25 (Pl. V) qui représente une coupe optique de cette partie de l'infusoire. Les bords du disque ne sont pas d'ailleurs constamment relevés comme on le voit dans les figures 24 et 25, mais ils peuvent s'abaisser et même produire des battements, surtout quand l'infusoire, quittant la Planaire, nage librement au milieu de l'eau.

---

(1) On a New Peritrichous Infusorian (Cyclochæta spongillæ.) Quarterly Journal of Microscopical Science, 1875, page 243, pl. XII. T. XV.

Le corps est couvert de cils vibratiles, et présente quatre faisceaux de poils raides, représentés dans les figures 22 et 23, et qui peuvent s'abaisser ou se relever. Enfin au milieu du protoplasme du corps, on remarque une grande vacuole *v* et un tube allongé et diversement contourné que j'ai figuré dans mes dessins.

Bien que je sois à peu près certain, que l'infusoire dont je viens de donner une courte description soit nouveau, je ne lui donnerai pas de mom, laissant à des naturalistes plus compétents que moi sur cette question, le soin de le faire s'il y a lieu.

4° *Opalina polymorpha* dans l'appareil digestif de *Planaria fusca* et *Dendrocœlum lacteum*; cet infusoire a déjà été observé par Max Schultze (1.

5° Des *Grégarines* très-communes et souvent extrêmement abondantes dans le corps de *Planaria fusca*. J'en ai représenté quelques formes dans les figures 23-33 (Pl. V). Ces Grégarines ont également été vues par Max Schultze. Dans la figure 32, j'ai reproduit une forme que j'ai observée une fois et qui consiste, comme on peut s'en assurer, en deux Grégarines juxtaposées et tournant sur elles-mêmes dans le sens indiqué par la flèche. Il est probable que nous avons affaire là à un état de conjugaison semblable à celui qui a déjà été observé par M. le professeur A. Giard, dans le *Monocystis* des Ascidies. Je considère la figure 33 comme une phase plus avancée de la conjugaison.

6° On observe quelquefois dans le corps de la *Planaria fusca* des sphères très-grosses visibles à l'œil nu, d'une taille trois ou quatre fois plus considérable que celle des Grégarines, et dont on trouvera un dessin dans la figure 34 (Pl. V). Il est à noter que les Planaires qui présentent ces kystes arrondis, en ont toujours une grande quantité; mais les individus atteints par ce parasite sont beaucoup moins nombreux que ceux qui présentent des Grégarines. Ces corps sont d'un blanc opaque, et consistent en un amas considérable de petits corps ovoïdes (Pl. V fig. 35) que l'on peut facilement étudier en écrasant avec précaution la préparation; l'amas de ces petits corpuscules que je désigne sous le nom de spores est renfermé dans une membrane d'enveloppe très-visible dans la figure 34 (Pl. V). Je considère ces

---

(1) Beiträge zur Naturgeschichte der Turbellarien.

sphères blanches comme des *Psorospermies*. Etant donnée la taille de ces psorospermies, j'ai peine à croire qu'il puisse exister quelques liens génétiques entre elles et les Grégarines. Ce fait viendrait donc à l'appui de l'opinion de M. le professeur A. Giard (1), qui veut voir dans les psorospermies et les Grégarines des formes autonomes, n'ayant jamais entre elles d'autres rapports que ceux du parasitisme.

7° Enfin je signalerai de petits corps amœboïdes (Pl. V fig. 36) présentant sous le microscope, des mouvements de pétrissage très-actifs. Je les ai trouvés dans la *Planaria fusca*. Peut-être appartiennent-ils à l'une des phases évolutives de la Grégarine ?

---

(1) Sur le *Lithocystis Schneideri*, nouvelle espèce de Psorospermie parasite de l'*Echinocardium cordatum*. (Comptes-rendus, 22 mai 1876. — Congrès botanique d'Amsterdam, avril 1877. — Bullet. Scient. du Départem. du Nord, 1878.)

DEUXIÈME PARTIE.

EMBRYOGÉNIE.

1° EMBRYOGÉNIE DES PLANAIRES MARINES.

HISTORIQUE.

L'absence complète des *Dotterzellen*, l'absence d'une coque dure et opaque, la dimension des œufs, leur transparence, la facilité avec laquelle on peut les conserver dans des cuvettes très-petites sans nuire à leur développement, sont autant de causes qui rendent l'étude de l'embryogénie de ces animaux relativement facile. Aussi les premières observations qui ont été faites sur le développement des Turbellariés se rapportent-elles aux Planaires marines.

Il y a à considérer dans l'ontogénie de ces animaux deux formes larvaires très-distinctes : la première est adaptée à la vie pélagique et présente des appendices particuliers sur certaines parties du corps (*Planaires à larve de Müller*) ; la seconde au contraire est à peine distincte de la forme adulte (*Planaires à larve non pélagique*). Enfin, on pourrait encore à ces deux types larvaires, en ajouter un troisième qui constitue pour ainsi dire une forme intermédiaire entre les deux premiers, c'est celui qui a été décrit par Charles Girard et dont je parlerai tout à l'heure.

Dans l'exposé historique qui va suivre, j'interromperai un peu l'ordre chronologique pour grouper ensemble les travaux relatifs aux Planaires à larve pélagique et ceux relatifs aux Planaires à larve non pélagique.

Pour trouver des indications précises , et ayant une véritable valeur scientifique, il faut remonter jusqu'à 1850.

Joh. Müller (1).— A cette époque Joh. Müller publia une note fort remarquable sur une larve pélagique, trouvée par lui à Marseille, et qu'il attribua à une Planaire.

C'était la première fois que l'on faisait connaître une larve de Turbellarié subissant des métamorphoses. Dans ce travail , le savant auteur décrit avec soin différentes larves qu'il a observées à divers états de développement , et qu'il s'est procurées à l'aide du filet fin. Toutes possèdent six appendices pairs: deux dorsaux, deux latéraux et deux ventraux ; plus deux appendices impairs , un dorsal et un ventral , au-dessous duquel se trouve le pharynx. En outre , après avoir décrit ces larves, il fait remarquer qu'elles passent à la forme Planaire par simple allongement et aplatissement du corps, et par la disparition graduelle des appendices. « Die Verwandlung besteht einfach » darin , dass die ältern Thierchen länger und platter, und die Forsätze » immer kürzer werden, bis sie ganz eingehen. Schon ehe es so weit » gekommen, verliert sich die Radbewegung allmählig an den Fortsätzen und » die Thierchen kriechen jetzt umher statt mittelst der Wimpersäume zu » schwimmen. »

N'ayant pas pu suivre le développement de ces larves, Joh. Müller s'est trouvé dans l'impossibilité de déterminer l'espèce à laquelle elles appartenaient ; cependant la découverte qu'il fit une fois d'un exemplaire entièrement privé de ses appendices et rappelant par tous ses autres caractères les larves les plus développées qu'il étudiait, l'a porté à rattacher celles-ci au genre *Thysanozoon*.

En terminant, l'auteur fait remarquer avec beaucoup de raison que la présence ou l'absence des métamorphoses ne constitue pas un caractère de classe , ni même de famille , et il cite à l'appui de cette assertion de nombreux exemples pris dans des classes et dans des familles différentes du règne animal.

Ed. Claparède (2). — En 1863, Ed. Claparède a décrit une larve assez

---

(1) Ueber eine eigenthümliche Wurmlarve, aus der Classe der Turbellarien und aus der Familie der Planarien (Arch. für Anat., Physiol., 1850).

(2) Beobachtungen über Anat. und Entwickl. wirbelloser Thiere. 1863.

semblable à celle de Müller, mais qui doit être rapportée à une espèce différente, à cause de la disposition des points oculiformes qui n'est pas la même. Ce savant décrit et figure le capuchon céphalique, ainsi que les six appendices de la ligne équatoriale, mais il ne dit rien de l'appendice impair dorsal qui existe dans la larve de Müller et dans celles que j'ai observées moi-même. Voici ce qu'il dit à ce propos : « Von der Œquatorialgegend des » Leibes entspringen sechs an die Tentakeln von Actinotrocha erinnernde » Fortsätze, und zwar drei jederseits. » Toutefois, de ce que l'appendice dorsal impair ne paraît pas avoir été vu, il ne faut pas conclure pour cela qu'il n'existait pas, car il est souvent fort difficile à observer.

Enfin, Claparède signale derrière la bouche une ouverture qui, bien certainement, était pathologique : « Ich beobachtete den Austritt von » Fœcalmassen an der Bauchseite in der Mitte zwischen Mund und » Hinterende, ohne dass ich zur Gewissheit hätte gelangen können, ob » ich mit einem normalen After oder mit einer Verletzung zu thun habe. »

La larve de Claparède est la seconde larve pélagique de Planaire que l'on ait décrite.

H.-N. MOSELEY (1). — En 1877, Moseley fit encore connaître une larve pélagique de Planaire qu'il recueillit dans son voyage à bord du Challenger. Comme cette larve présente les plus grands rapports avec celle décrite par Johannes Müller, Moseley la rapporte, quoique avec quelque doute, au même genre que celle de J. Müller, au genre *Thysanozoon* C'est dans le mois de janvier, à l'île de Mindanao, dans les Philippines, que Moseley trouva cette larve.

A. GOETTE (2). — L'année dernière, au moment même où, pour prendre date, je faisais connaître (3) quelques uns des résultats généraux de mes recherches sur l'embryogénie des Turbellariés, Goette, professeur à Strasbourg, publia quelques lignes sur le développement de la *Planaria neapolitana* Delle Chiaje. Il observa la sortie de deux globules polaires (Richtungsbläschen). Il vit le vitellus se segmenter d'abord en quatre parties égales, et celles-ci se

---

(1) Larva of Thysanozoon. The remarkable Planarian Larva of Johannes Müller (Quaterly Journal of microsc. Science, 1877, p. 29).

(2) Zur Entwickelungsgeschichte der Seeplanarien (Zoologischer Anzeiger von Victor Carus. Août 1878).

(3) Bull. scient. du département du Nord. Nos 8, 9 et 10, 1878.

diviser à leur tour et donner naissance à quatre grosses sphères endodermiques et à quatre petites exodermiques; enfin, il reconnut que ces dernières proliféraient rapidement et finissaient bientôt par recouvrir entièrement les quatre grosses cellules endodermiques. Quant à la formation du feuillet moyen, à la différenciation des tissus, etc., il n'en dit rien. Enfin, la larve que Goette décrit, doit être rapportée au type de J. Müller; l'auteur la compare au *Pilidium* des Némertiens. Nous verrons plus tard que cette comparaison n'est pas fondée, qu'elle ne repose que sur des analogies trompeuses, et non sur des considérations morphologiques sérieuses.

CHARLES GIRARD (1). — La *Planocera elliptica*, dont Charles Girard a fait le sujet de ses études embryogéniques, est certainement un type très intéressant au double point de vue de la segmentation et de la forme larvaire qui constitue, pour ainsi dire, un passage entre les Planaires à larve de J. Müller et celles à larve non pélagique, comme *Leptoplana tremellaris* étudiée par Keferstein et par L. Vaillant. Le travail de Charles Girard, dont je vais donner ici une très-courte analyse, est certainement, bien qu'il soit déjà ancien, un des plus remarquables que l'on connaisse sur l'embryogénie des Planaires, surtout si l'on se reporte à l'époque où il a été publié et à l'état dans lequel se trouvaient les études embryogéniques à ce moment.

Charles Girard a suivi avec soin les premiers phénomènes de la segmentation du vitellus. Il a parfaitement vu l'œuf se diviser d'abord en deux, puis quatre, puis huit, puis seize parties égales, et finalement prendre l'apparence d'un corps mûriforme (mulberry shape). On voit donc que ces phénomènes de la segmentation sont ici différents de ce qu'ils paraissent être dans la règle, puisque dans toutes les embroygénies de Planaires décrites jusqu'à ce jour, on a constamment observé une division irrégulière donnant une *gastrula* par épibolie. La *Planocera elliptica* fait seule jusqu'à présent exception à la règle, et présente une segmentation régulière dont le résultat est un corps mûriforme, très-probablement une *blastosphère*.

D'ailleurs Charles Girard avait parfaitement reconnu chez les Planaires marines l'existence de deux modes différents de segmentation, ainsi qu'on

---

(1) Embryonic Development of Planocera elliptica (Journal of the Academy of natural sciences of Philadelphia. — New series, Vol. II. Part. IV, 1054, p. 307, pl. XXX, XXXI et XXXII).

peut s'en convaincre par la citation suivante (1) : « Thus the division of the
» vitellus in *Polycelis variabilis*, as observed by me several years ago,
» althought not published yet, seems almost an exact copy of the same phe-
» nomenon in *Acteon viridis* of the coast of France : when the yolk is
» divided into four spheres, four smaller ones will appear opposite, and
» then the latter will remain stationary whilst the former will follow ont
» the process of the division.

» In *Planocera elliptica* the division of the yolk does not differ apparently
» from the same phenomenou in *Acteon chloroticus* of New England, and
» likewise in several species of *Eolis* and *Doris*, as well as *Triton*. There
» is the most striking resemblance in that respect between *Planocera ellip-
» tica* and *Eolis gymnota*, in the cases in which the yolk divides into three
» spheres instead of four. »

Il serait certainement à souhaiter que l'embryogénie de la *Planocera elliptica*
fut reprise, car le mode particulier de segmentation qu'elle présente laisse
présager des différences importantes dans les phénomènes ultérieurs du développement avec les phénomènes que je décris plus loin chez *Leptoplana
tremellaris* et *Eurylepta auriculata*.

Quand le stade mûriforme (mulberry shape) est formé, Charles Girard dit
que cet état disparaît et que l'œuf revient à son point de départ : « Soon after-
» wards the mulberry shape itself vanishes, when the eggs reassume a form
» and an appearanse similar to what it was previous to the division, whit
» this difference, however, that the vitelline sphere has become a little
» larger (1). »

On peut juger par cette phrase qu'à partir du stade *mulberry shape*, qui
est probablement, je le répète, une *blastosphère*, Charles Girard n'a plus rien
vu de net dans le développement.

La larve de la *Planocera elliptica*, présente pendant la première phase de son
existence, un capuchon céphalique comme la larve de Joh. Müller, mais elle
est dépourvue des autres appendices latéraux, ventraux et dorsaux ; elle possède une longue soie raide à ses extrémités céphalique et caudale, et
constitue par conséquent, comme je le disais plus haut, une forme de passage.

Charles Girard a encore observé, dans l'embryogénie de la *Planocera ellip-*

---

(1) Loc. cit. p. 323.
(1) Loc. cit. p. 343

tica, une forme des plus curieuses et tout-à-fait énigmatique dans l'état actuel de nos connaissances. C'est une forme gibbeuse, caractérisée par son immobilité et son opacité, qui succède à la forme larvaire, et à laquelle Charles Girard donne le nom de chrysalide en forme de chameau (camel-like form) ou de dromadaire (dromedary-like form), suivant qu'elle présente deux ou une seule bosse sur le dos.

Cet état, d'après l'auteur, succéderait à la forme larvaire, huit ou dix jours après que celle-ci a commencé à tournoyer. « That larva which was » seen so lively, so active, so plastic, so polymorphic, becomes a mummy- » like body, an immoveable chrysalis, eight or ten days after it first began » to revolve an au embryo»(1). Quant à l'étendue du temps pendant lequel l'animal reste dans cet état, et aux modifications que subit cette forme pour passer à l'état adulte, Ch. Girard ne peut donner aucune indication : « I am not prepared to give any information in relation to the length of » time which the animal remains in this state,.....

» How long this périod will last, is a question now tobe investigated ; » also, whether the perfect animal is the next step, or whether there are » other stages of development, or other metamorphoses. »

Fortement intrigué par les faits avancés par l'auteur américain, j'ai recherché activement si je ne trouverais pas quelque chose d'analogue soit dans la mer, soit dans mes aquariums, dans lesquels j'ai conservé, pendant près d'un an, des planaires qui m'ont donné de fréquentes et nombreuses pontes, et je n'ai rien observé.

Rien de semblable à ma connaissance n'a encore été signalé, non-seulement chez les Turbellariés, mais même dans aucun animal inférieur. Il me parait bien difficile dans l'état actuel de la science d'interpréter ce fait d'une manière satisfaisante. Je me contente d'attirer l'attention des naturalistes sur les observations du savant américain, observations qui paraissent avoir passé tout-à-fait inaperçues.

L. Vaillant. (2) — Dans un mémoire qu'il publia en 1867, sur le développement du *Polycelis lœvigatus*, l'auteur signale l'existence des globules polaires, et fait connaître le fractionnement de l'œuf en « deux, quatre et

---

(1) Loc. cit. p. 321.

(2) Remarque sur le développement d'une Planariée dendrocœle; le *Polycelis lœvigatus*, de Quatref. (Mémoires Acad. des Sc. et lettres de Montpellier, T. VII, p. 93-108, Pl. IV. 1867).

huit globes très-régulièrement disposés. » Mais il ne dit rien des différences considérables que l'on remarque entre les deux espèces de cellules qui constituent le stade huit; et si l'on se reporte à la figure qu'il donne, il semble que ce stade soit formé par huit sphères égales, ce qui n'est pas exact.

Au-delà de ce stade, M. L. Vaillant n'a plus rien vu jusqu'au moment où l'embryon, couvert de cils vibratiles, tournoie dans la coque de l'œuf. Encore n'a-t-il bien vu à cet état du développement que les cils vibratiles et des granulations. Ne pouvant rien distinguer dans la structure de l'embryon, il admet que le fractionnement finit par engendrer une masse granulonucléée avec cellules dispersées sur certains points : « la massse de l'em-
» bryon, dit-il, (1) redevenue unique, n'est plus homogène, mais pré-
» sente sur certains points des cellules arrondies qui paraissent périphériques,
» sans qu'on puisse admettre toutefois qu'elles forment une couche continue;
» çà et là apparaissent des nucléoles, le reste de la substance est finement
» granuleuse. »

Les figures qui accompagnent le texte n'ajoutent rien à la description, elles ne nous donnent aucun renseignement sur la structure de la larve.

Le fait le plus important qui ressort du travail que nous analysons ici brièvement, c'est la constatation de l'absence chez la larve, d'organes d'adaptation à la vie pélagique. L'embryon du *Polycelis lœvigatus* passe insensiblement à la forme adulte par simple allongement et aplatissement du corps. Aussi, l'auteur dit-il, à la fin de son mémoire (2), qu'il ne faut « admettre
» que sous grande réserve, comme représentant des larves de Planariées,
» ces animalcules *bizarres* figurés d'abord par Joh. Müller, et depuis par
» M. Claparède, et regardés par le premier comme se rapportant à ce type
» de Turbellariés. »

En résumé, nous voyons que, quoique postérieur de treize ans à la publication du mémoire de Charles Girard, le travail de M. L. Vaillant est incontestablement beaucoup moins instructif que celui du savant américain. Non-seulement M. L. Vaillant n'a pas vu autant et si bien que Charles Girard, mais encore il a commis une erreur considérable à propos des premières cellules de segmentation.

---

(1) Loc. cit. p. 104.
(2) Loc. cit. p. 107.

Keferstein (1). — L'embryogénie de la *Leptoplana tremellaris* O. Fr. Müll. (*Polycelis lœvigatus* de Quat.) fut reprise l'année suivante, en 1868, par Keferstein, qui ne paraît pas avoir connu le travail de M. L. Vaillant ; mais ceci a peu d'importance.

Keferstein a parfaitement reconnu que l'embryon se formait par épibolie ; ses descriptions et ses dessins à cet égard sont très-nets. Il paraît aussi avoir assisté à la formation de la cinquième sphère endodermique, mais il semble avoir mal vu ce phénomène sur lequel, du reste, il n'insiste nullement, comme on peut en juger par la citation suivante (2) :

« Die kleinen Kugeln theilen sich nun alsbald und setzen diesen Process
» mehrere Male fort, sodass am zweiten Tage die vier grossen Dotterkugeln
» auf einer Seite von einer Schicht kleiner Kugeln völlig bedeckt sind. *Nun*
» *spaltet sich auch eine der grossen kugeln in Kleinere* und, während die
» kleinen Dotterkugeln sich immer weiter theilen, umwachsen sie die
» Ueberreste der grossen rund herum, sodass diese (4 ter Tag) zuletzt als
» eckige, fettartig aussehende Massen in Centrum des nun wesentlich aus
» kleinen runden Dottermassen bestehenden Eies erscheinen. »

Enfin Keferstein reconnut que les grosses cellules endodermiques jouaient le rôle de vitellus nutritif, mais il ne vit rien de la formation de la paroi intestinale, ni de la différenciation des tissus (3). « Die Reste der grossen
» Dotterkugeln, scheinen allmählig als Nahrung verbraucht zu werden und
» zuletzt im Darminhalt zu vergehen, während aus der peripherischen,
» feinkörnigen Schicht die Körper-und Darmwand vie alle übrigen Organe
» sich herausbilden. »

En résumé, nous voyons que Keferstein a parfaitement observé les premiers phénomènes de la segmentation, observation que n'avait pas faite M. L. Vaillant. Mais il ne vit ni la formation du feuillet moyen, ni la formation de la paroi intestinale, ni la différénciation des tissus ; de plus il commit une erreur en pensant que les cellules exodermiques se fusionnaient pour former une couche granuleuse, ainsi qu'il le dit dans la phrase suivante : (4).

« Diese kleinen Dotterkugeln, welche die peripherische Schicht des
» Embryos bilden, setzen die Theilung weiter fort, verlieren ihr dunkles,

---

(1) Beitrâge zur Anat. und Entwicklungs geschichte einiger Seeplanarien von St-Malo, 1868.
(2) Loc. cit. p. 33.
(3) Loc. cit. p. 34.
(4) Loc. cit. p. 33.

» fettartiges aussehen und stellen zuletzt (5 ter bis 6 ter Tag) eine Schicht
» einer feinkörnigen, blassen, mit wenigen runden Fetttröpfchen durchsetz-
» ten Substazn dar, welche die Reste der grossen, in zahlreiche grössere und
» kleinere, fettähnliche Massen von eckigen Formen zerfallenen, Dotter-
» kugeln muschliesst. »

EMBRYOGÉNIE DE LA LEPTOPLANA TREMELLARIS O. Fr. Müll.

Pl. IX et X.

La *Leptoplana tremellaris* nous présente un excellent type à développement sans métamorphose. Elle est commune à Wimereux, où je l'ai trouvée
très-abondamment, surtout dans les mois d'août, septembre et octobre, sous
les pierres du fort de Croï et de la pointe aux Oies.

Les pontes de cette planaire constituent des plaques plus ou moins étendues (un à deux centimètres le plus ordinairement) formées par un nombre
d'œufs quelquefois très-considérable. Ces plaques adhèrent aux parois du
vase ou aux algues sur lesquelles elles sont déposées, mais cependant pas
assez fortement pour qu'on ne puisse pas les détacher facilement et d'une seule
pièce avec la pointe d'un scalpel. On peut alors les porter facilement sur le
porte-objet du microscope, à l'aide d'un pinceau. J'ai pu examiner ainsi
journellement, et souvent plusieurs fois par jour, un ou plusieurs œufs,
toujours les mêmes, sans nuire à leur développement : quand j'avais terminé
mon observation, je les remettais dans un verre de montre ou dans un petit
flacon à large ouverture, pour les reprendre encore et les observer à
nouveau.

La *Leptoplana tremellaris* vit très-bien en captivité ; j'ai conservé des
individus vivants de cette espèce pendant six mois, et cela à Lille, sans autre
précaution que d'ajouter un peu d'eau de mer fraîche de temps en temps dans
les flacons dans lesquels je les élevais. Pendant les mois d'août, septembre et
octobre, ces planaires m'ont donné un grand nombre de pontes. C'est grâce à
la facile éducation de ces animaux que j'ai pu suivre pas à pas toutes les
phases de leur développement.

Pas plus que Keferstein, je n'ai pu observer la fécondation. Ce qui est bien
certain, c'est que celle-ci s'effectue avant la ponte.

Charles Girard est le seul observateur qui, à ma connaissance, a pu être
témoin du phénomène de la fécondation chez les Planaires marines. Il a vu
chez *Planocera elliptica* les spermatozoïdes se mouvoir avec une grande

activité autour de l'œuf, le frapper en différents points, puis devenir immobiles et disparaître entièrement. « The spermatic particles may then
» be observed in great activity moving all aroundt the egg, non and then
» darting at it from various points and striking it; when at last, they become
» so much exhausted that the remain immovable upon the egg until the
» vanish entirely away. Spermatic particles i have not seen penetrating into
» the egg, therefore they do not, to my knowledge, constitute any part of
» the future being, but they act upon ist surface, totally disappearing
» afterwards. Such is the material action af the fecondation. (1).

L'œuf pondu est sphérique, il est entouré d'une coque résistante, mais transparente qu'il, ne remplit pas entièrement. Il est constitué par un vitellus granuleux contenant un noyau et un nucléole (vésicule de Purkinje et tache de Wagner) (Pl. IX, fig. 1 et 2).

Sortie du globule polaire. — Le premier phénomène que l'on observe, peu de temps après la ponte, c'est la disparition du nucléole ; en même temps les contours du noyau deviennent moins nets (Pl. IX, fig. 2), puis on voit ce dernier quitter le centre de la sphère et prendre une position excentrique.

C'est là le prélude de la sortie du globule polaire. En effet on ne tarde pas à voir le noyau s'allonger, en même temps que la surface du vitellus qui est voisine de l'une de ses extrémités s'incurve légèrement. Au centre de cette concavité, c'est-à-dire dans le prolongement du grand axe du noyau, apparaît alors une petite hernie ; à ce moment les étoiles sont bien visibles à chacune des extrémités de l'*amphiaster* (Pl. IX, fig. 3). Cet amphiaster est formé de deux asters inégaux dont le plus petit doit donner naissance au globule polaire. Enfin la petite hernie s'étrangle de plus en plus et s'isole bientôt entièrement de la masse de l'œuf.

Lorsqu'on suit pas à pas la sortie du globule polaire, comme je l'ai fait en examinant d'une manière continue un œuf présentant ce phénomène, on voit qu'il y a un moment où l'amphiaster apparaît avec la plus grande netteté ; si à ce moment, on traite l'œuf par l'acide acétique au 2/100, puis par la liqueur carminée de Beale, on obtient une figure aussi belle que celle que l'on pourrait dessiner schématiquement. Le temps nécessaire pour l'achèvement de la sortie du globule polaire, varie de une à deux heures, suivant la température.

---

(1) Loc. cit. p. 309.

Ce mode de formation du globule polaire concorde, comme on le voit, en tous points avec ce qui a déjà été observé, par exemple. chez les *Nephelis*, les Limnées, le *Cucullanus elegans* par Bütschli, chez l'*Echinus miliaris*, la *Salmacina Dysteri*, les *Spirorbis*, par M. le professeur A. Giard, et par d'autres observateurs encore sur d'autres espèces animales.

Afin de ne plus avoir à revenir sur le globule polaire, je vais terminer tout de suite ce qui lui est relatif.

J'ai représenté (Pl. IX, fig. 4, 5 et 6) les différentes formes que m'a présentées successivement un même globule polaire, pendant l'espace d'une heure environ, au moment où il devient indépendant. On peut voir dans la figure 6, qu'il s'est allongé et qu'il présente un léger étranglement vers le milieu. Il n'est pas douteux qu'il se divise en deux. Bien que je n'aie pas été témoin de cette scissiparité, je dois admettre qu'elle existe, car j'ai pu l'observer chez l'*Eurylepta auriculata*, comme je le montrerai plus loin, et d'ailleurs, à partir du stade que je représente dans la figure 9, on voit constamment, pendant tout le cours du développement, deux globules polaires dans la coque de l'œuf.

Les deux globules polaires persistent sous la coque transparente de l'œuf pendant toute la durée du développement. Pendant longtemps ils restent dans le voisinage l'un de l'autre, mais ils finissent souvent par s'éloigner considérablement, et quand la larve se couvre de cils vibratiles, ils sont agités par ces cils, et entraînés dans le mouvement de rotation de la larve.

Traités par la liqueur carminée de Beale, les globules polaires se colorent en rouge ; leur intérieur présente quelques granulations, et parfois il semble qu'il y ait des vacuoles. Leur forme n'est jamais bien déterminée, cependant vers la fin du développement de l'œuf, ces globules semblent grossir légèrement, peut-être par endosmose, et sont alors souvent sphériques. Quant à leur position elle est absolument fixe au commencement de la segmentation. En effet, l'amphiaster qui doit provoquer la division de l'œuf en deux se trouve *constamment* dans un plan perpendiculaire au plan de l'amphiaster qui a donné naissance au globule polaire primitif, de telle façon que l'on trouve toujours les globules polaires en regard du premier sillon de l'œuf. Malheureusement, cette position si nette, si bien déterminée au début ne persiste pas très-longtemps, de sorte que l'on se trouve bientôt privé d'un excellent point de repère.

14

Stade de pétrissage lent. — Après la sortie du globule polaire, et quelquefois même avant que cette sortie soit complètement achevée, l'œuf se déforme par suite de mouvements extrêmement lents, et ne tarde pas à prendre une apparence mamelonnée très-bizarre, qui pourrait faire croire, au premier abord, que l'on a affaire à un stade de segmentation déjà avancé, ou à des œufs en diffluence (pl. IX, fig. 7).

J'ai observé ces phénomènes sur deux pontes différentes, et, si je n'avais suivi ces mêmes œufs dans leur développement ultérieur, j'aurais certainement considéré ces formes comme pathologiques.

Ces mouvements lents de pétrissage ne durent que peu de temps, cinq à dix minutes environ. On voit les mamelons dont je viens de parler s'allonger lentement, s'affaisser, disparaître entièrement ou en partie pour se reformer ailleurs, de sorte que le même œuf, examiné à quelques secondes ou à une minute d'intervalle, présente chaque fois un aspect différent. Ces mouvements de pétrissage se produisent toujours très-lentement, et rappellent jusqu'à un certain point les mouvements des amœbes.

Pendant toute la durée de ce stade, le noyau n'est pas visible, les mamelons qui couvrent alors toute la surface de l'œuf rendant son observation très-difficile. D'ailleurs je dois dire que mon étonnement fut tel lorsque j'observai ce stade pour la première fois, que je n'ai nullement pensé à traiter quelques-uns de ces œufs par les réactifs ; mais si nous jugeons par analogie, il nous sera permis de croire que le noyau doit se présenter avec les mêmes caractères ici que dans le stade correspondant chez l'*Eurylepta auriculata*. Nous verrons plus loin quel est l'état du noyau à ce moment dans cette dernière espèce.

C'est la première fois, à ma connaissance, que de semblables mouvements de pétrissage sont signalés à une époque aussi reculée du développement, puisqu'ils sont postérieurs à la sortie du globule polaire. Je crois volontiers que de semblables mouvements doivent exister avant la sortie du globule polaire, et même avant la fécondation dans l'espèce dont nous nous occupons en ce moment ; nous verrons en effet, que chez l'*Eurylepta auriculata*, ces mouvements existent avant la sortie du globule polaire , mais chez la *Leptoplana tremellaris*, je ne les ai pas observés à cette époque de l'histoire de l'œuf.

Les mouvements dont je m'occupe ici ne sont pas rares dans les ovules avant la fécondation : c'est ainsi que l'on peut les observer avec une grande

netteté chez les Acariens. M. de Quatrefages les a également très-bien décrits chez les Hermelles (1) : « La masse entière du vitellus, dit cet éminent natu
» raliste, change à chaque instant de forme, tantôt s'écoulant en masse d'un
» point à l'autre de l'œuf, comme une grosse Amibe qui ramperait contre les
» parois, tantôt formant des lobes arrondis, dont on pent suivre à l'œil les
» modifications. » Ces mouvements se rencontrent jusque dans l'ovule des animaux vertébrés : Rusconi, Aubert, Reichert, Ransom, etc. en observèrent sur plusieurs espèces poissons ; Œllacher en observa également sur l'œuf de la poule, et Pflüger sur celui de la chatte. M. le professeur Balbiani a d'ailleurs fait l'historique de cette question pour les poissons osseux (2).

Après la fécondation, des mouvements analogues n'ont encore été signalés, à ma connaissance, que par M. de Quatrefages, également chez les Hermelles. « Il est assez difficile, dit ce savant auteur, de donner une idée
» exacte des phénomènes qui s'accomplissent ensuite dans le vitellus pendant
» cette première période (qui suit la fécondation); ces phénomènes se pas
» sent en entier dans la profondeur de la masse, et consistent essentiellement
» dans des mouvements généraux alternatifs de concentration et d'expan
» sion accompagnés de mouvements partiels, qui accumulent les granula
» tions vitellines tantôt sur un point, tantôt sur un autre. Ces accumulations
» locales produisent, dans l'intérieur du vitellus observé par transparence,
» des figures qui n'ont rien de régulier, et qui se succédent assez rapide
» ment. (3) » Il faut remarquer que, chez les Hermelles, ces phénomènes précèdent la sortie du globule polaire, et ne se reproduisent plus après cette sortie.

Enfin je ne doute pas que c'est à des phénomènes analogues à ceux que je viens de décrire, qu'il faut rapporter les mouvements observés encore par M. de Quatrefages dans les ovules de *Polycelis pallidus* (4) dans l'intérieur même des oviductes, c'est-à-dire avant la fécondation. « L'œuf, dit-il, perd
» alors sa forme sphérique; il s'allonge, devient ovoïde, et finit par ressem
» bler beaucoup à une larve. Cette ressemblance est d'autant plus grande
» que, dans plusieurs de ces œufs métamorphosés, si je puis m'exprimer
» ainsi, j'ai cru reconnaître des mouvements propres indépendants de ceux de

(1) Ann. sc. nat., 3ᵉ série, T. X, p. 172.
(2) Voyez : Cours d'embryogénie camparée (Rev. intern. des sc. T. I. p. 481).
(3) Loc. cit. p. 176.
(4) Mémoire sur quelques Planariées marines (Ann. Sc. nat., 3ᵉ série, T. IV. 1845. p. 170.

» l'oviducte dans lequel ils étaient engagés. Je les voyais changer de forme,
» s'allonger, se contracter, et présenter toujours en avant cette petite portion
» plus claire entourée de granulations de 1/100 ou 1/120 de millimètre. »
Je crois que l'auteur s'est ici trompé, quant à l'interprétation des faits qu'il
a observés. Il admet, bien qu'avec doute, que le *Polycelis pallidus* est
vivipare, et que les corps qu'il a vus animés de mouvements dans l'oviducte,
sont des larves. Je pense plutôt que ce sont des ovules, présentant des mouvements amœboïdes, et déformés, comme cela arrive souvent dans l'oviducte, par suite des pressions diverses auxquelles ils sont soumis. Il suffit
d'ailleurs d'examiner les figures données par M. de Quatrefages pour reconnaître qu'elles présentent tous les caractères des œufs des Planaires
marines.

Quant à la signification de ces mouvements, je crois qu'elle est purement
atavique. L'état amœboïde précédant la fécondation rappelle bien certainement dans l'ontogénie la phase *Amœba* phylogénétique ; après la fécondation,
l'œuf redevient sphérique et rappelle l'état d'enkystement qui suit la conjugaison chez les Amœbes. La sortie du globule polaire ne rappelle en rien un
rajeunissement de la cellule, elle ne doit pas non plus être considérée
comme une excrétion de l'œuf, car le nature ne met pas tant de forme, elle ne
déploye pas un tel appareil quand il s'agit de rejeter au dehors une partie
devenue inutile ou même nuisible ; les phénomènes qui précèdent la sortie
du globule polaire, l'allongement du noyau, la formation des asters, doivent
donner raison à l'opinion de M. le professeur A. Giard (1) qui considère les
globules polaires pour ainsi dire comme des témoins de l'état d'indépendance
des parties résultant de la division des Amœbes. On voit donc par ces considérations, que la phase *Amœba* persiste dans l'ontogénie, après la sortie des
globules polaires jusqu'au moment où se produit le stade II, c'est-à-dire
jusqu'au commencement de la phase *Synamœba*. Par conséquent la signification du stade mamelonné, que j'ai observé chez la *Leptoplana tremellaris*
et aussi chez l'*Eurylepta auriculata*, ne peut laisser aucun doute. Tandis
que les mouvements de pétrissage, qui sont en définive la manifestation la
plus caractéristique de la forme *Amœba*, disparaissent généralement de bonne
heure, et le plus souvent avant la fécondation, nous voyons aussi que ces
mouvements peuvent quelquefois se prolonger beaucoup plus longtemps,

______

(1) Sur la signification morphologique des globules polaires (Bull. scient., 1876, et Assoc. franç. Congrès du Hâvre, T. VI, 1877).

jusqu'à la fin du stade *Amœba*, c'est-à-dire jusqu'à la segmentation de l'œuf.

Segmentation. — Formation de la Gastrula — Après le stade dont nous venons de nous occuper, l'œuf redevient sphérique, et le noyau arrondi est parfaitement visible. A ce moment, la position du noyau est assez variable ; le plus ordinairement elle est excentrique (pl. IX, fig. 8). Cette variabilité dans la place qu'occupe le noyau dans l'intérieur du vitellus ne doit pas nous surprendre, car il est possible qu'à cette époque encore les mouvements se fassent sentir dans la profondeur du protoplasme vitellin, bien que la surface de l'œuf soit redevenue sphérique. Quoi qu'il en soit, et quelle que soit la position du noyau, celui-ci ne tarde pas à gagner le centre de l'œuf ; cinq à dix minutes au plus après que les mouvements de pétrissage ont cessé, il est redevenu central (pl. IX, fig. 9). A partir de ce moment, mais souvent aussi plus tôt, le globule polaire s'est partagé en deux.

C'est alors que commence la segmentation. Tous les premiers phénomènes du développement, jusqu'à la formation du feuillet moyen, marchent avec une telle rapidité que, en quelques heures, l'œuf présente le stade IV et et même le stade VIII, et que, pour suivre pas à pas, et dans tous leurs détails, toutes les phases du développement, je me suis trouvé dans la nécessité de continuer mes observations pendant une nuit toute entière. D'ailleurs, il est de toute impossibilité de noter le temps nécessaire pour l'achèvement des différentes segmentations, ces phénomènes ayant des durées très-variables et étant directement influencés par la température. Tous les naturalistes qui ont suivi une embryogénie quelconque savent parfaitement que le développement est fortement accéléré par une élévation de la température, et se trouve au contraire notablement retardé par l'abaissement de la température.

La segmentation se fait par le processus ordinaire de la division nucléaire, si bien étudié par Bütschli, A. Giard, H. Fol, Ed. Van Beneden et bon nombre d'autres observateurs encore, dans les groupes d'animaux les plus différents.

On voit d'abord le noyau s'allonger. Cet allongement se produit toujours, comme je l'ai déjà dit plus haut, dans un plan perpendiculaire au plan de l'amphiaster qui a engendré le globule polaire (pl. IX, fig. 10.)

Il est assez intéressant de remarquer que cette direction est constante, et cependant, depuis la sortie du globule polaire, la masse protoplasmique de l'œuf tout entière s'est pour ainsi dire pétrie sur place, toutes ses molécules ont changé de position plusieurs fois, le noyau lui-même a voyagé dans toute la masse protoplasmique en mouvement, et cependant quand l'œuf va se segmenter, le noyau s'oriente constamment de la même manière, de telle sorte que le premier sillon de l'œuf se trouve toujours en regard du globule polaire demeuré fixe, comme si ce dernier était la cause déterminante de cette orientation. On voit donc que, considéré à ce point de vue, le nom de *globule directeur* qui a été quelquefois donné au globule polaire, n'est pas un nom mal choisi.

Le noyau allongé ne tarde pas à prendre un aspect strié longitudinalement, il se renfle à l'équateur, et à chacun de ses deux pôles se produit une condensation de la matière protoplasmique. Ces deux condensations de la substance protoplasmique apparaissent dans les préparations examinées sans réactifs, comme deux points plus foncés, et qui se colorent d'une manière plus intense que le reste du protoplasme, par les réactifs carminés. Le noyau qui était d'abord strié dans toute son étendue (pl. IX, fig. 10, 11, 13 et 14), devient plus transparent à l'équateur où l'on ne peut plus voir de stries. A ce moment, le renflement équatorial (cercle équatorial de Bütschli, plaque nucléaire de Strasburger), diminue graduellement, et bientôt le noyau présente, en ce point, un pincement qui va toujours s'accentuant davantage (pl. IX, fig. 12.)

Pendant que ces modifications se passent dans le noyau, les deux pôles de celui-ci présentent de magnifiques asters. Ces phénomènes se voient très-bien déjà sans réactif aucun, mais si l'on fait agir des agents appropriés, les figures karyolitiques prennent une netteté vraiment remarquable. Les réactifs qui m'ont donné les meilleurs résultats dans cette circonstance, sont le picro-carminate d'ammoniaque, l'acide acétique et les liqueurs colorantes. Par un traitement successif avec l'acide acétique au 2/100 d'abord, puis avec la liqueur carminée de Beale, j'ai pu obtenir une préparation de toute beauté renfermant une trentaine d'œufs aux stades II et IV ; cette préparation s'est bien conservée pendant plus de deux mois et j'ai pu la montrer à diverses personnes. Les figures 12, 13, 14 et 19 de la Planche IX ont été prises sur cette préparation et dessinées à la chambre claire ; les parties reproduites en noir étaient colorés en rouge sur la préparation.

C'est au moment où les asters présentent leur plus grande intensité qu'apparaît le sillon circulaire qui doit partager le vitellus en deux parties. Ce sillon se produit toujours dans un plan perpendiculaire au plan de l'amphiaster, et partageant ce dernier en deux parties égales. A mesure que le sillon circulaire s'accentue de plus en plus, l'amphiaster se pince davantage vers son milieu ; bientôt il se trouve séparé en deux asters distincts. A ce moment s'achève la segmentation du protoplasme cellulaire, et l'on a alors deux cellules distinctes présentant chacune à leur centre un *soleil*, c'est-à-dire une petite masse de protoplasme condensé, sphérique, et de la surface de laquelle s'irradient dans tous les sens un grand nombre de petites traînées protoplasmiques. Ces traînées protoplasmiques disparaissent bientôt, les rayons du soleil s'éteignent les uns après les autres, et finalement on ne trouve plus au centre de chaque cellule qu'un noyau parfaitement arrondi dans l'intérieur duquel je n'ai pu trouver aucune trace de nucléole.

Le stade II est formé par deux cellules égales (Pl. IX fig. 14 et 15.)

Dans la figure 16 (Pl. IX), j'ai représenté un stade anormal, que l'on rencontre dans presque toutes les embryogénies. Il consiste en ce que l'une des deux premières sphères de segmentation se divise plus vite que l'autre, de sorte que l'on a un stade III. Dans ce cas, il arrive presque toujours que l'équilibre se rétablit promptement, et que le développement peut suivre ensuite son cours régulier.

La stade IV (Pl. IX fig 17, 18, 19) est encore formée par quatre cellules égales disposées en croix, et au centre desquelles on aperçoit très-souvent (Pl. IX fig. 17 et 19) une petite cavité de segmentation. Quand on examine de profil les œufs à ce stade, on voit que les cellules qui les constituent sont légèrement allongées suivant l'axe de l'œuf.

Je considère comme *axe de l'œuf*, la ligne qui va du pôle formateur, c'est-à-dire du pôle où est sorti le globule polaire, et où vont se produire les cellules exodermiques, au pôle opposé qu'il faut considérer comme le centre de l'ouverture de la *gastrula*. et où se produisent les cellules mésodermiques.

Les mêmes phénomènes que nous avons étudiés, lors de la formation du stade II, se reproduisent dans la formation du stade IV (Pl. IX fig. 16 et 14), ainsi que dans la formation des stades suivants, je n'y reviendrai plus.

Quand le stade VIII est sur le point de se produire, on voit les quatre grosses cellules s'allonger vers le pôle formateur. Leur noyau s'allonge également, devient étoilé à ses deux extrémités (pl. IX, fig. 19), mais une différence notable existe dans les dimensions des deux asters. L'aster supérieur, c'est-à-dire celui qui se trouve le plus rapproché du pôle formateur, est plus petit que l'autre, et de plus le centre de l'amphiaster ne coïncide pas avec le

centre de la cellule, en d'autres termes l'amphiaster est excentrique, son centre
se trouvant au-dessus du centre de la cellule. (Il est bien entendu que, dans
cette description, je considère l'œuf comme placé, le pôle formateur étant en
haut, et le pôle oral étant en bas).

Le plan de segmentation qui doit transformer le stade IV en stade VIII est
perpendiculaire à l'axe de l'œuf et partage cet axe en deux parties inégales,
dont la plus petite correspond au pôle formateur.

Le stade VIII (pl. IX, fig. 20, 21, et 22) est donc formé par quatre grosses
cellules endodermiques et par quatre plus petites qui forment l'exoderme.
Celles-ci sont d'abord opposées aux quatre grosses cellules endodermiques
(pl. IX, fig. 20), mais bientôt elles se placent dans une position alterne par
rapport à ces dernières (pl. IX, fig. 21 et 22), à la suite d'une légère rotation.

Dès ce stade VIII, la *gastrula* est constituée, puisque les deux feuillets
exodermique et endodermique sont formés. La seule différence qui existe
en réalité, entre cette gastrula et la gastrula typique, qui est formée d'un
sac à double paroi, c'est que dans *Leptoplana tremellaris*, comme dans tous
les types présentant une épibolie, l'ouverture de la *Gastrula* (le *prostoma*,
l'anus de Rusconi, comme on voudra l'appeler), est très-large tandis que
dans la *gastrula* typique, cette ouverture est plus ou moins réduite (1).

A partir de ce stade VIII, nous allons voir les cellules exodermiques proliférer assez rapidement et former une épibolie qui finira, par englober les quatre
grosses cellules endodermiques.

On voit d'abord les quatre premières cellules exodermiques se diviser chacune en deux, et cette segmentation donne naissance au stade XII (pl. IX,
fig. 23, 24).

Dans le premier temps de la formation de ce stade que j'appellerai volontiers
temps de formation, on voit les huit cellules exodermiques disposées en une
rosette simple autour du pôle formateur (pl. IX, fig. 23). Dans le deuxième
temps, que j'appellerai *temps d'orientation*, ces huit cellules se disposent en
une double rosette comme je l'ai représenté dans la figure 24. Quiconque a
suivi avec soin une embryogénie quelconque a pu remarquer que, dans la
formation de n'importe quel stade de la segmentation, on peut toujours
observer, souvent avec la plus grande netteté, les deux temps dont je viens
de parler.

Pour le passage du stade VIII au stade XII, il y a production de deux nou-

---

(1) Voyez A. Giard. Associat. franç. pour l'avancement des sciences, t. VI, 1878.

veaux plans de segmentation, et il suffit de jeter un coup d'œil sur les figures 21, 22 et 23 (pl. IX), pour se convaincre que ces deux plans sont perpendiculaires entre eux et se coupent suivant l'axe de l'œuf ; je reviendrai d'ailleurs plus loin, sur leur détermination exacte.

Après le stade XII, vient le stade XVI (pl. IX, fig. 25 et 26), qui est formé par douze cellules exodermiques et quatre endodermiques. Dans le premier *temps de formation*, les quatre cellules centrales, que je considère comme étant les quatre cellules exodermiques primitives, sont encore alternes avec les quatre grosses cellules endodermiques (pl. IX. fig. 25). Dans le *temps d'orientation*, il se produit un léger mouvement de rotation de la calotte exodermique qui fait que les quatre cellules centrales, disposées en croix, redeviennent opposées aux cellules endodermiques (pl. IX, fig. 26), comme elles l'étaient au début du stade IV (pl. IX, fig. 20).

Le stade XVI doit être considéré comme représentant le développement ultime de la *gastrula*. C'est en effet à ce moment, que se forme le feuillet moyen.

Considérations au sujet de la segmentation des œufs. — J'ai déjà insisté dans ma note « Sur le développement de l'*Anguillula aceti* (1), » sur le rôle purement passif que joue le vitellus dans la segmentation. J'ai montré que, dans cette espèce, l'œuf a la forme d'un ellipsoïde, et que, le plus souvent, l'am-

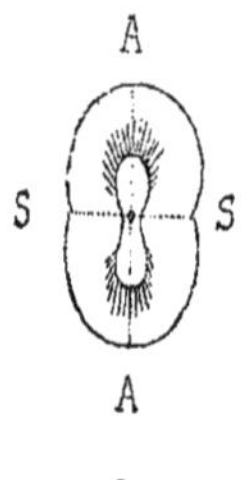
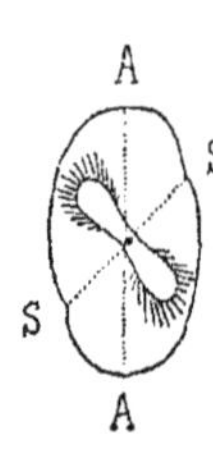
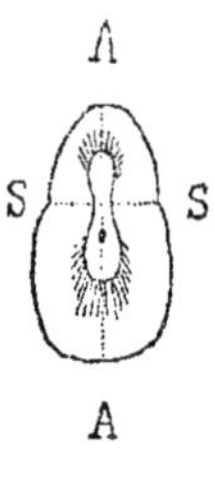
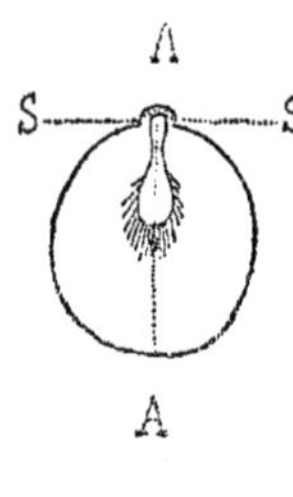

phiaster se trouve dans l'axe même de l'ellipsoïde. Dans ce cas, chaque aster se trouve à égale distance du centre de l'ellipsoïde, et le plan de segmentation SS (fig. 1) est perpendiculaire à l'axe AA de l'ellipsoïde et passe par le centre. C'est là ce que l'on observe le plus ordinairement. J'ai cependant observé des cas (fig. 2), dans lesquels l'amphiaster était oblique sur l'axe AA, le centre du noyau allongé coïncidant encore avec le centre de l'ellipsoïde, et chacun des asters étant toujours à égale distance de ce centre. Dans ces conditions, le plan de segmentation SS passe encore par le centre de l'ellipsoïde, mais il

(1) **Revue des Sc. nat. de Montpellier**, 1877.

n'est plus perpendiculaire sur l'axe AA, mais bien sur l'axe de l'amphiaster. L'œuf se trouve encore dans ce cas, partagé en deux parties égales, mais la trace du plan de segmentation à la surface de l'œuf est ici une ellipse, tandis que dans le cas [de la figure 1, cette même trace est un cercle.

Or le plan de segmentation, dans les deux cas que je viens de signaler, est le lieu géométrique de tous les points situés à égale distance des deux asters.

Ces faits, je crois, militent très-fortement en faveur de la passivité du protoplasme cellulaire dans la segmentation, et tendent à faire considérer les asters comme des centres magnétiques, ou comme des sources d'électriité, comme étant en tous cas les foyers d'une force attractive quelconque, qui fait que les molécules protoplasmiques de la cellule sont entraînées vers ces deux centres, et que par conséquent une scission tend à se produire suivant la ligne neutre, c'est-à-dire suivant le lieu géométrique dont je parlais tout à l'heure.

Dans la formation des stades II et IV, chez la *Leptoplana tremellaris*, nous avons affaire à des cas qui doivent rentrer dans la même catégorie que ceux que je viens de signaler chez l'*Anguillula aceti*, c'est-à-dire les cas où le centre de l'amphiaster coincide avec le centre de la cellule, et où les deux asters ont une intensité égale.

Un second cas se présente encore dans la division nucléaire, c'est celui dans lequel l'amphiaster est excentrique, c'est-à-dire celui dans lequel le centre de l'amphiaster ne coincide plus avec le centre de l'œuf.

Dans ce second cas, ou bien l'axe de l'amphiaster correspond à l'axe de la cellule, ou bien l'axe de l'amphiaster est oblique sur l'axe de la cellule. Voyons d'abord le cas particulier dans lequel l'axe de l'amphiaster est parallèle à celui de l'œuf. J'ai été à même d'en observer de très-beaux exemples dans la formation des quatre premières cellules exodermiques et dans la formation des quatre premières cellules mésodermiques chez la *Leptoplana tremellaris* et chez l'*Eurylepta auriculata*. Dans la formation des quatre premières cellules exodermiques (fig. 3), les deux asters ne sont plus égaux, celui qui est le plus éloigné du centre de la cellule est légèrement plus petit que l'autre, par suite sa force attractive doit être moins considérable. Aussi voyons-nous alors que le plan de segmentation, toujours perpendiculaire sur l'axe de l'amphiaster, ne partage plus cet axe en deux parties égales. Il y a, comme on le voit, dans ce cas, une double cause qui tend à rendre les deux segments de la cellule divisée inégaux : d'une part l'excentricité de l'amphiaster, d'autre part l'inégalité des deux asters. Dans la formation des quatre premières cellules mésodermiques , les phénomènes sont identiques. Que l'on retourne la figure 3 , et l'on aura un schéma de la formation de ces cellules chez les Planariées marines que j'ai étudiées.

Je n'ai pas eu encore occasion d'observer le cas particulier dans lequel l'amphiaster étant excentrique, son axe se trouve oblique sur l'axe de la cellule. Ce cas cependant doit se présenter souvent dans les études embryogéniques, autant qu'on peut en juger par les figures données par les auteurs. Pour ne citer qu'un seul exemple, je signalerai celui qui nous est offert dans la formation des quatre premières cellules exodermiques de la Bonellie , comme on peut le voir dans le beau travail que vient de publier Spengel (1) sur ce sujet. Il est facile de prévoir, d'après ce que nous avons dit à propos du cas de la figure 2, que les choses doivent se passer ici d'une manière analogue, en tenant compte , bien entendu, de l'excentricité de l'amphiaster.

Enfin je n'examinerai plus qu'un cas, c'est celui de la formation du globule polaire que j'ai décrite plus haut. Dans cette circonstance (fig. 14) nous avons un amphiaster, dont l'axe coïncide avec celui de la cellule, mais dont l'excentricité est à son comble. Aussi observons-nous dans ce cas le comble de l'inégalité des deux asters, et le comble de l'inégalité des deux segments produits.

J'ai cru devoir insister sur les faits que je viens de rappeler, parce que je les considère comme ayant une réelle valeur pour la théorie mécanique de la division cellulaire. Nous pouvons les résumer de la manière suivante:

I. *Dans la segmentation de l'œuf, le protoplasme nucléaire seul est actif, le protoplasme cellulaire reste passif.*

II. *Quand le centre de l'amphiaster coïncide avec le centre de la cellule, que l'axe de l'amphiaster corresponde à l'axe de la cellule , ou qu'il soit oblique sur cet axe,*

1° les deux asters sont égaux ;

2° le plan de segmentation est perpendiculaire sur l'axe de l'amphiaster et partage cet axe en deux parties égales.

III. *Quand le centre de l'amphiaster ne correspond pas au centre de la cellule, que l'axe de l'amphiaster coïncide avec l'axe de la cellule, ou qu'il soit oblique sur cet axe,*

---

(1) Beitræge zur Kenntniss der Gephyreen (Mittheilungen aus der zoologischen station zu Neapel. T. I. fascicule 3, 1879. Pl. IX fig. 5.)

1° *les deux asters sont inégaux, et le sont d'autant plus que l'excentricité de l'amphiaster est plus considérable ;*

2° *l'aster le plus éloigné du centre de la cellule est toujours plus petit que l'autre ;*

3° *le plan de segmentation est perpendiculaire sur l'axe de l'amphiaster et partage cet axe en deux parties inégales , et d'autant plus inégales que les forces attractives des deux asters sont plus différentes.*

Formation du feuillet moyen. — Quand le stade XVI est formé, on voit les quatre grosses cellules endodermiques s'allonger et s'amincir vers le pôle oral, en même temps leur noyau s'allonge aussi: il y a production d'amphiaster dont l'axe coïncide avec l'axe de la cellule, mais est excentrique (Pl. IX fig. 27). L'aster le plus éloigné du centre de la cellule est plus petit que l'autre, et le plan de segmentation partage les quatre cellules endodermiques en deux parties inégales, les segments les plus petits se trouvant au pôle oral. Ces quatre cellules plus petites vont constituer le feuillet moyen.

Nous voyons donc qu'ici, comme dans la grande majorité des cas, le mésoderme se forme aux dépens de l'endoderme.

Au début, les quatre premières cellules du feuillet moyen sont opposées aux cellules dont elles sont sorties (Pl. IX fig. 27) ; mais elles ne tardent pas à se mettre dans une position alterne par rapport à celles-ci (Pl. IX fig. 28). Enfin dans le dernier *temps d'orientation*, ces cellules remontent d'une façon insensible, de sorte que finalement, elles dépassent l'équateur et se rapprochent du pôle formateur sans cependant se rejoindre. (Pl. IX fig. 28, 29, 30, 31.)

Nous voyons donc que le stade XX est formé par quatre grosses cellules endodermiques, quatre cellules mésodermiques présentant les mêmes caractères que les premières, mais s'en distinguant par leur taille qui est plus petite, et douze cellules exodermiques plus petites, plus pâles , à noyau très-net et souvent étoilé. Ces douze cellules exodermiques sont disposées comme je les ai dessinées dans la figure 26 (Pl. IX).

Détermination des différents plans de segmentation. — Avant d'aller plus loin, je dois donner quelques indications relativement à la position des plans de segmentation qui se sont produits dans l'œuf jusqu'à cette phase du développement.

Si nous représentons schématiquement l'œuf par une sphère, et si nous supposons que l'axe principal AB (figure ci-contre), c'est-à-dire celui dans lequel se trouvait l'amphiaster qui a donné naissance au globule polaire, soit vertical, la projection de notre sphère sur le papier sera représentée par le cercle ADBC.

Le premier plan de segmentation qui a séparé le globule polaire de l'œuf était horizontal et presque tangent au pôle formateur supérieur A; sa trace sur le papier, dans notre figure ci-contre, sera marqué par la ligne *ad*.

Le second plan de segmentation qui a produit le stade II était perpendiculaire au premier plan *ad*, et comme le centre de l'amphiaster coïncidait avec le centre de l'œuf, on voit que ce second plan a coupé la sphère en deux parties égales, suivant le méridien ADBC.

Dans la formation du stade IV, le plan de segmentation est perpendiculaire aux deux précédents, et sa projection dans notre figure est représentée par la ligne AB.

En somme, si nous supposons un cube inscrit dans la sphère, nous voyons que les plans de première, deuxième et troisième segmentation, sont respectivement parallèles aux trois axes du cube, et, par conséquent, tous trois perpendiculaires entre eux.

Le quatrième plan de segmentation qui engendre le stade VIII est parallèle au plan de première segmentation, et partage l'axe de l'œuf en deux parties inégales; sa projection est représentée par la ligne *ef*.

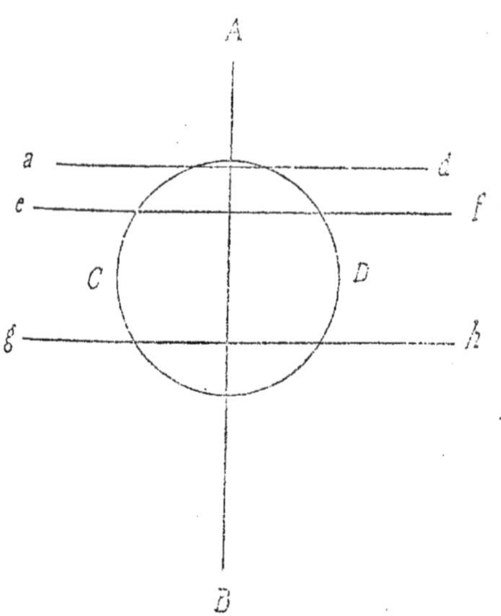

Projection de l'œuf et des différents plans de segmentation :

ADBC. Projection de l'œuf.

   ad. Projection du plan de première segmentation, donnant naissance au globule polaire.

ADBC. Projection du plan de deuxième segmentation donnant naissance au stade II.

AB. Projection du plan de troisième segmentation donnant naissance au stade IV.

ef. Projection du plan de quatrième segmentation donnant naissance au stade VIII (formation de l'exoderme).

ADBC / **AB** Projections des deux plans de cinquième segmentation donnant naissance au stade XII.

gh. Projection du plan donnant naissance aux quatre premières cellules mésodermiques.

Pour le passage du stade VIII au stade XII, il y a production de deux nouveaux plans de segmentation, et il suffit de jeter un coup d'œil sur la figure 22 (pl. IX), pour se convaincre que ces deux plans, perpendiculaires entre eux, et se coupant l'un l'autre suivant l'axe de l'œuf, doivent être représentés dans notre projection, par le méridien ADBC et par la ligne AB.

Ainsi donc, pour la formation des stades VIII et XII, il y a trois plans de segmentation qui sont respectivement parallèles aux trois premiers plans de segmentation qui ont donné naissance au globule polaire, au stade II et au stade IV.

Au-delà du stade XII, la position des plans de segmentation devient très-difficile à déterminer. Je ne sais pas avec assez de certitude quelles sont les cellules qui se divisent ensuite, et dans quelle direction elles se segmentent pour pouvoir tracer les projections des plans de segmentation qui donnent naissance au stade XVI et aux stades suivants.

Quant au plan de segmentation qui engendre les quatre premières cellules du feuillet moyen, il est très-facile à déterminer. Il suffira de regarder la figure 27 (pl. IX), pour s'assurer que sa projection doit être représentée dans notre figure ci-contre, par la ligne *gh*. Il me paraît intéressant de faire remarquer que ce plan est parallèle au plan *ef* qui a produit les quatre premières cellules exodermiques, et de plus qu'il est placé à peu près à égale distance du centre de la sphère.

J'ai cru devoir insister sur ces considérations, parce que, dans ma pensée, toutes les observations précises que l'on peut faire dans ce sens, sont pleines d'intérêt et ne doivent jamais être négligées, quand elles sont possibles. Ce n'est que lorsqu'on aura un certain nombre de données de ce genre, que l'on pourra espérer arriver à la connaissance de quelques-unes des lois de la mécanique biologique, vers laquelle doivent tendre, en définitive, tous les efforts des naturalistes modernes.

Depuis la formation du feuillet moyen jusqu'à l'apparition d'une cinquième sphère endodermique. — Quand le stade XX est formé, les douze cellules exodermiques sont encore disposées suivant deux cercles concentriques, le cercle central étant formé par quatre cellules en croix opposées aux quatre cellules endodermiques et alternes par conséquent avec les quatre cellules mésodermiques, leur disposition, en un mot, est la même que celle que l'on remarquait déjà au stade XVI (Pl. IX fig. 26). La première division que l'on remarque alors, c'est celle des quatre cellules exodermiques périphériques, qui sont alternes avec les cellules endodermiques. Déjà, dès le stade XVI (Pl. IX fig. 26) ces quatre cellules étaient plus grosses que les autres, et la forme particulière de leur noyau pouvait faire présager que leur division était proche.

Nous sommes ainsi arrivés au stade XXIV (Pl. IX fig. 30) formé par seize cellules exodermiques, quatre endodermiques et quatre mésodermiques.

Le stade que j'ai bien observé après le stade XXIV est le stade XXXII (Pl. IX fig. 31). Il est formé par quatre cellules endodermiques, quatre mésodermiques et vingt-quatre cellules exodermiques disposées en trois cercles concentriques, le cercle central étant toujours constitué par quatre cellules disposées en croix et opposées aux cellules endodermiques.

A partir du stade XXXII, la prolifération des cellules exodermiques devient très-difficile à suivre, parce que le nombre des cellules qui se segmentent en même temps devient toujours de plus en plus considérable. On voit seulement ces cellules exodermiques s'étendre toujours de plus en plus à la surface de l'endoderme en formant constamment des cercles concentriques. Je ferai encore remarquer que les quatre cellules exodermiques qui appartiennent au cercle le plus excentrique et qui sont alternes avec les quatre cellules endodermiques, m'ont presque toujours paru plus grosses que les autres, ce qui tendrait à faire croire que c'est surtout en ces points que se produirait l'extension de la calotte exodermique.

Il existe toujours entre le feuillet externe et le feuillet interne, une petite cavité de segmentation.

En examinant les cellules exodermiques à un fort grossissement (Pl. IX fig. 35) on voit qu'elles renferment un noyau très-net, qui se colore en rouge foncé par les liqueurs carminées. Quant au protoplasme cellulaire il paraît morcelé en un grand nombre de très-petits corps plus ou moins arrondis, dont l'ensemble donne à la cellule l'aspect que j'ai reproduit dans la figure 35.

Le morcellement du protoplasme en ces particules de forme indéterminée est surtout très-net dans les cellules endodermiques. Si on vient à écraser une préparation, on voit alors ces petits corpuscules s'isoler et produire l'aspect que j'ai représenté figure 36 (Pl. IX). Je comparerais volontiers cet état particulier de protoplasme à celui que j'ai déjà signalé quand je me suis occupé des *Dotterzellen*.

Quant au temps nécessaire pour l'achèvement des différents stades dont je me suis occupé jusqu'à présent, il est extrêmement variable, non-seulement suivant la température, mais encore d'un œuf à un autre ; c'est ainsi que j'ai fréquemment observé des pontes dans lesquelles certains œufs étaient au stade XXIV et même au stade XXXII le troisième jour, tandis qu'à côté de ceux-ci on en voyait encore au stade IV et au stade VIII.

Formation d'une cinquième cellule endodermique et formation de l'intestin. — Quand les cellules exodermiques commencent à déborder l'équateur, on voit se former une cinquième cellule endodermiqne (Pl. X fig. 1 en). Une des quatre grosses cellules augmente beaucoup de volume et forme une hernie considérable sur l'un des côtés de l'œuf, puis se segmente en deux sans que j'aie pu observer la formation d'amphiaster. La cinquième cellule endodermique ainsi formée, vient ensuite s'intercaler entre les autres (Pl. X. fig. 2).

C'est vers cette époque du développement embryonnaire, souvent même un peu avant (Pl. IX fig. 32 et 33) que l'on voit les quatre cellules mésodermiques se segmenter et former quatre bandes primitives disposées en croix sur l'hémisphère aboral.

Peu de temps après la formation de la cinquième sphère endodermique, se passe encore dans l'œuf un phénomène très important, c'est la formation de quatre bourgeons que je considère, comme étant le point de départ de la paroi intestinale. Ces quatre bourgeons se forment au pôle oral et aux dépens de l'endoderme (Pl. X. fig. 12, 41 et 42) ; d'abord très-petits, ils ne tardent pas à prendre de l'extension. Je reviendrai tout à l'heure sur ce phénomène.

Quelle peut être la signification de la cinquième sphère endodermique?

C'est la première fois, à ma connaissance, qu'un semblable phénomène est signalé. Je ne sache pas que rien d'analogue ait jamais été observé dans aucun animal de quelque groupe qu'il soit.

Aussi suis-je fortement embarrassé pour arriver à interpréter ce fait d'une manière satisfaisante. J'ai cru au commencement que ce stade était le résultat d'un état pathologique; mais comme je l'ai observé ensuite maintes fois sur un très grand nombre d'œufs provenant de pontes nombreuses et différentes, j'ai dû abandonner cette idée et considérer ce stade comme normal.

Il m'a semblé que la hernie de l'endoderme qui doit donner naissance à une cinquième sphère endodermique était toujours plus claire, moins granuleuse, que le reste de la masse endodermique ; de plus je rappelle, comme je l'ai déjà dit précédemment, que cette cinquième sphère naissait sans qu'il y ait eu production préalable d'un amphiaster. D'après ces considérations, je ne suis pas très-éloigné de croire qu'il pourrait bien y avoir ici quelque chose de comparable à un rajeunissement, de sorte que cette cinquième sphère plus aqueuse ne serait, dans cette hypothèse, qu'une sorte de suc cellulaire exprimé, lequel constituerait sans doute plus tard la plus grande partie du suc albumino-graisseux que nous trouverons remplissant la cavité intestinale de la larve. Ce qui me confirme encore dans cette opinion, c'est que les cellules qui formeront la paroi intestinale et qui naissent au pôle oral aux dépens de l'endoderme, apparaissent au début sous le forme de quatre bourgeons, et non pas de cinq, comme cela devrait arriver, à mon avis, si la cinquième sphère endodermique avait réellement la même valeur morphologique que les autres cellules de l'endoderme.

Quoiqu'il en soit, je ne prétends nullement trancher cette question, il faut attendre de nouvelles observations sur ce sujet avant de pouvoir rien affirmer.

Achèvement de l'embryon. — Nous avons vu les *cellules exodermiques* proliférer et dépasser l'équateur. Au fur et à mesure que l'exoderme s'étend à la surface de l'œuf, les cellules qui le constituent se disposent en cercles concentriques, et il semble que les centres principaux de prolifération se trouvent dans les quatre cellules du cercle le plus excentrique qui sont alternes avec les cellules endodermiques.

Quand l'épibolie a recouvert environ un tiers de l'hémisphère inférieur ou oral, les cellules exodermiques se couvrent de cils vibratiles (Pl. X. fig. 4) et la larve encore très-imparfaitement développée se met à tournoyer dans sa coque. Cette rotation qui au début se fait très-lentement, et d'une manière non continue, s'exécute autour de l'axe de la larve, c'est-à-dire suivant une ligne passant par le pôle formateur et par le pôle oral ; tantôt elle a lieu de droite à gauche, tantôt de gauche à droite. On peut, en examinant tous les jours une même larve à cet état, s'assurer que ces mouvements s'accentuent toujours de plus en plus, et qu'ils semblent s'exalter sous l'influence de la faible pression occasionnée par le couvre-objet.

Au fur et à mesure que les cellules exodermiques envahissent l'endoderme, la larve s'aplatit à ses deux pôles (Pl. X, fig. 4) et l'ouverture de la *gastrula* primitivement très-large finit par devenir punctiforme.

Il ne m'a pas été possible de voir avec certitude si le *prostoma* persistait et devenait la bouche définitive. Cette question très-importante avait cependant attiré mon attention d'une manière toute particulière, mais la difficulté dans l'espèce que j'étudie ici est très-grande. Ce qu'il y a de certain, c'est que la bouche définitive correspond exactement ou à bien peu de chose près au pôle oral de l'œuf. On conçoit combien, en pareil cas, il devient difficile de s'assurer si l'exoderme se ferme complètement et s'invagine ensuite pour former la bouche définitive. Tout ce que l'on peut constater, c'est qu'il existe au pôle oral une petite ouverture. Correspond-elle à l'ouverture de la *gastrula?* Ou bien est-elle une ouverture de nouvelle formation? Je ne puis que poser la question.

Nous ne nous sommes plus occupés du *mésoderme* depuis que nous l'avons vu constitué par huit cellules (pl. IX, fig. 32 et 33), formant comme quatre bandes primitives disposées en croix autour du pôle formateur. Dans un stade ultérieur (pl. X, fig. 3), on peut voir que ces huit cellules se sont toutes divisées en deux, et ont produit ainsi quatre masses cruciformes, figurant par leur ensemble à peu près la croix de Malte.

Au-delà de ce stade, les cellules mésodermiques deviennent plus petites et par suite plus difficiles à apercevoir par transparence à travers l'ectoderme. Néanmoins, d'après l'examen de quelques stades que j'ai pu voir d'une manière assez satisfaisante, je crois pouvoir dire que ces cellules mésodermiques finissent par recouvrir d'abord le pôle formateur et s'étendent ensuite sur toute la surface de la larve entre l'exoderme d'une part, et la paroi intestinale d'autre part.

La *paroi intestinale* de la larve dérive, je crois, des quatre grosses cellules endodermiques par voie de bourgeonnement. J'ai déjà dit précédemment qu'il se formait d'abord quatre bourgeons à peu près égaux, disposés en croix et situés au pôle oral (pl. X, fig. 12, 41 et 42).

J'ai représenté ces bourgeons tels qu'ils me sont apparus. Il ne m'a pas été possible de les suivre au-delà du stade de la figure 42 (pl. X), parce que le *Prostoma* se ferme bientôt après. L'exoderme couvre alors complètement la surface de l'embryon et rend ainsi l'observation des parties internes plus difficile.

Cependant, bien que je n'aie pas pu suivre, d'une manière satisfaisante, le développement des quatre bourgeons que je viens de signaler, je suis assez porté à croire qu'ils finissent par entourer complètement la masse endodermique et former la paroi intestinale. On voit en effet, quand l'épibolie est complète, quand la larve, par conséquent, est à peu près formée, une masse centrale constituée par une substance d'apparence albumineuse (pl. X, fig. 6), transparente, ne renfermant pas de gouttelettes d'huile, mais brunissant cependant légèrement par l'acide osmique. Cette masse centrale divisée en larges gouttes pressées les unes contre les autres est entourée par une membrane cellulaire (pl. X, fig. 6), qui constitue la paroi intestinale et qui ne peut avoir, à mon avis, d'autre point de départ que les bourgeons dont je viens de parler.

Ce mode de formation de la paroi intestinale, tel que je le conçois, constitue un processus tout particulier, qui, à ma connaissance, n'a encore été signalé dans aucun groupe animal dont on a suivi l'embryogénie, sauf peut-être chez les Aplysies. En effet, Ray Lankester (1), a observé chez l'*Aplysia minor* une masse cellulaire distincte des trois feuillets fondamentaux, et qu'il désigne dans les figures qu'il donne par la lettre x : le savant anglais n'a pas suivi le développement ultérieur de cette masse cellulaire, mais il incline à penser qu'elle donne naissance à l'intestin.

A cette époque du développement, l'intestin est rhabdocœle et n'est pas encore en communication avec l'extérieur.

Au fur et à mesure que se développe la paroi cellulaire intestinale, les grosses cellules endodermiques deviennent de plus en plus indistinctes, diminuent de volume, et finalement, quand l'intestin est constitué, elles ne sont plus représentées que par un deliquium albumino-graisseux.

Il est probable que les Turbellariés, privés d'intestin, observés par Uljanin et formant les genres *Nadina, Convoluta, Schizoprora*, chez lesquels l'intérieur du corps est rempli par une substance molle, avec vacuoles et gouttelettes graisseuses (*Marksubstanz*), doivent être considérés comme des cas d'arrêt de développement. Je suppose, bien que je n'aie pu faire aucune observation sur ces animaux, que le bourgeonnement de l'endoderme au pôle oral dont j'ai parlé plus haut ne se produit pas, et que les cellules endodermiques en se fusionnant et en entrant en régression produisent la substance qui occupe la place de l'intestin. Je n'émets bien entendu cette opinion que sous toutes réserves ; il est clair que la question ne pourra être résolue que lorsqu'on aura suivi avec soin l'embryogénie de ces animaux.

---

(1) Contributions of the Developmental History of the Mollusca. By E. Ray Lankester (Philosophical Transactions of the royal Society of London. Vol. 165, Part. I, 1875).

Cavité générale du corps. — Dès le stade IV (Pl. IX., fig. 17), il existe une petite cavité de segmentation. Cette cavité, toujours très-petite, se retrouve néanmoins dans les stades suivants que j'ai représentés dans les figures 20-34 (Pl. IX), entre l'exoderme et l'endoderme. Quand le feuillet moyen s'est développé et recouvre la plus grande partie du pôle aboral, il ne m'a plus été possible de retrouver trace de la cavité de segmentation. L'embryon apparaît alors comme une masse solide, formée par trois feuillets à divers états de développement, et sans aucun système de cavité. C'est seulement quand la paroi intestinale est constituée, et que la larve s'est déjà considérablement aplatie que l'on peut considérer la cavité générale du corps comme constituée. Cette cavité qui est traversée par un grand nombre de fibres conjonctives, de cellules et de fibres musculaires chez l'adulte, me paraît résulter de la diminution considérable de volume que subissent les grosses cellules endodermiques par suite de leur régression. En effet, au fur et à mesure que la larve se développe, et que la régression du vitellus nutritif s'accentue, on voit le feuillet moyen se différencier en deux couches distinctes : une couche externe qui produira probablement le système des fibres musculaires circulaires et longitudinales; et une couche interne qui donne naissance au *reticulum* conjonctif. Chez *Leptoplana tremellaris*, je n'ai pu suivre ces phénomènes que très-imparfaitement, mais chez *Eurylepta auriculata* je les ai observés avec beaucoup plus de soin; j'y reviendrai donc à propos de l'embryogénie de cette dernière espéce.

La larve. — Quand l'épibolie est complète, l'embryon s'aplatit de plus en plus, à mesure que se produisent les changements que nous avons signalés dans les différents feuillets. La symétrie radiaire disparaît et est remplacée par la symétrie bilatérale définitive. En même temps on voit se former dans la région céphalique un bourrelet (Pl. X fig. 5 et 6) qui n'a qu'une existence passagère. Je crois que ce bourrelet a une signification purement atavique, qu'il est comme un reste, une sorte d'organe rudimentaire qui témoigne de la forme pélagique que revêtaient les larves des ancêtres de la *Leptoplana*. Ce bourrelet en un mot est homologue au capuchon céphalique des larves pélagiques et de la larve de la *Planocera elliptica*, décrite par Charles Girard.

Le pharynx apparait sous la forme d'un bourgeon naissant sur la paroi intestinale, et autour duquel l'épithelium cutané s'invagine pour former la gaîne du pharynx. Ce bourgeon pharyngien qui se forme au pôle oral, c'est-à-dire à la partie moyenne du corps de la larve, se trouve plus tard rejeté vers le tiers postérieur du corps de l'embryon par suite de l'allongement inégal de ses deux moitiés antérieure et postérieure.

L'intestin, qui est primitivement rhabdocœle, se dendrocœlise plus tard. Sur la peau ciliée apparaissent de distance en distance des cils longs et raides, enfin le cerveau se différencie, autant que j'ai pu le voir, au milieu du feuillet moyen, et les points oculiformes font leur apparition, d'abord au nombre de deux, puis de quatre.

Le temps nécessaire à l'achèvement de la larve, chez *Leptoplana tremellaris*, est d'environ une quinzaine de jours, et peut d'ailleurs varier considérablement suivant la température. Mais la larve complètement développée peut rester très-longtemps dans sa coque avant d'éclore. J'ai vu, dans mes expériences, des éclosions ne se produire que deux mois après la ponte. Ce temps paraît du reste pouvoir varier dans une très-grande étendue, puisque Keferstein a vu des embryons déchirer la membrane de l'œuf, le treizième ou quatorzième jour après la ponte. Malheureusement cet auteur ne dit pas à quelle époque il fit ses observations. Les miennes furent faites pendant les mois d'août, de septembre, d'octobre et de novembre, en partie au laboratoire de Wimereux, en partie à Lille. Je crois aussi que, outre la température, une autre cause influe encore sur la rapidité de développement des œufs, c'est l'état de santé ou d'épuisement dans lequel se trouvent les planaires, au moment de la ponte: en effet j'ai toujours remarqué que, dans les dernières pontes données par une planaire, les œufs étaient plus petits, se développaient beaucoup plus lentement, et qu'une partie même mourait avant l'éclosion. N'aurions-nous pas là l'explication du développement tardif des *œufs d'hiver?*

Au moment de l'éclosion, la larve (pl. X, fig. 7), qui était roulée sur elle-même et remplissait complètement la membrane de l'œuf, se déroule, s'allonge et court avec une grande vivacité sur les parois de l'aquarium ou sur le porte-objet du microscope. Elle présente, d'ailleurs, la forme générale qui a déjà été décrite par L. Vaillant et par Keferstein. Quant à sa structure, je crois qu'après tous les détails que j'ai donnés précédemment, il est inutile d'y revenir, d'autant plus que dans l'embryogénie de l'*Eurylepta auriculata*, j'aurai occasion de décrire avec soin la formation du reticulum et les éléments histologiques qui le constituent.

EMBRYOGÉNIE DE L'EURYLEPTA AURICULATA, O. Fr. Müll.

Pl. VIII.

Les détails et les considérations dans lesquels je suis entré à propos de l'embryogénie de la *Leptoplana tremellaris* me permettront de marcher beaucoup plus rapidement dans l'exposé des phénomènes qui se passent pendant le développement de l'*Eurylepta auriculata*.

Cette espèce se rencontre à Wimereux, mais beaucoup moins communément que la Trémellaire. Je l'ai trouvée à la Pointe aux Oies et à la Roche Bernard en août et septembre, et j'ai pu l'élever en captivité très-facilement dans de petits aquariums. Son éducation facile m'a permis de transporter, après les vacances, un certain nombre d'individus à Lille où je les ai conservés jusque dans le courant du mois de décembre; jusqu'au commencement du mois d'octobre, ils m'ont donné un grand nombre de pontes.

Dans les mois d'août et de septembre, époque à laquelle je fis mes premières recherches sur ces animaux, on ne trouve plus dans le tissu conjonctif aucun testicule; les vésicules séminales sont bourrées de spermatozoïdes entièrement développés, mais la formation du sperme paraît interrompue. On ne recommence à voir des capsules testiculaires dans le corps de ces animaux qu'à partir de fin novembre ; en janvier et février, les testicules sont très nombreux et le développement des spermatozoïdes est très avancé. En août et septembre, au contraire, les ovaires, extrêmement abondants, (pl. VIII, fig. 1 et 2), présentent des œufs à divers états de développement, et sont visibles à la simple loupe : ils constituent alors une infinité de petites taches d'un blanc mat, très-rapprochées les unes des autres, principalement dans la moitié antérieure du corps ; en même temps les oviductes, extrêmement dilatés, sont bourrés d'œufs mûrs, rendus polyédriques par pression réciproque.

Les œufs, dans les oviductes et immédiatement après la ponte, présentent absolument le même aspect (pl. VIII, fig. 3) que chez *Leptoplana tremellaris* : le vitellus est finement granuleux et la vésicule germinative, petite comme chez la Trémellaire, contient une tache de Wagner.

Très-peu de temps après la ponte, le noyau et le nucléole qui se voyaient si nettement deviennent indistincts ; la présence du noyau n'est plus décelée que par une tache plus foncée, à contour peu net (Pl. VIII fig. 4). En même temps les contours du vitellus deviennent ondulés, et la masse entière de l'œuf parait animée d'un mouvement de pétrissage fort lent. Ces phénomènes durent environ dix à quinze minutes.

Au bout de ce temps, les contours de l'œuf sont redevenus réguliers, sauf dans le point correspondant au pôle formateur (Pl. VIII fig. 5), où l'on voit une petite cuvette, une sorte de petit cratère. En même temps, le noyau dont le contour est toujours peu nettement accusé, prend une forme ovale, son grand axe étant dans l'axe de l'œuf. Lorsque ces phénonomènes se sont produits, le contour du noyau allongé devient très-net, et un petit mamelon apparait au centre de la cuvette. En traitant alors la préparation par l'acide acétique, puis par la liqueur de Beale, on voit que le noyau est finement strié suivant son grand axe, et que le pôle qui se trouve un peu au-dessus du centre de l'œuf, présente un magnifique aster (Pl. VIII fig. 6). Bientôt le petit mamelon s'étrangle à sa base, et le globule polaire se sépare de l'œuf (Pl. VIII fig. 7). J'ai vu environ deux heures après la ponte ce globule polaire, qui est peut-être un peu plus petit que chez *Leptoplana tremellaris*, devenir pyriforme, puis se séparer en deux globules polaires inégaux.

Immédiatement après la sortie du globule polaire, les contours de l'œuf deviennent de nouveau irréguliers, et d'abord au pôle opposé au pôle formateur (Pl. VIII fig. 7). Les mouvements de pétrissage lent recommencent et s'étendent peu à peu jusqu'au pôle formateur (Pl. VIII fig. 8). Ce stade est visible pendant 15 à 20 minutes.

J'ai cherché à me rendre compte de l'état du noyau à ce moment de l'évolution. D'abord examiné sans réactif, on voit qu'il n'est pas fixe dans la masse vitelline, mais qu'il se déplace lentement : on s'en assure en examinant le même œuf à quelques minutes d'intervalles, ou mieux encore en le dessinant à la chambre claire plusieurs fois de suite ; en outre on remarque que les contours du noyau ne sont pas nettement définis. Il semble que l'on ait affaire à une petite masse amœboïde, se déplaçant à l'intérieur d'une autre masse également amœboïde. J'ai traité plusieurs œufs à ce stade, avec l'acide acétique au 2/100, puis avec la liqueur de Beale, et toujours, dans ces conditions, le noyau m'est apparu comme une masse protoplasmique condensée à son centre et diffuse à sa périphérie qui semble se fusionner avec le protoplame vitellin (Pl. VIII fig. 9).

Après ce étade de pétrissage lent, l'œuf reprend une forme sphérique régulière, le noyau redevient central et prend un contour parfaitement limité. Les phénomènes de la segmentation vont commencer.

Ces phénomènes sont d'ailleurs identiques à ceux que j'ai décrits et figurés chez la *Leptoplana tremellaris*. L'exoderme, le mésoderme et la paroi intestinale se forment par des processus exactement semblables, et j'ai également constaté la formation d'une cinquième sphère endodermique. Je ne m'arrêterai donc pas sur ces faits.

J'ai observé sur un certain nombre d'œufs, un état pathologique qui a d'ailleurs été signalé par différents auteurs et chez des animaux appartenant aux classes les plus diverses. Il consiste dans la séparation (Pl. VIII fig. 11) d'un nombre quelquefois considérable de cellules exodermiques, qui deviennent indépendantes et tourbillonnent à l'intérieur de la membrane de l'œuf par l'effet des cils vibratiles de l'embryon. Il est intéressant de constater que cette chute accidentelle de cellules exodermiques n'entraîne pas nécessairement la mort de l'embryon; j'ai vu en effet de ces œufs pathologiques continuer à se développer et donner des larves qui ont pu éclore.

Ce n'est qu'au moment où la larve est déjà en grande partie formée par suite du développement des différents feuillets et de la différenciation du mésoderme que l'on commence à voir apparaitre des différences entre le développement de l'*Eurylepta auriculata* et celui de la *Leptoplana tremellaris*.

L'aplatissement du corps que j'ai signalé chez la Trémellaire est beaucoup moins accusé chez *Eurylepta* ; ici le corps de la larve s'allonge simplement, tout en restant à peu près cylindrique.

Quand l'intestin est constitué par suite probablement de la prolifération des quatre bourgeons qui se forment au pôle oral, il est alors droit. Un peu plus tard, quand le pharynx s'est formé par un bourgeonnement de la paroi cellulaire intestinale dans un point correspondant au milieu de la face centrale de la larve, l'intestin présente une légère échancrure dans sa partie postérieure (Pl. VIII fig. 17). J'ai pu, en employant un artifice particulier, arriver à faire des préparations très-nettes de l'appareil digestif de la larve : en dilacérant avec soin un certain nombre d'œufs, j'ai réussi à faire sortir de la membrane de l'œuf, quelques embryons; par ce procédé l'examen microscopique est singulièrement facilité. Si l'on vient à traiter des embryons ainsi préparés par de l'acide azotique à un degré convenable de concentration, on voit d'abord l'exoderme, puis le mésoderme s'exfolier assez rapide-

ment et l'appareil digestif se trouve alors pour ainsi dire disséqué et isolé du
corps de l'animal. C'est en opérant ainsi que j'ai pu observer cet organe avec
la plus grande netteté (Pl. VIII fig. 17 et 18). On voit alors que la paroi intestinale est constituée par une membrane formée de cellules dont on peut
colorer les noyaux par les liqueurs carminées.

Pendant que la paroi intestinale se forme, les grosses sphères endodermiques, qui ne jouent plus alors que le rôle d'un vitellus nutritif, diminuent de
volume et subissent une dégénérescence qui les transforme en larges gouttelettes albumino-graisseuses, comme chez *Leptoplana tremellaris*. Ce retrait
de la masse endodermique tend à former une cavité entre le mésoderme et
l'intestin : c'est là l'origine de la cavité générale du corps.

A ce moment la couche des cellules mésodermiques se différencie en deux
couches : une externe appliquée contre l'exoderme, et formée par des cellules
fusiformes, peu transparentes et à noyau allongé. Cette couche externe constituera plus tard, vraisemblablement, la couche des fibres musculaires circulaires. Quant à la couche interne, elle constitue le *reticulum* sur lequel j'aurai
occasion de revenir dans un instant.

Enfin l'exoderme lui-même se différenciera par un processus que je n'ai pas
pu saisir (probablement par délamination), en deux couches cellulaires, une
externe formée par des cellules pâles, nucléées et portant des cils vibratiles,
et une interne formée également par des cellules nucléées, mais à contenu
granuleux.

Après ce rapide coup d'œil sur la différenciation des tissus de l'embryon,
voyons quels sont les changements de forme que celui-ci va subir pour passer
à l'état de larve. La première modification que l'on observe, c'est l'apparition
d'un repli dans la région céphalique, repli qui se dirige vers la face ventrale
et constituera ce que je désigne sous le nom de capuchon céphalique (Pl. VIII
fig. 14). C'est vers cette époque du développement que le cerveau commence
à se différencier au milieu de la masse qui constitue le reticulum conjonctif.
Dans le stade suivant (Pl. VIII fig. 15), on voit apparaître deux autres replis
sur la même face de l'embryon ; c'est l'origine des deux lobes ventraux. Enfin
dans le stade que j'ai représenté dans la figure 16 (Pl. VIII), tous les lobes que
nous allons retrouver dans la larve libre sont développés, de plus, on voit
deux points oculiformes noirs sur le cerveau, à sa partie antérieure ; un peu
plus tard, un troisième point oculiforme apparaît généralement à droite, également au-dessus du cerveau, mais à sa partie postérieure. La larve se

contracte alors avec une grande énergie, on la voit se retourner en tous sens à l'intérieur de la membrane de l'œuf jusqu'à ce qu'elle parvienne enfin à rompre cette membrane, pour s'élancer au dehors et commencer à nager librement.

LA LARVE.

Les phénomènes du développement que nous avons examinés jusqu'ici se passent beaucoup plus rapidement que chez *Leptoplana tremellaris*. Les larves éclosent souvent en grand nombre le même jour, presque à la même heure, et se dirigent toujours, comme toutes les larves pélagiques, du côté de la lumière, et de préférence vers la surface de l'eau. Elles sont parfois tellement nombreuses que la surface de l'eau des aquariums paraît laiteuse du côté de la lumière ; et elles forment alors un véritable nuage dont toutes les particules sont en mouvement et roulent les unes sur les autres.

Examinées au microscope, ces larves (pl. VIII, fig. 19, 20, 21, 22 et 23), qui ont à peu près 1/2 millimètre de longueur, ressemblent considérablement aux larves pêchées au filet fin par Müller, Claparède et Moseley. Je crois être le premier qui ai réussi à obtenir des éclosions de planaires à larves pélagiques en captivité ; et par conséquent, si quelque doute pouvait encore subsister dans l'esprit de quelque naturaliste, tel que M. L. Vaillant, malgré les belles observations de Müller, ce doute devrait disparaître complètement aujourd'hui.

La larve de l'*Eurylepta auriculata* est extrêmement mobile, elle nage avec une très-grande facilité en présentant presque constamment un mouvement de gyration autour de son grand axe, fréquemment cependant on la voit exécuter des sortes de culbutes, ou bien tournoyer autour de son petit axe, pour reprendre bientôt après son mouvement de rotation habituel autour de son grand axe. Cette larve est pourvue de toute une série d'appendices qui lui donnent un aspect tout particulier. Dans la région céphalique, il existe deux de ces appendices, un ventral et un dorsal. Le premier, de beaucoup plus large et plus étendu que le second, se replie sur la face ventrale, jusqu'au niveau du pharynx (Pl. VIII, fig. 20, 21, 22, 23), je le désigne sous le nom de capuchon céphalique ; il est garni, comme du reste tous les autres appendices dont je vais parler, de cils vibratiles beaucoup plus longs que ceux qui se trouvent sur les autres parties du corps. Ce capuchon céphalique, bien qu'appliqué le

plus ordinairement contre la face ventrale, est néanmoins susceptible d'exécuter des mouvements d'élévation et d'abaissement. L'appendice céphalique
dorsal est assez difficile à apercevoir; quand la larve est vue par sa face
dorsale, et surtout quand elle est légèrement comprimée par un mince couvre-
objet (Pl. VIII; fig. 23) cet appendice n'est nullement visible; pour reconnaître son existence, il faut examiner la larve de profil (Pl. VIII, fig. 21), ou bien
quand elle se présente dans la position dans laquelle je l'ai dessinée dans la
figure 22, c'est-à-dire vue en raccourci par l'extrêmité postérieure.

Les autres appendices de la larve sont au nombre de six, et forment une
espèce de courte jupe dentelée autour du corps, et en dessous du niveau du
pharynx. On peut les distinguer en trois paires: une paire ventrale, une
paire latérale et une paire dorsale. Dans ses mouvements de gyration, la
larve tient ordinairement ses deux appendices latéraux légèrement relevés
(pl. VIII, fig. 20), mais tous sont d'ailleurs susceptibles d'exécuter des
mouvements variés, qui sont surtout accentués quand la larve veut changer
de direction. Ces appendices latéraux, comme l'appendice céphalique
dorsal, sont cylindriques. J'ai déjà dit que les cils vibratiles étaient plus
longs sur les appendices que sur tout le reste du corps. Le corps lui-même
est cylindrique, comme on peut s'en assurer en examinant la figure 22
(pl. VIII). Outre son revêtement ciliaire, la larve présente encore un très-
long poil raide et immobile à son extrémité antérieure, un peu en avant du
cerveau, et un autre à son extrémité postérieure. A l'éclosion, elle ne
présente que trois points oculiformes, disposés comme je l'ai dit plus haut.

Le système nerveux consiste en deux ganglions soudés sur la ligne
médiane (pl. VIII, fig. 19 et 23), et présentant deux troncs nerveux, l'un
à droite et l'autre à gauche, à la partie inférieure.

L'appareil digestif est déjà fortement lobé sur ses bords (pl. VIII, fig. 18),
mais il est encore loin de présenter ces ramifications nombreuses et
nettement séparées les unes des autres par du tissu conjonctif comme on
l'observe chez l'animal adulte. Il est uniquement formé par une paroi
cellulaire sans aucune couche musculaire qui lui soit propre. L'adulte,
d'ailleurs, ne présente pas davantage de revêtement musculaire à l'intestin.

En faisant des préparations avec le picro-carminate d'ammoniaque, j'ai pu
voir nettement ces cellules de la paroi de l'intestin: elles sont hexagonales
(Pl. VIII, fig. 28) et pourvues d'un noyau qui se colore en rouge.

Quant au contenu de l'intestin, il consiste en gouttelettes albumino-graisseuses dont j'ai déjà parlé. Toutefois ce liquide, de transparent et incolore qu'il était au début, est devenu d'un beau jaune, et paraît s'être plus fortement chargé du matière grasse. Cette coloration jaune, qui était déjà visible dans la larve avant l'éclosion, permet de distinguer nettement les contours de l'appareil digestif.

Le pharynx est perforé et contractile, mais il ne m'a pas paru fonctionner à cette époque; le vitellus nutritif qui remplit l'intestin ne disparaît d'ailleurs que fort lentement, car j'ai vu deux mois après leur éclosion des larves dont le contenu intestinal, quoique devenu plus incolore, n'était pas cependant encore épuisé, et pourtant, elles n'avaient pu dans mes aquariums se procurer aucune espèce de nourriture.

Voyons maintenant la structure histologique des téguments et des tissus conjonctif et musculaire. Les observations qui vont suivre ont été surtout faites sur les appendices de la larve, parce que c'est en ces points que ces recherches sont surtout rendues faciles par suite de la grande transparence des tissus de ces organes.

La peau est formée par des cellules ciliées hexagonales. En faisant des préparations avec le picro-carminate d'ammoniaque et le nitrate d'argent (Pl. VIII, fig. 27), on obtient de très-belles figures : les contours des cellules apparaissant alors nettement délimités par des lignes noires, et les noyaux étant colorés en rouge. Cet épithélium cutané présente une épaisseur considérable sur le bord libre du capuchon céphalique (Pl. VIII, fig. 26 e); j'ai représenté dans le fig. 29 (Pl. VIII), d'après un dessin fait à la chambre claire, une partie de l'épithélium de ce capuchon, traité par l'acide azotique et par la liqueur de Beale : on voit les cils vibratiles, très-longs en ce point, affaissés à la surface des cellules dont le protoplasme est coagulé au centre, principalement autour du noyau, tandis que le noyau situé vers la partie inférieure de ces cellules est plus fortement coloré en rouge que le reste de la cellule.

Au-dessous de l'épithélium cilié, on voit une couche formée par des cellules à contenu granuleux (pl. VIII, fig. 26 b), et nucléées. Cette couche que je considère comme issue de l'exoderme primitif, probablement par délamination, est celle dans laquelle prennent naissance les bâtonnets (pl. VIII, fig. 25 b). En dilacérant, on voit que les bâtonnets sont disposés à l'intérieur de ces cellules parallèlement les uns aux autres (pl. VIII, fig. 30). Par suite de la rupture de la paroi cellulaire qui les tenait emprisonnés, les bâtonnets peuvent pénétrer dans l'épithélium cilié (pl. VIII, fig. 25 e). Dans la figure 25 (pl. VIII,) j'ai représenté en *a* une ligne de séparation très-claire , située entre les deux couches cutanées dont je viens de parler et que je désigne dans l'explication des planches sous le nom de membrane basilaire. Je crois que cette ligne est tout simplement le résultat d'une solution de continuité occasionnée par la pression du couvre-objet, et que par conséquent on ne doit en tenir aucun compte.

La formation des bâtonnets dans une couche sous-épithéliale dérivant de l'exoderme est intéressante à signaler, parce que ce fait me semble en contradiction avec l'opinion généralement admise, et d'après laquelle les bâtonnets prendraient naissance dans le parenchyme même du corps, c'est-à-dire dans le tissu que je désigne sous le nom de reticulum. Comme j'ai déjà eu occasion dans un autre chapitre de dire un mot sur ce sujet, je n'y insisterai pas davantage ici.

Les tissus qui se trouvent en dessous de la couche formatrice des bâtonnets, dérivent du mésoderme, et forment deux couches distinctes. La couche externe, bien visible dans le capuchon céphalique (Pl. VLI, fig. 26 c) est constituée pas des cellules fusiformes, moins transparentes que les autres, et pourvues d'un noyau allongé. Bien que je ne puisse donner des indications précises à cet égard, je suis porté à croire que ce sont ces cellules qui sont appelées à former la couche des fibres musculaires circulaires. Dans les lobes latéraux, je n'ai plus retrouvé ces cellules allongées; à leur place, j'ai observé une ligne plus claire *a'* (Pl. VIII, fig. 25), que je désigne dans l'explication des planches sous le nom de membrane basilaire , comme la ligne que j'ai déjà signalée entre la couche à bâtonnets et l'épithélium, mais qui, je crois, a une toute autre signification que celle-ci. Je la considère , jusqu'à preuve du contraire, comme correspondant à la couche des cellules fusiformes du capuchon céphalique, couche cellulaire qui se serait ici différenciée en fibres musculaires.

En-dessous de cette couche se trouve le reticulum conjonctif. Examiné soit par transparence dans les appendices de la larve, soit par dilacération (Pl. VIII, fig. 25 et 26 R et fig. 31), le reticulum apparaît sous la forme d'un réseau formé par des éléments divers entrecroisés en tous sens, c'est-à-dire présentant à peu près les mêmes caractères que chez l'animal adulte. Les éléments cellulaires sont plus ou moins allongés; il suffit de jeter un coup d'œil sur la figure 31 (Pl. VIII) pour voir qu'il existe une série de formes de passage, entre la cellule à peu près sphérique, nucléée, et la fibre sagittale. Outre ces cellules de formes diverses et les fibres sagittales, le reticulum présente un très-grand nombre d'éléments filamenteux, entrecroisés en tous sens, et dans lesquels il m'a été impossible de reconnaître aucune espèce de structure déterminable; je désigne ces éléments sous le nom de fibres conjonctives. Peut-être ne sont-elles en définitive que des fibres sagittales démesurément allongées et amincies? Elles semblent en tout cas constituer un tissu élastique, jouant vraisemblablement un rôle antagoniste vis-à-vis des fibres sagittales contractiles. Ce sont ces fibres conjonctives qui forment la plus grande partie du reticulum.

Tout l'espace occupé par le reticulum représente pour moi, je l'ai déjà répété à plusieurs reprises, la cavité générale du corps.

Bien que j'aie conservé de ces larves en parfait état de santé pendant plus de deux mois dans mes aquariums, il ne m'a pas été donné de voir les transformations qu'elles subissent pour passer à la forme de l'animal adulte. Les seuls changements que l'on puisse constater deux mois après l'éclosion (Pl. VIII, fig. 24), ce sont d'abord un léger allongement du corps, la formation d'un quatrième point oculiforme à gauche, et surtout le relèvement du capuchon céphalique qui, au lieu d'être rabattu sur la face ventrale, comme il l'était au début, se trouve à cette époque former un angle de 90° avec l'axe du corps. Il ne m'a pas été possible de suivre plus loin les transformations de la larve, un accident (l'introduction de quelques bulles d'acide sulfhydrique dans mon cabinet de travail) a détruit en quelques minutes, dans le courant du mois d'octobre, les plusieurs milliers de larves que j'avais dans mes aquariums. J'ai fait, dans le courant des mois de janvier et de février, plusieurs pêches au filet fin à Wimereux, dans l'espoir de retrouver d'autres larves et de suivre les modifications qu'elles présentent; mais mes recherches ont été vaines, soit à cause du mauvais état de la mer, qui était très-agitée chaque fois que je suis allé à Wimereux à cette époque, soit parce que ces larves pélagiques abandonnent les côtes pendant l'hiver pour gagner la pleine mer.

Il ne me reste plus pour terminer ce qui est relatif à l'embryogénie de l'*Eurylepta auriculata*, qu'à examiner la comparaison que l'on a essayé de faire entre la larve pélagique des Planariés et le *Pilidium* des Némertiens.

Gœtte (1), professeur à Strasbourg, a dit récemment quelques mots sur ce sujet.

---

(1) Zur Entwickelungsgeschichte der Seeplanarien (Zoologischer Anzeiger von V. Carus, 12 August 1878)

Frappé de la ressemblance de la larve de la *Planaria neapolitana* qu'il étudiait avec un Pilidium (« Die Larve gleicht auffallend einem Pilidium »), il essaya d'établir un parallèle entre le développement des Némertes et celui des Dendrocœles : « Da gewisse Nemertinen die Larvenhaut abwerfen, wie Pilidium,
» ohne dessen Gestalt zu besitzen, und die von mir beobachteten, Dendro-
» cœlenlarven dieselbe Pilidiumform ohne eine eigentliche Metamorphose
» allmahlich umbilden, so scheinen darin verschieden Modificationen
» desselben relativ einfachen Eutwickelungsganges vorzuliegen und insbe-
» sondere die Entwickelung der Nemertinen auf diejenigen der Dendro-
» cœlen zurückführbar zu sein. » La ressemblance extérieure qui peut existor entre le Pilidium et la larve de Müller est une ressemblance pure-ment adaptative, mais n'ayant certainement aucune valeur morphologique. Au début, c'est-à-dire à l'éclosion, le Pilidium n'est qu'une *gastrula* présen-tant des appendices et un plumet, tandis que la larve des planaires est un embryon présentant déjà la structure de l'animal adulte, et simplement adapté à la vie pélagique. Une différence capitale existe donc entre les larves pélagiques des Némertiens et celles des Planariés, différence qui tient à ce que l'adaptation à la vie pélagique se fait à des époques très-diverses de l'évolution dans ces deux groupes : d'un côté cette adaptation se produit au commencement du développement, dès la phase *gastrula ;* de l'autre côté elle ne se produit que quand les différents tissus de la larve sont déjà en grande partie différenciés.

2° EMBRYOGENIE DES TURBELLARIÉS RHABDOCOELES.

L'étude embryogénique des Rhabdocœles et des Dendrocœles d'eau douce est rendue singulièrement difficile, d'abord par l'existence d'une coque dure, chitineuse, opaque, élastique et imperméable, qui enveloppe les œufs et les *Dotterzellen*, et ensuite par l'existence même de ces éléments deutoplas-miques au milieu desquels les œufs sont pour ainsi dire perdus.

L'opacité de la coque de l'œuf, et d'ailleurs l'épaisseur de la couche des

Dotterzellen s'opposent à l'examen de l'œuf par transparence ; on se trouve par suite privé d'une excellente méthode, qui permet de suivre un même œuf pendant les différentes phases de son évolution. L'imperméabilité de cette coque s'oppose à l'emploi des liquides durcissants, tels que l'alcool et l'acide chromique, et, par conséquent, la méthode des coupes est également rendue impraticable. Enfin l'élasticité de la coque chitineuse constitue une réelle difficulté, quand on veut la fendre avec le scalpel ou la pointe d'une aiguille, pour recueillir le contenu dans des liqueurs appropriées, parce qu'alors la coque s'enroule sur elle-même, et il devient impossible de retrouver les œufs en bon état. Il faut avoir fait soi-même des recherches sur l'embryogénie de ces animaux pour comprendre toute l'importance des difficultés d'observation que je viens de signaler.

Comme je n'ai réussi que récemment, à force d'essais de toutes sortes et de patience, à trouver une méthode qui me permette d'étudier le développement des Dendrocœles d'eau douce au moyen des coupes, comme les observations que j'ai pu faire jusqu'à présent sont encore trop peu nombreuses et trop incomplètes, je préfère remettre à une publication ultérieure le résultat de mes recherches sur l'embryogénie de ces animaux.

Je ne m'occuperai donc, dans ce chapitre, que des Rhabdocœles d'eau douce.

HISTORIQUE.

Si nous considérons les difficultés sérieuses que présente l'étude embryogénique de ces êtres, nous ne devons pas nous étonner de l'absence presque complète de travaux sur ce sujet.

Œrsted (1), en 1844, décrivit l'œuf de ces Turbellariés, il parla des *Dotterzellen* et de la capsule, mais quant au développement de l'œuf, il ne dit rien.

P.-J. Van Beneden (2), en 1861, a donné quelques renseignements sur le

(1) Entwurf einer systematischen Eintheilung und speciellen Beschreibund der Plattwürmer. — Copenhague, 1844.

(2) Recherches sur la faune littorale de Belgique (Mém. de l'Acad. roy. de Belgique, T. XXXII. 1861.)

développement du *Dinophilus vorticoïdes*, O. Schm., du *Vortex vittata*. Frey et Leuck. de l'*Allostoma pallida*, V. Ben., et du *Monocelis hyalina*, V. Ben. Mais les observations du professeur de l'Université de Louvain ont porté simplement sur l'aspect général de la larve au moment de l'éclosion. La larve est alors constamment ciliée et pourvue d'un pharynx : c'est tout ce qu'il a pu constater. Sur la structure de cette larve, sur les différentes phases par lesquelles passe l'œuf pendant que s'accomplit le travail embryogénique, l'auteur ne donne aucune indication.

En somme, le seul renseignement que l'on puisse tirer des observations du professeur de Louvain, au point de vue qui nous occupe, c'est que la larve est semblable à l'adulte, qu'il n'y a pas de métamorphose.

KNAPPERT (1), en 1865, publia un mémoire sur le développement de la *Planaria fusca*. Quoique incomplet et insuffisant, ce travail est certainement intéressant à lire ; c'est du reste le seul que nous possédions sur le développement des Planaires d'eau douce. Ne m'occupant pas ici de ces animaux, je crois inutile d'insister sur ce mémoire, dont l'analyse sera mieux placée dans une autre publication.

A. SCHNEIDER (1) enfin a décrit avec soin les phénomènes de division qu'il a observés chez *Mesostomum Ehrenbergii* pendant la formation du stade II. Il est vraiment regrettable que cet habile observateur n'ait pas poussé plus loin ses recherches embryogéniques ; les difficultés nombreuses que j'ai déjà signalées l'en ont sans doute empêché.

Tels sont les travaux relatifs à l'embryogénie des Turbellariés Rhabdocœles dont j'ai eu connaissanse. On peut voir, par ce qui précède, que l'étude du développement de ces animaux était presqu'entièrement à faire quand j'ai entrepris mes recherches sur cette question.

---

(1) Bijdragen tot de Ontwikkelings-geschiedenis der Zoetwater-Planarien (in Natuurkundige Verhandelingen. Utrecht. 1865, *et* Embryogénie des Planaires d'eau douce (Arch. Néerlandaises des Sciences exactes, I, 1866, p. 272.

(2) Untersuchungen über Platheminthen. 1873.

RECHERCHES SUR L'EMBRYOGÉNIE DES RHABDOCŒLES D'EAU DOUCE.

(Pl. XI.)

La méthode que j'ai suivie, pour arriver à me procurer les quelques stades que j'ai reproduits par le dessin dans mes planches est la suivante :

Je dois dire d'abord que toutes mes observations ont été faites sur les *œufs d'hiver* à coque dure et opaque. Jusqu'au stade II, on peut, quand l'œuf se présente bien, observer directement par transparence, parce que la coque de la capsule n'est pas encore opaque ; mais au-delà de ce stade, il est de toute nécessité d'opérer différemment. Voici comment je m'y suis pris. L'œuf étant retenu en place à l'aide d'un pinceau fin, je pique légèrement la coque avec la pointe d'une aiguille très-fine, et tenant alors la capsule à la pointe de l'aiguille, je l'ouvre brusquement à l'aide d'une autre aiguille introduite dans le même trou ; cette petite manipulation exige une certaine habitude, d'autant plus qu'on se trouve dans la nécessité d'opérer avec une loupe. Le contenu de la capsule tombe alors sur le porte-objet dans une goutte de réactif approprié destiné à fixer immédiatement la préparation. Il faut prendre de grandes précautions en couvrant avec la lame mince, afin de ne pas écraser la préparation : ordinairement je place un cheveu entre les deux lames de verre.

J'ai essayé au début d'employer la méthode de l'écrasement pratiquée par P.-J. Van Beneden (1) mais j'ai dû y renoncer bien vite : quand on a essayé cette méthode, on ne s'étonne pas des résultats auxquels est arrivé le professeur de l'Université de Louvain.

Certains Rhabdocœles, tels que *Prostomum lineare* et *Steenstrupii* , fixent leurs capsules à coque dure aux herbes aquatiques : dans ce cas, la coque se prolonge à l'unè de ses extrémités en un pédicelle plus ou moins allongé et souvent étalé en forme de disque dans le point qui adhère au support (pl. XI , fig. 1, 8, 10, 14 et 15). Ce pédicelle est de même nature que la coque.

D'autres espèces ont des capsules sphériques et ovoïdes, sans pédicelle, qu'elles déposent dans la vase, ou qu'elles fixent aux plantes aquatiques à

______

(1) Recherches sur la faune littorale de Belgique, 1re partie, p. 82.

l'aide d'un mucus probablement sécrété par les glandes mucipares (Spinndrüsen).

La généralité des Rhabdocœles produisent des capsules qui ne contiennent chacune qu'un œuf; cependant les capsules du *Prostomum Steenstrupii* en renferment normalement deux. Cette particularité tient sans doute à ce que cet animal possède deux ovaires qui, vraisemblablement, produisent simultanément chacun un œuf mûr; tandis que le plus grand nombre des Rhabdocœles ne possèdent qu'un seul ovaire.

L'œuf est toujours associé, dans les capsules à coque dure, à une quantité de *Dotterzellen* vraiment prodigieuse.

Voyons maintenant les quelques phases du développement que j'ai pu examiner. Comme les stades que j'ai observés avec netteté sont, en définitive, peu nombreux, je les décrirai en suivant l'ordre du développement, et non en les classant d'après les espèces animales dans lesquelles je les ai trouvés.

L'œuf du *Prostomum lineare*, au moment où la capsule vient de se former (pl. XI, fig. 1 et 2), présente une très-grande vésicule germinative renfermant de nombreux *pseudo-nucléoles* et une tache germinative également volumineuse. La vésicule de Purkinje présente, par conséquent à ce moment, le caractère des vieux noyaux. Il ne m'a pas été possible de voir ce qu'elle devient, si elle disparaît et est remplacée par un autre noyau, ou si c'est elle qui donne naissance au globule polaire, sans éprouver de changements dans sa forme et dans sa structure.

J'ai observé, dans une capsule nouvellement formée du *Mesostomum rostratum*, un stade assez singulier et dont il me paraît difficile de donner la signification. L'œuf, à cet état, consiste en une masse protoplasmique finement granuleuse (pl. XI, fig. 22); au centre, se trouve un espace arrondi plus clair, et autour de cet espace clair, existe une sorte de feutrage formé par des filaments tortillés sur eux-mêmes. A. Schneider (1) a observé un stade à peu près analogue dans un *œuf d'été* du *Mesostomum Ehrenbergii*, et il considère les filaments comme étant des spermatozoïdes. Je dois cependant faire remarquer qu'il existe une différence importante entre l'observation de Schneider et la mienne: dans le premier cas, les

---

(1) Untersuchungen über Plathelminthen (Pl. V, fig. 5 *a*).

spermatozoïdes étaient contenus dans la capsule, ils se trouvaient au milieu des *Dotterzellen*, tandis que dans l'œuf que j'ai examiné, ces filaments se trouvaient dans l'intérieur même du vitellus de l'œuf.

Si ces filaments sont bien des spermatozoïdes, ne sommes-nous pas en droit d'admettre que ce sont eux qui, en se conjuguant avec le noyau vieilli de l'œuf, le régénèrent et lui communiquent une nouvelle activité, capable d'expliquer les phénomènes de division nucléaire que nous allons exposer dans un moment? En un mot, les filaments spermatiques ne représenteraient-ils pas le *pronucléus* mâle observé par M. le professeur A. Giard (1) chez l'*Echinus miliaris*, pronucléus mâle qui serait sur le point de se fusionner avec le *pronucléus femelle*, représenté, ici, par un protoplasme plus clair et plus transparent ?

Stade de pétrissage lent. — Ce stade que j'ai fait connaître chez les Dendrocœles marins, se retrouve dans les Rhabdocœles d'eau douce. Une préparation que j'ai obtenue sur le *Prorhynchus stagnalis* (Pl. XI fig. 17), m'a en effet montré l'œuf avec des contours ondulés, irréguliers, et avec un noyau à contour mal défini, comme celui que j'ai décrit chez l'*Eurylepta auriculata* (Pl. VIII fig. 9). Cet œuf provenait d'une capsule encore renfermée dans l'utérus.

Sortie du globule polaire. — J'ai assisté à la formation du globule polaire dans un œuf provenant du *Prostomum lineare*, et dont la coque était encore molle et transparente (Pl. XI fig. 3). Au pôle formateur, on voyait une hernie assez considérable et finement striée suivant sa longueur. A la partie supérieure de cette hernie existait un tout petit noyau ; à la base se trouvait un noyau beaucoup plus considérable et présentant des stries rayonnantes sur toute sa périphérie ; enfin dans une position intermédiaire entre les deux noyaux, il y avait deux petites masses protoplasmiques allongées suivant l'axe de la hernie, et se colorant fortement par la liqueur de Beale.

Il n'est pas douteux que ce soit là une des phases du processus donnant naissance au globule polaire.

Stade II. Le Prostomum lineare m'a encore permis de suivre les premiers phénomènes de la division de l'œuf. Cette segmentation se fait d'ail-

---

(1) Note sur les premiers phénomènes du développement de l'Oursin (Echinus miliaris). (Comptes-rendus, 9 avril 1877).

leurs suivant un processus semblable à celui que j'ai décrit chez les Planaires marines. Le noyau s'allonge d'abord (Pl. XI fig. 4); puis il se renfle à l'équateur, et une condensation du protoplasme se produit à chacun de ses pôles qui présente alors de très-beaux asters (Pl. XI fig. 5).

J'ai encore observé la segmentation de l'œuf en deux sphères primitives, chez le *Mesostomum rostratum*, (Pl. XI fig. 19, 20, 21). Le processus de la division parait être ici un peu différent de ce qu'il est dans la règle. En effet, si l'on examine mes figures, on voit que le noyau, qui occupe une place considérable au milieu du protoplasme de l'œuf, présente la forme de deux cônes accolés par leur base. Du sommet de ces deux cônes partent des stries rayonnantes qui s'étalent à la surface des cônes, et diminuent d'intensité à mesure qu'elles se rapprochent de l'équateur du noyau. Enfin au centre du noyau, j'ai observé six petites masses protoplasmiques ovoïdes, se colorant très-bien par les réactifs carminés, et disposées très-régulièrement, trois au-dessous et trois au-dessus de la ligne équatoriale (fig. 21). Les stries rayonnantes se colorent très-bien aussi par le carmin.

Le *Mesostomum personatum* (Pl. XI fig. 35) m'a permis de voir un stade II achevé. Celui-ci est formé par deux sphères de segmentation égales et pourvues chacune d'un noyau et d'un très-petit nucléole.

Enfin une capsule transparente du *Prorhynchus stagnalis* (Pl. XI fig. 18) m'a encore montré un stade II. Dans cet animal, les *Dotterzellen* présentent à ce moment du développement de l'œuf, des mouvements amœboïdes extrèmement accusés, et leurs contours sont aussi bien plus nets que dans les stades précédents.

Stade IV. — Je l'ai obtenu dans une préparation faite sur une capsule du *Prostomum lineare* (Pl. XI, fig. 6). Il est, comme on peut le voir, formé par quatre sphères sensiblement égales.

Le *Mesostomum rostratum* (Pl. XI fig. 23) m'a procuré un stade III anormal. Une des deux premières sphères de segmentation s'est divisée plus vite que l'autre, qui montre un noyau allongé très-net.

Épibolie. — Les phases ultérieures du développement que j'ai observées me portent à croire que les phénomènes de la segmentation doivent être à peu près les mêmes dans les Rhabdocœles d'eau douce que ceux que j'ai signalés dans *Leptoplana tremellaris* et *Eurylepta auriculata*.

La figure 30 (Pl. XI) représente une épibolie très-nette observée dans

Mesostomum Ehrenbergii; on peut voir qu'il existe quatre grosses sphères endodermiques qui sont en moitié envahies par les cellules exodermiques, plus petites, et proliférant plus rapidement.

La figure 24 (Pl. XI) montre un stade correspondant au précédent, et provenant d'une capsule du *Mesostomum rostratum*. Les figures 32 et 33 (Pl. XI) représentent également l'épibolie chez *Typhloplana viridata*.

Enfin les figures 7 et 25 (Pl. XI) nous montrent des stades plus avancés, la première chez le *Prostomum lineare*, la seconde chez le *Mesostomum rostratum*. A cette phase du développement, l'exoderme, garni de cils vibratiles, a presque entièrement recouvert l'endoderme, l'embryon nage, à l'aide de son revêtement ciliaire, au milieu des *Dotterzellen*.

La Larve. — L'espèce sur laquelle j'ai recueilli le plus de documents après l'achèvement de l'épibolie, c'est le *Prostomum lineare*. Je m'occuperai donc d'abord de cette espèce.

Le stade que j'ai observé après celui que j'ai représenté dans la figure 7 (Pl. XI), c'est celui des figures 8 et 9 (Pl. XI). A cette période du développement, la larve est pourvue d'un pharynx, et à l'extrémité antérieure existe une invagination, premier indice de la trompe. La peau, formée par des cellules polyédriques, est couverte de cils vibratiles et présente de distance en distance des soies raides et immobiles ; on peut voir cette larve ainsi constituée se déplacer à l'aide de ses cils, dans l'intérieur de la coque de la capsule. L'intestin est rempli de débris de *Dotterzellen*.

Dans un état du développement plus avancé (pl. XI, fig. 10 et 11), l'animal est complétement développé ; le cerveau et les points oculiformes sont bien visibles, la trompe se présente avec les mêmes caractères que dans l'animal adulte, les soies raides ont disparu sur la surface du corps ; enfin le stylet caractéristique de cet espèce est également développé. Ce dernier appareil se présente déjà dans l'animal avant l'éclosion, formé par la même substance dure, chitineuse, bien connue dans l'animal adulte. Ses dimensions relativement à celles du corps sont considérables : tandis que dans le Prostome adulte (pl. XI, fig. 12), le stylet n'occupe qu'un espace restreint à la partie postérieure du corps, dans l'animal au moment de l'éclosion au contraire, cet organe s'étend presque jusqu'au cerveau (pl. XI, fig. 11) ; il semble donc qu'il apparaisse d'emblée avec ses dimensions définitives.

Enfin, j'ai encore pu observer chez le *Prostomum lineare*, la formation du receptaculum seminis. Cet organe qui, dans l'animal adulte, est impair et situé sur la ligne médiane de la face dorsale, se présente au début sous la forme de deux bourgeons (pl. XI, fig. 13), naissant sur le canal de l'utérus *u*, et dont l'un seulement *r* se développe, tandis que le second *r'* avorte.

Cette observation nous autorise peut-être à croire que c'est par suite d'un avortement que certains organes de la génération sont impairs chez un certain nombre de Rhabdocœles.

La figure 27 (pl. XI), nous montre un jeune *Schizostomum productum*, imparfaitement développé et dans lequel le pharynx n'est pas encore en communication avec l'extérieur.

La figure 31 (pl. XI), représente une larve de *Mesostomum Ehrenbergii*, nageant au milieu des *Dotterzellen* contenues dans la capsule, et à un stade plus avancé que l'embryon de la figure précédente. L'exoderme s'est invaginé de manière à constituer une gaîne tout autour du pharynx.

Le *Schizostomum productum*, au moment de l'éclosion (Pl. XI, fig. 28), présente à peu près la forme de l'animal adulte. Sa peau est formée de cellules épithéliales (Pl. XI, fig. 29) et contient déjà de nombreux bâtonnets. Tous les Rhabdocœles, d'ailleurs, qui sont pourvus de bâtonnets à l'âge adulte, présentent déjà ces organes au moment de l'éclosion.

Si nous faisons une coupe optique d'un embryon de Rhabdocœle au moment de l'éclosion (Pl. XI, fig. 26), nous voyons que sous la peau *e x*, formée de cellules polygonales, nucléées et couvertes de cils vibratiles, existe une seconde couche cellulaire *b*, dans laquelle prennent naissance les bâtonnets. Puis vient une couche plus dense, qui paraît formée par des fibres musculaires *f c*. L'intestin *e n* possède une paroi dont les cellules nucléées sont remplies par un protoplasme granuleux. Enfin, entre l'intestin et les téguments, existe une cavité générale du corps *r*, plus ou moins oblitérée par un tissu conjonctif.

Bien que les observations dont je viens de faire connaître les résultats soient encore fort incomplètes, elles nous permettent cependant de nous faire une idée de la marche générale du développement, dans la plupart des Rhabdocœles d'eau douce, surtout après les notions que nous avons acquises en suivant l'embryogénie des Planaires marines.

—

TROISIÈME PARTIE

CLASSIFICATION ET DESCRIPTION

DE QUELQUES ESPÈCES NOUVELLES.

—

I. CLASSIFICATION.

Je ne me propose pas ici de passer en revue tous les travaux qui ont été écrits sur la classification et sur les affinités des Turbellariés; je n'ai pas non plus la prétention de considérer l'arbre généalogique que je donne comme étant l'expression des affinités réelles de ces animaux; mon but est simplement : 1° de discuter la valeur des principaux caractères qui ont été choisis par les auteurs pour l'établissement des grandes divisions généralement admises; 2° de voir si ces caractères sont en rapport avec les affinités que l'on peut établir, dans l'état actuel de la science, entre les différents types des Turbellariés; 3° d'essayer de faire un groupement de ces animaux, conforme aux dernières découvertes de la science.

Les Turbellariés constituent un groupe très-naturel, dont l'homogénéité n'a échappé à aucun observateur, et dont les affinités avec les autres Plathelminthes (Némertiens, Cestodes et Trématodes), ne sont plus contestées aujourd'hui, à ma connaissance, par aucun naturaliste.

Déjà, en 1828, Dugès (1) avait saisi les rapports qui existent entre les

---

(1) Recherches sur l'organisat. et les mœurs des Planariées. (Ann. Sc. Nat. T. XV, 1ʳᵉ série.)

Planariées et les Douves, mais il eut le tort de rapprocher aussi ces animaux des Hirudinées. Cet habile observateur ne manqua pas de remarquer l'importance des Turbellariés, au point de vue des formes de passage qu'ils présentent avec d'autres classes que l'on connaissait déjà assez bien à l'époque où il faisait ses recherches, et il termine son mémoire par cette phrase, qui résume bien les vues du savant professeur de Montpellier : « Ces ressemblances, ces analogies » fondées sur l'organisation, viennent encore à l'appui de cette vérité, tous » les jours rendue plus évidente, que c'est par une gradation presque » insensible que la nature parcourt tous les degrès de l'échelle animale, » depuis l'être le plus composé jusqu'au plus simple. *Natura saltus non* » *facit.* »

On peut dire d'une manière générale que tous les naturalistes, Cuvier, de Blainville, Lamarck, etc., rangèrent les Turbellariés avec plus ou moins de conviction à côté des autres animaux que nous désignons aujourd'hui sous le nom de Plathelminthes. Je crois inutile de m'arrêter sur les rapports nombreux qui existent entre l'organisation de tous les vers plats, rapports qui sont aujourd'hui parfaitement établis et admis par tout le monde.

Une autre opinion qui a régné dans la science et qui est encore maintenant admise par quelques zoologistes d'un grand mérite même, c'est celle qui voit des affinités directes entre les Turbellariés et les Infusoires. Cette idée fut notamment soutenue par Agassiz (1), qui veut voir les plus grands rapports entre les Turbellariés et les genres *Kolpoda* et *Paramæcium*. Cette opinion ne pouvait être basée que sur une connaissance incomplète de l'organisation des Turbellariés, aussi les naturalistes qui se sont occupés de l'embryogénie de ces derniers ont-ils vivement combattu les vues du professeur américain : Joh. Müller (2) d'abord et Ch. Girard (3) ensuite, citent Agassiz à ce propos, et déclarent qu'ils ne peuvent partager son opinion. Cependant dans ces dernières années, la découverte de Turbellariés privés d'intestin, faite par Uljanin (4) (genre *Nadina, Convoluta, Schizoprora*), parut apporter un certain appui à la manière de voir d'Agassiz. En effet, dans les genres que je viens de citer, l'intérieur du corps est rempli par une substance molle,

---

(1) Proceedings of the american association for the advencement of science. Second meeting. Boston 1850, page 438, et in Amer. Journ. of Sc. and Arts. Second séries. T. XIII, 1852, page 425.

(2) Uber eine eigenthümliche Wurmlarve, aus der classe des Turbellarien, etc

(3) Embryonic, development of Planocera elliptica.

(4) Turbellariés de ia baie de Sébastopol.

avec vacuoles et gouttelettes graisseuses (Marksubstanz), qui n'est pas sans présenter quelqu'analogie avec le protoplasme qui constitue la partie interne du corps des Infusoires. Ludwig Graff (1) a depuis vérifié l'exactitude des observations de l'auteur russe sur *Schizoprora venenosa.* O. Schim., et il part aussi de cette particularité anatomique pour établir un rapprochement entre les Turbellariés et les Infusoires.

Il m'est impossible d'admettre cette conclusion : j'ai déjà dit dans la seconde partie de ce travail comment je pensais pouvoir expliquer ce fait en admettant un arrêt de développement. Ma conviction est que la ressemblance observée entre la substance remplaçant l'intestin chez les *Schizoprora*, etc., et le protoplasme bien connu des Infusoires, est une ressemblance purement physiologique, et n'ayant aucune valeur morphologique.

Une troisième opinion qui a été également émise relativement aux affinités générales des Turbellariés, est celle à laquelle Ch. Girard a été conduit à la suite de ses études sur l'embryogénic de la *Planocera elliptica* et du *Polycelis variabilis* comparée avec celle des Mollusques gastéropodes, et particulièrement des Nudibranches. Ce qui paraît surtout avoir déterminé Ch. Girard à écarter les Turbellariés des Vers pour les rapprocher des Mollusques, ce sont les premiers phénomènes de la segmentation, qu'il a d'ailleurs parfaitement observés : « The investigations which I have traced upon Planarians » have led me to their removal from the class of Worms, where they had » ranked hitherto, into the division of mollusca, and more particularly into » the class of Gasteropoda.....

» The embryogeny of Gasteropod molluscs, and more particularly of » Nudibranchiata, has such a striking resemblance with that of the Plana- » rians which I have examined, that any one familiar with the subject will » ack now ledge its evidence. » (2).

Eh bien, les caractères tirés des phénomènes de la segmentation de l'œuf ne peuvent pas être invoqués pour déterminer des liens de parenté à quelque degré que ce soit entre divers animaux. On trouve, en effet, dans toutes les classes du règne animal, des êtres indubitablement voisins, et dont les œufs néanmoins se fractionnent suivant des processus très-divers; par contre vous voyons la *gastrula* se former d'une manière identique chez des animaux

---

(1) Kurze Berichte über fortgesetzte Turbellarien studien.
(2) Embrionic, development of planocera elliptica, page 323.

extrèmement éloignés. M. A. Giard (1) a d'ailleurs déjà signalé le peu
d'importance des différents modes de formation de la *gastrula.* « Quelle
» importance, dit-il, faut-il attacher aux différents modes de formation de
» la *Morula?* Je crois que cette importance est assez mince, et je fonde
» cette opinion sur les admirables travaux d'Ed. Van Beneden sur l'œuf des
» crustacés, travaux qui prouvent l'existence dans ce groupe du mode de
» segmentation connu chez les Mollusques et de celui observé par Barrois,
» chez les Bryozoaires, les deux modes aboutissant à un résultat identique
» aux stades ultérieurs, »

Pour conclure, nous voyons que le rapprochement fait par Ch. Girard entre
les Turbellariés et les Gastéropodes, ne repose que sur des caractères qui paraissent être surtout adaptatifs, et n'ont qu'une valeur très-contestable au point
de vue phylogénique.

En résumé, les affinités générales des Turbellariés ne sont ni avec les Infusoires, ni avec les Mollusques, mais avec les Verts plats, comme l'admet du
reste, la très-grande majorité des naturalistes.

Après avoir passé en revue les principales opinions émises relativement aux
affinités générales des Turbellariés, je vais examiner les caractères qui ont
servi à classer ces animaux, et chercher à établir leurs affinités particulières.

Ehrenberg est le premier auteur qui divisa les Turbellariés en *Dendrocœles*
et en *Rhabdocœles* suivant qu'ils présentent un intestin ramifié ou droit.

Depuis cette époque ces deux sous-ordres ont été admis par tous les naturalistes et pendant très-longtemps personne ne songea à contester la véritable
valeur de ces divisions. Cependant, en 1861, Claparède (2), à la fin de la
description qu'il donne de l'*Enterostomum Fingalianum*, fit remarquer que
cette espèce, ainsi que les animaux des genres *Opistomum* et *Monocelis* se
rapprochait des Planaires par la conformation de leur pharynx.

Déjà auparavant, en 1844, Œrsted (3) avait d'ailleurs placé le genre *Monocelis* entre les Planaires et les Rhabdocœles proprement dits.

D'un autre côté, L. Graff (4) fit voir que l'espèce trouvée par Du Plessis

---

(1) Les Faux principes biologiques et leurs conséquences en taxonomie. (Revue scientifique, 18 mars 1876, page 277.)

(2) Recherch. anat. sur les annél. Turbellariés, etc., page 69.

(3) Entwurf einer systematischen Eintheilung, etc.

(4) Note sur la position systématique du *Vortex Lemani*, du Plessis. (Bulletin de la Soc. vaudoise des sc. nat T. XIV, 1875.)

dans le lac Léman, et décrite par cet auteur sous le nom de *Vortex Lemani*, n'était pas un Vortex, mais que par tous ses caractères anatomiques et histologiques, elle se rapprochait des planaires. La *Planaria Lemani* nous offre donc un exemple de Dendrocœle ayant un intestin droit, non ramifié.

Enfin, nous connaissons des espèces qui sont rangées, par tous les naturalistes, avec les rhabdocœles, et qui cependant ont l'intestin, sinon ramifié, du moins fortement lobé.

Je citerai dans cette catégorie, le *Macrostomum viride*, Ed. v. Ben (1), le *Prorhynchus stagnalis*, le *Monocelis protractilis*, L. Graff (2).

Il résulte de ceci que le caractère choisi par Ehrenherg, pour l'établissement des deux sous-ordres des Turbellariés ne peut pas être considéré comme un caractère de première valeur.

Quelles sont donc les différences essentielles qui existent entre la généralité des Dendrocœles et la généralité des Rhabdocœles, et quels sont les caractères qui restent le plus constants dans chacune de ces deux divisions ?

Ces caractères, je dois le dire tout de suite, ne me paraissent pas nettement tranchés ; il me semble au contraire, qu'il existe toute une série de formes, présentant à la fois un remarquable mélange des caractères propres à chacun des deux sous-ordres des Turbellariés. Parmi ces formes, j'insisterai principalement sur les genres remarquables appartenant à la famille des Opistomiens, qui fut créée par Max Schultze (3). Cet auteur y comprenait les genres *Monocelis*, Œrst, et *Opistomum*, O. Schm. Plus tard, Ed. Claparède y adjoignit de plus, le genre *Enterostomum* qu'il découvrit dans les Hébrides, enfin, je crois que l'on doit encore faire rentrer dans cette famille, le genre *Turbella* (réduit à l'espèce de L. Graff et à la mienne), et le genre *Vorticeros*, O. Schm.

Je regrette vivement de n'avoir pas pu me procurer des exemplaires du genre *Opistomum* ; mais d'après les descriptions d'Oscar Schmidt (4) et surtout de Max Schultze (5) je suis porté à considérer ces animaux comme assez éloignés des autres genres que je rapporte à la famille des Opistomiens. Le pharynx paraît avoir une forme toute particulière et mériterait d'être étudié à nouveau

---

(1) Étude zoolog. et anat. du genre Macrostomum. (Bullet. Acad. roy. de Belg., 2e série. T. **XXX**, 1870)

(2) Zur Kenntniss der Turbellarien.

(3) Beitræge zur Naturgeschichte der Turbellarien, 1851.

(4) Die Rhabdocœlen Strudelwürmer des süssen Wassers.

(5) Beitrage, etc.

les organes génitaux présentent une disposition identique à celle des vrais Rhabdocœles, de plus Max Schultze figure des vaisseaux aquifères présentant des fouets comme les vaisseaux des *Mesostomum* : pour toutes ces raisons je crois que les *Opistomum* doivent être rapprochés des vrais Rhabdocœles et retirés de la famille des Opistomiens, telle que je l'entends. Tout en réservant mon opinion relativement à la place que doivent occuper les *Opistomum* dans la classification, je propose de désigner sous le nom de *Monocéliens*, la famille renfermant les genres *Monocelis*, *Enterostomum*, *Turbella* et *Vorticeros*.

Ces quatre genres, en effet, constituent des types qui, quoique nettement distincts les uns des autres, se relient néanmoins assez intimement entre eux, par un ensemble de caractères que je vais examiner. La famille des Monocéliens, en un mot, peut être comparée à l'une de ces familles, telles que celles des Renonculacées ou des Rosacées, par exemple, dans lesquelles les diverses formes ne peuvent être disposées qu'en série linéaire et non suivant un cercle comme les genres de la famille des Ombellifères ou des Crucifères, par exemple.

Si nous cherchons à établir les caractères qui différencient les Dendrocœles des Rhabdocœles, nous voyons que celui qui paraît avoir la plus grande valeur au point de vue morphologique, c'est celui que l'on peut tirer du développement relatif du reticulum conjonctif. J'ai déjà montré précédemment que le reticulum qui oblitère presque complètement la cavité générale du corps des Dendrocœles, est au contraire beaucoup moins développé chez les Rhabdocœles. Ces faits concordent d'ailleurs parfaitement, avec les vues exposées par Jules Barrois (1).

Un caractère distinctif que je placerai volontiers en seconde ligne, c'est celui qui est relatif à la forme du pharynx dans les deux divisions des Turbellariés. Chez tous les Rhabdocœles vrais, le pharynx présente la forme d'un barillet; chez tous les Dendrocœles il a la forme d'un tuyau. Ce caractère, tiré de la forme du pharynx, est incontestablement plus stable, et présente une valeur taxonomique plus grande que celui que l'on a établi sur la forme de l'intestin. En effet, les *Monocéliens* présentent un reticulum aussi développé que celui des vrais Dendrocœles; on peut s'en assurer soit par l'examen par transparence qui ne montre jamais de cavité périentérique

---

(1) Mémoire sur l'embryologie des Némertiens (in Ann. sc. nat., 6° série, T. VI, 1877.

souvent si visible chez les vrais Rhabdocœles, et mieux encore par la méthode des coupes. J'ai fait chez *Monocelis Balani* nov. spec. des coupes transversales qui ne laissent aucun doute à cet égard ; chez cet animal, la cavité générale du corps présente un reticulum tout aussi bien développé que celui des Dendrocœles. D'un autre côté, les *Monocéliens* se rapprochent encore de ces derniers, comme nous allons le voir dans un instant, par la disposition de leurs organes génitaux. Nous voyons donc qu'en définitive, ils présentent les plus grandes analogies avec les Dendrocœles et si leur intestin n'était pas droit, personne n'aurait certainement hésité à les ranger parmi ces derniers.

Eh bien, le pharynx des *Monocéliens* est en forme de tuyau. Il n'y a pas de contestation possible pour les genres *Monocelis*, *Enterostomum* et *Turbella* ; mais il pourrait y en avoir pour le genre *Vorticeros*. En effet, ce pharynx est court et présente assez bien la forme d'un petit baril, dans son ensemble ; mais je montrerai plus loin (pl. IV, fig. 12) que, lorsqu'il fonctionne, il présente des mouvements de dilatation qu'on ne rencontre jamais que dans le pharynx des Dendrocœles, de sorte qu'il faut aussi le rapprocher du type caractéristique de ceux-ci.

Il résulte, par conséquent, de tout ce que je viens de dire, que la forme du pharynx est beaucoup moins variable dans les deux sous-ordres des Turbellariés que la forme de l'intestin, et que par suite il serait plus rationnel de désigner les Dendrocœles sous le nom de *Turbellariés à pharynx tubuliforme* et les Rhabdocœles sous le nom de *Turbellariés à pharynx dolioliforme.*

La présence ou l'absence des vaisseaux aquifères constitue encore un bon caractère distinctif des Rhabdocœles et des Dendrocœles ; mais comme j'ai déjà donné quelques développements sur ce sujet dans la première partie de ce travail, je ne veux pas y insister de nouveau ici, d'autant plus que j'aurai encore occasion d'y revenir un peu plus loin, en faisant les monographies du *Vorticeros Schmidtii*, du *Turbella inermis* et surtout du *Monocelis Balani.*

Un quatrième caractère que je considère aussi comme important, au point de vue des distinctions à établir entre les Dendrocœles et les Rhabdocœles, est celui qui est relatif à la disposition des glandes génitales. En effet, les Dendrocœles présentent des testicules et des ovaires nombreux, disséminés entre les ramifications gastriques au milieu du reticulum ; les Rhabdocœles, au contraire, n'ont en général qu'un ou deux ovaires avec vitellogènes différenciés et un ou deux testicules localisés dans des points parfaitement déterminés du corps.

Considérés à ce point de vue, les *Monocéliens* nous offrent certainement des transitions intéressantes entre le type Rhabdocœle et le type Dendrocœle : Dans le genre *Vorticeros*, les testicules et les ovaires présentent les mêmes caractères que chez les Dendrocœles proprement dits.

Dans le genre *Monocelis*, les testicules sont encore nombreux, mais les ovaires ne sont plus qu'au nombre de deux. Les genres *Turbella* et *Enterostomum* sont dans le même cas.

Comme dernier caractère pouvant servir à distinguer les deux sous-ordres des Turbellariés, je signalerai encore la forme du corps, cylindrique chez les Rhabdocœles, aplati chez les Dendrocœles. Cette forme est, du reste, étroitement liée au développement plus ou moins considérable du réticulum, comme je l'ai déjà montré.

Nous pouvons résumer dans le tableau suivant les principaux caractères distinctifs des deux sous-ordres des Turbellariés :

RHABDOCŒLES :	DENDROCŒLES :
Reticulum relativement peu développé.	Reticulum oblitérant presque complètement la cavité générale du corps.
Pharynx dolioliforme.	Pharynx tubuliforme.
Un système de vaisseaux aquifères.	Pas de vaisseaux aquifères.
Ovaires et testicules le plus ordinairement au nombre de deux.	Ovaires et testicules en général nombreux et disséminés au milieu du reticulum.
Corps plus ou moins cylindrique.	Corps plus ou moins aplati.

Quant aux caractères que l'on peut tirer de la forme du pénis, je crois qu'ils peuvent être excellents pour la détermination des espèces, mais qu'ils ne peuvent pas même être utiles pour l'établissement des genres; pour ne citer qu'un exemple, je rappellerai seulement les différences très-grandes que l'on constate à ce point de vue entre les *Prostomum lineare*, *Steenstrupii, Giardii, caledonicum*, etc.

A défaut d'indications suffisamment nombreuses sur l'embryogénie des Turbellariés, les caractères que je viens de rappeler vont nous servir pour l'établissement des affinités particulières de ces animaux.

D'abord, il ressort des notions d'embryogénie que j'ai fait connaître dans la seconde partie de ce travail, que la forme rhabdocœle est plus ancienne que la forme dendrocœle. Je n'en veux pour preuve que la larve des Planaires et surtout des Planaires à larve pélagique dont le corps cylindre, à intestin primitivement droit, rappelle beaucoup et par son organisation et par ses allures la forme rhabdocœle.

Mais quels sont les Rhabdocœles actuellement vivants qui se rapprochent le plus de la forme ancestrale d'où est sortie la branche des Dendrocœles?

Bien que ces questions présentent toujours de très-grandes difficultés, quand on n'est pas guidé pour les résoudre par des indications embryogéniques précises, je crois néanmoins, que, dans l'état actuel de nos connaissances, les types qui paraissent se rapprocher davantage de la souche commune des Rhabdocœles et des Dendrocœles sont les *Convoluta*, les *Nadina* et quelques autres genres voisins. Il serait certainement fort à souhaiter que l'on fît avec soin l'embryogénie de ces animaux qui, par la disposition de la bouche, l'absence de paroi propre à l'intestin, la multiplicité des ovaires et des testicules, l'absence de vitellogène différencié, présentent une organisation relativement simple, inférieure à bien des égards à celle des animaux de la famille des *Monocéliens*.

Voyons maintenant s'il est possible de fixer les affinités particulières des Némertiens avec les autres divisions des Turbellariés.

J'ai déjà en partie discuté cette question dans le paragraphe relatif à l'homologie de la trompe des Rhabdocœles et des Némertiens. J'ai indiqué les raisons qui me portent à considérer les Sténostomiens comme de vrais Némertiens. Il est probable que ce rameau des Rhynchocœles a dû se différencier de bonne heure de la souche des Turbellariés pour former un rameau parallèle à ceux des Rhabdocœles et des Dendrocœles. Le rapprochement que font la plupart des naturalistes entre le *Prorhynchus* et les Némertiens ne me paraît pas encore suffisamment prouvé, comme je l'ai dit plus haut. Il faut pour que ces affinités soient définitivement établies, attendre que l'on ait fait l'embryogénie du *Prorhynchus*, et que notamment les rapports génétiques entre cet animal et la forme larvaire planariforme étudiée par Jules Barrois (1) soient confirmés. En tout cas, il est certain que le mélange remarquable de caractères propres aux Rhabdocœles et aux Dendrocœles, peut-être même aux Némertiens, doit faire considérer l'animal qui le présente comme issu d'une forme-souche des Turbellariés.

---

(1) Mémoire sur l'embryologie des Némertes (Pl. XI. fig. 15).

D'autres types aberrants sur lesquels je dirai également un mot, sont ceux qui nous sont présentés par les Dinophiliens. L'étude d'une espèce nouvelle que j'ai trouvée à Wimereux, me porte à rapprocher ces animaux des Macrostomiens, au moins pour le moment, car ici encore il n'y a que les études embryogéniques qui puissent résoudre cette question d'une manière définitive. En tout cas je crois que Max Schultze (1) et Diesing (2) ont commis une erreur en rangeant les *Dinophilus* dans la famille des Microstomiens; cette erreur de Diesing et de Max Schultze ne peut évidemment être basée que sur une autre erreur généralement admise et que l'on trouve encore consignée dans des traités de zoologie récents et de grande valeur, à savoir que les Microstomiens ont un anus.

Provisoirement, je considère les Némertiens comme issus de formes voisines de celle des *Dinophilus*. Je base cette opinion sur l'existence chez ceux-ci d'une trompe caractéristique, placée au-dessus du tube digestif, sur l'existence d'un anus (les Némertiens et les *Dinophilus* sont les seuls Turbellariés ayant un anus), sur la présence de fossettes ciliées latérales dans l'espèce de Wimereux, enfin sur la tendance que présentent les *Dinophilus gyrociliatus et metameroides* à la métamérisation.

Quant aux Microstomiens, tels que je les conçois, c'est-à-dire débarrassés du genre *Stenostomum* et du genre *Dinophilus*, je les considère avec tous les naturalistes, comme représentant la forme la plus simple, la plus inférieure de tout le groupe des Turbellariés, comme étant par conséquent les animaux se rapprochant le plus des Dicyémiens et des Gastérotriches que M. le professeur A. Giard (3) place à la bifurcation des *Hymenotoca* et des *Gymnotoca*.

Quant aux Turbellariés terrestres, je crois qu'ils ne doivent pas occuper une place spéciale dans l'arbre généalogique; ce sont des formes pouvant appartenir aux divisions les plus diverses du groupe et qui se sont adaptées au milieu particulier dans lequel elles vivent. Le docteur De Man (4) a en effet trouvé, dans les environ de Leyde, un Rhabdocœle terrestre très-intéressant, et qu'il désigne sous le nom de *Geocentrophora sphyrocephala;* cette espèce, bien que vivant sur la terre humide, constitue un type certainement très-différent des Planaires terrestres connues jusqu'ici.

---

(1) Ueber die Mikrostomeen, eine Familie der Turbellarien.
(2) Revision der Turbellarien, p. 240.
(3) Les Faux Principes biologiques et leurs conséquences en taxonomie (Revue scient , 18 mars 1876, p. 278.
(4) *Geocentrophora sphyrocephala,* De Man, eene landbewonende Rhabdocœle, Leyde, 1875.

Je résume dans l'arbre généalogique suivant l'ensemble des vues que je viens de faire connaître relativement aux affinités des Turbellariés, telles qu'on peut se les représenter aujourd'hui ; je n'ai pas besoin de dire que, dans ma pensée, cet arbre aura besoin d'être confirmé par des recherches embryologiques, avant qu'on puisse le considérer comme étant l'expression de la vérité :

ARBRE GÉNÉALOGIQUE DES TURBELLARIÉS.

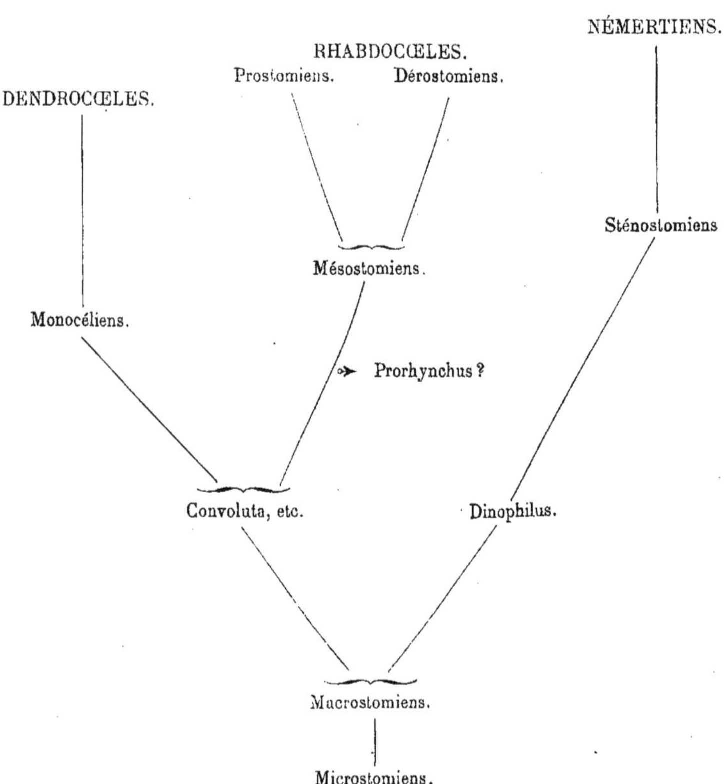

Dicyémiens et Gastérotriches.

II. DESCRIPTION D'ESPÈCES NOUVELLES.

1° RHABDOCOELES (PHARYNX DOLIOLIFORME).

I. MICROSTOMUM GIGANTEUM. — Nov. spec.

(Pl. VI, fig. 27–30, 34, 35, 41 et 42.)

Corps cylindrique, long de 10 à 15 millimètres. Organes urticants extrê-mement nombreux, très-rapprochés les uns des autres. Points oculiformes très-peu développés. Extrémité caudale toujours obtuse, ne présentant jamais de papilles pour l'adhésion. Eau douce. Lille.

Je crois devoir considérer comme distinct du *Microstomum lineare* Œrst. le *Microstomum* dont je viens de donner la diagnose et que j'ai trouvé abon-damment dans quelques localités des environs de Lille. J'ai exploré plusieurs fossés ou mares d'eau, dans lesquels l'espèce d'Œrsted était très-abondante, tandisque celle dont je m'occupe ici faisait absolument défaut ; par contre je connais des localités où ce nouveau Microstome est abondant, tandis que le *Microstomum lineare* y est rare ; enfin dans d'autres fossés les deux espèces paraissent exister concurremment en quantité à peu près égale. Jusqu'à présent je n'ai pas encore pu trouver l'explication de la répartition inégale de ces deux espèces dans des fossés souvent très-voisins, et renfermant pour la plupart une faune et une flore identiques. J'ai cru néanmoins devoir donner ces quelques renseignements, parce que, à mon avis, on ne doit jamais négliger, dans l'étude d'un animal quelconque, aucun détail se rapportant à l'éthologie, une des branches de l'histoire naturelle que l'on est quelquefois tenté de délaisser, et qui cependant, dans la généralité des cas, rend compte d'une foule de faits anatomiques ou physiologiques, souvent fort intéressants et qui autrement resteraient complètement inintelligibles.

L'espèce dont je m'occupe en ce moment peut atteindre une taille très-considérable, et pour cette raison, je propose de la désigner sous le nom de *Microstomum giganteum*. Certains individus, ou plutôt certains cormus ont quelquefois jusqu'à un centimètre et demi de longueur, sur un millimètre et demi de largeur; les exemplaires de 10 millimètres sont communs.

Les téguments sont incolores, vus par transparence, mais dans la lumière réfléchie ils paraissent blancs et opaques. La peau est entièrement couverte de longs cils vibratiles; elle est parsemée d'organes urticants, très-nombreux et très-rapprochés. Ils ont la même structure que chez le *Microstomum lineare*, mais sont plus grands. Ils consistent (Pl. VI fig. 27-30) en une vésicule pyriforme remplie d'un liquide transparent, et terminée par une pointe très-déliée de nature chitineuse; à la base de cette pointe il en existe quatre autres, disposées en croix, et dont l'extrémité effilée est dirigée en bas quand l'appareil urticant se trouve à l'intérieur des téguments. Enfin l'organe tout entier est renfermé lui même dans une très-grosse cellule qui s'ouvre au dehors par une petite ouverture arrondie. Toutes ces petites ouvertures qui sont très-nombreuses donnent à la peau du *Microstomum*, quand on l'examine de face, un aspect criblé. Si l'on examine avec soin, sous le microscope, un de ces animaux, il est facile de suivre les différents phénomènes que présentent les organes urticants, quand ils fonctionnent : on voit alors la vésicule, qui était aplatie contre le fond de la cellule, se dresser brusquement; par suite de cet allongement de la vésicule, la pointe fait saillie au dehors, les quatres petites épines disposées en croix se redressent alors, formant un angle de 90° avec la pointe principale, et en même temps on voit par cette pointe sortir un jet d'un liquide qui se coagule légèrement au contact de l'eau. J'ai pu observer ces faits en irritant le *Microstomum*, en ajoutant à la préparation une goutte d'eau contenant quelques traces d'acide acétique; il m'est même arrivé souvent de provoquer par ce moyen une irritation telle que l'organe urticant tout entier était rejeté en dehors de sa cellule, et quelque fois même à une distance assez grande.

J'ai cherché à suivre le mode de formation de ces organes urticants, et dans des préparations faites sur des animaux écrasés et traités tantôt par l'acide nitrique seul ou mélangé avec de la liqueur de Beale, tantôt par le picro-carminate d'ammoniaque, je crois être arrivé à résoudre au moins en partie la question.

J'ai observé en effet des cellules assez grosses formées par une double membrane
d'enveloppe et contenant un liquide qui se colorait en rouge par les liqueurs carminées : dans les plus petites les deux membranes étaient en contact sur toute
leur surface, dans les plus grosses, les deux membranes étaient disjointes sur
une partie de leur étendue. Enfin j'ai trouvé quelques unes de ces plus grosses
(qui présentaient un diamètre à peu près égal à celui des cellules des organes
urticants entièrement développés) dans lesquelles la membrane interne
laissait voir, dans le point où elle n'adhérait pas à la membrane externe, un
épaississement jaunâtre, réfringent, présentant l'aspect des substances chitineuses. Je crois qu'il ne peut pas y avoir de doute au sujet de la nature de ces
cellules ; je les considère sans hésitation comme des états jeunes d'organes urticants. Il résulte donc de ces observations : 1° que la cellule perforée qui enveloppe
l'appareil urticant, n'est pas autre chose que la membrane externe des cellules
jeunes ; 2° que la vésicule pyriforme de cet appareil correspond à la membrane interne de ces mêmes cellules ; 3° que les pointes chitineuses ne sont
qu'une différenciation particulière dérivant de cette même membrane interne ;
4° que le liquide éjaculé, pendant le fonctionnent de l'appareil urticant, est le
protoplasme différencié de la cellule primitive.

Il resterait encore à déterminer dans quels points du corps de l'animal
prennent naissance les cellules dont je viens de parler. Je n'ai pu résoudre
cette question par l'observation, mais je crois néanmoins qu'elle ne présente
pas de difficultés bien sérieuses si l'on admet l'homologie des organes urticants des *Microstomum* avec les bâtonnets des autres Turbellariés. Or, après
ce que j'ai dit relativement à la génèse de ces organes, cette homologie est
extrêmement probable, si non certaine.

J'ai observé chez *Microstomum giganteum* et chez *Microstomum lineare*
un système nerveux. C'est la première fois, je crois, que la présence d'un
cerveau est signalée chez ces animaux ; je n'ai trouvé en effet à cet égard
aucune indication dans les différents auteurs qui s'en sont occupés, ni dans
Œrsted (1), ni dans Max Schultze (2), ni dans Oscar Schmidt (3), ni dans
Ludwig Graff (4). Ce cerveau (Pl. VI, fig. 42), est situé en avant de la
bouche, au niveau des organes latéraux, il a la forme d'un rectangle, de

---

(1) Entwurf einer systematischen Eintheilung and speciellen Beschreibung der Plattwürmer.
(2) Ueber die Microstomeen, eine Familie der Turbellarien (Archiv. F. Naturg. XV, 1849.)
(3) Die rhabdocœlen Strudelwürmer des süssen Wassers.
(4) Neue Mittheilungen über Turbellarien (Zeitschrift f wissens ch. Zoologie, 1875, XXV Bd.)

chacun des angles duquel part un tronc nerveux : deux de ces nerfs se dirigent en avant, deux se dirigent en arrière. J'ai obtenu d'assez belles préparations de ce système nerveux en opérant d'abord avec l'acide nitrique, et faisant ensuite agir lentement et à très-faible dose l'acide osmique.

Les grandes taches oculiformes, triangulaires, rouges, si apparentes dans *Microstomum lineare*, font complètement défaut dans notre espèce ; c'est à peine si, dans quelques individus, on peut voir deux très-petites taches légèrement rougeâtres à l'extrémité antérieure de la région céphalique.

Les organes latéraux présentent la même disposition que dans *Microstomum lineare*, mais comme ils sont beaucoup plus grands, leur structure peut être étudiée avec plus de facilité. Comme la disposition de ces organes diffère un peu des descriptions que l'on en donne généralement, je m'y arrêterai un moment. Vus de face, (Pl. VI, fig. 34), ces organes montrent une ouverture circonscrite par un anneau très peu large *b*, sur tout le pourtour duquel s'incèrent en rayonnant de grosses cellules *a* à peu près coniques et remplies d'un protoplasme granuleux. L. Graff (1) considère ces cellules comme des muscles qu'il range dans sa catégorie des *Schlauchmuskeln* : je suis assez porté à partager sa manière de voir, d'autant plus qu'on ne voit jamais de noyau à l'intérieur de ces cellules ; or les cellules sécrétantes dans la classe des Turbellariés sont constamment pourvues d'un noyau le plus ordinairement très-volumineux.

Dans des préparations montrant ces organes de profil (Pl. VI, fig. 35). on voit une large poche fermée en bas et communiquant en haut avec l'extérieur par l'ouverture que je signalais tout à l'heure. Dans quelques préparations, il m'a semblé voir aboutir un filet nerveux au fond de cette poche ; mais ces observations étant très-délicates, je crois que ce fait aurait besoin de recevoir confirmation. Cet organe, tel que je viens de le décrire, se trouve situé au fond d'une invagination de la peau, comme on peut le voir sur la coupe optique (Pl. VI, fig. 41). L'épithélium de la fossette cutanée recouvre les grosses cellules *a* et est garni de très-longs cils vibratiles qui établissent un courant d'eau vers l'ouverture de l'organe latéral proprement dit.

Relativement à la structure du pharynx, je ne puis que confirmer les belles observations de L. Graff à cet égard.

---

1) Neue Mittheilungen, etc,, page 409.

Quant aux phénomènes de la division des *Microstomum* par fissiparité, je ne suis pas en tous points d'accord avec le savant professeur d'Aschaffenbourg. Pour ce qui est des phénomènes intimes de cette division, je me suis assuré que les choses se passaient comme l'a décrit L. Graff (1) ; c est-à-dire qu'il se produit d'abord un bourgeonnement annulaire de la paroi intestinale, puis dans la partie des téguments correspondante apparaît aussi un bourgeonnement annulaire : ces deux bourgeons annulaires finissent par se rejoindre et il en résulte une cloison à travers la cavité générale du corps. Cette cloison se divisera plus tard en deux membranes distinctes quand les individus du cormus se sépareront pour vivre d'une vie indépendante.

Ce processus, que j'ai suivi avec soin, et qui concorde avec les observations de L. Graff, est comparable, à mon avis, à une sorte de conjugaison s'opérant entre le feuillet interne et le feuillet externe. Si en se plaçant à ce point de vue, on se rappelle ce que j'ai dit dans un chapitre précédent, au sujet de la génèse des organes génitaux chez ces animaux, on voit que les phénomènes intimes de la fissiparité peuvent eux aussi être considérés comme apportant un appui de plus à la théorie d'Édouard Van Beneden, ainsi qu'à l'interprétation donnée à cette théorie par M. A. Giard. Pour mon Maître, « après une série de divisions parthénogénétiques (sans conjugaison) le
» pouvoir générateur des éléments cellulaires semble épuisé et il devient
» nécessaire, pour l'activer, que deux cellules à protoplasme aussi différent
» que possible entrent en conjugaison. Or, quelle est la première différen-
» ciation qui s'accomplit dans les cellules de l'embryon? C'est, évidemment,
» celle qui transforme ces cellules, les unes en cellules exodermiques, les
» autres en cellules endodermiques. Cette différenciation est même parfois
» sensible dès la formation des deux premières sphères de segmentation.....
» Ce que nous venons de dire suffit pour montrer que la conjugaison devra
» se faire entre une cellule endodermique et une cellule exodermique. La
» première prendra le nom d'élément femelle, la seconde sera l'élément mâle.
» Ainsi s'expliquerait la loi de la sexualité des feuillets énoncée par Ed. Van
» Beneden......(2) » De la copulation des deux feuillets primitifs qui constitue le phénomène essentiel de la fissiparité, doit donc résulter une activité nouvelle, comparable à celle qui résulte de l'action du spermatozoïde sur l'ovule ;

(1) Neue Mittheilungen, etc., page 440
(2) Bullet. Scientif. du Départem du Nord, t. VIII, 1876. page 256..

et, en effet, quand les deux bourgeons annulaires se sont conjugués, l'allongement des segments produits se fait avec une grande vigueur, la prolifération des éléments histologiques se trouve exagérée.

Pour ce qui est des distances relatives existant entre les différents bourgeons annulaires, je crois que L. Graff s'est trompé, pour ne pas avoir su distinguer les deux temps que comporte le travail de la division. Pour ce savant, le premier bourgeon annulaire apparaît au milieu du corps de l'animal; les seconds bourgeons apparaissent au milieu de chacune des deux moitiés; les bourgeons de troisième génération apparaisssent au milieu de chacun des quatre quarts du cormus, et ainsi de suite.

Ce n'est pas exactement ainsi que se passent les choses. Voici ce que j'ai observé sur environ une quinzaine de cormus dont j'ai suivi les différents états de division pendant plusieurs jours : Si l'on choisit pour ces observations un individu simple (A), on voit que le bourgeon annulaire 1 se

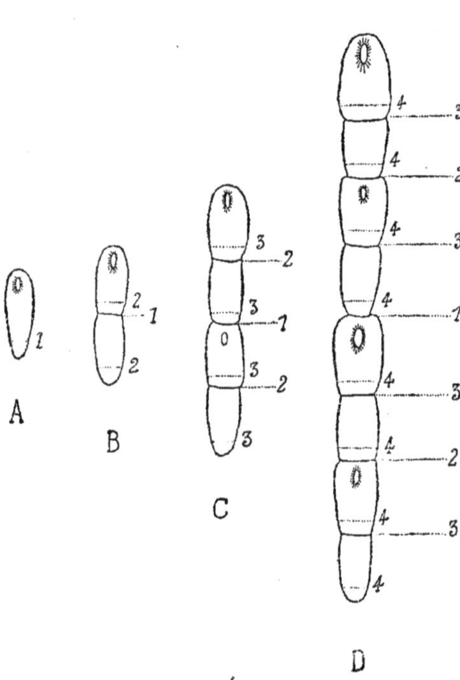

forme, non au milieu du corps, mais vers le tiers postérieur de la longueur du corps. Tel est le premier temps de la division; dans le second temps, les deux segments qui étaient inégaux, se régularisent le segment postérieur devenant égal au segment antérieur (B). Les choses se passent ensuite dans chacun de ces deux segments comme elles s'étaient passées dans le segment primitif, et la division se continue d'une manière très-régulière, suivant la même loi, comme on peut s'en assurer en jetant un coup d'œil sur les schémas ci-contre. On voit donc en définitive que la division comprend deux temps : 1° *temps de production*, 2° *temps de régu-*

larisation. Ils correspondent aux deux temps de la segmentation sur lesquels j'ai déjà appelé l'attention dans le chapitre relatif à l'embryogénie. M. le professeur de Lacaze Duthiers (1) a également observé des phénomènes analogues dans le développement des tentacules des coralliaires, dans lequel il distingue aussi deux périodes : 1° travail de production, 2° travail de régularisation. Cette loi paraît être très-générale.

Au fur et à mesure que la colonie s'allonge, on voit les différents métamères s'individualiser de plus en plus. Dans la figure C formée par quatre métamères complets en voie de division, on remarque déjà deux bouches fonctionnant simultanément; dans la figure D, quatre bouches fonctionnent. J'ai trouvé des cormus de *Microstomum giganteum* dans lesquels huit bouches fonctionnaient simultanément, mais dans cet état, la cohésion au milieu du cormus est très-faible, car il m'a suffi de prendre cette colonie avec une pipette et de la poser sur le porte-objet pour provoquer la séparation du cormus en deux parties égales. Cette séparation ne s'effectue pas toujours par le milieu ; une foule de causes accidentelles peuvent la provoquer en des points très-divers on en a la preuve en examinant un certain nombre de cormus pris dans les aquariums; on en trouve alors avec 3 ou 5 ou 7 bouches fonctionnant simultanément. Pour arriver à reconnaître la loi que j'ai donnée plus haut, il est nécessaire d'élever un individu unique, isolé dans une petite cuvette et de suivre sa division, sans l'inquiéter et sans le prendre pour le porter sous le microscope : dans ces conditions, j'ai pu, pendant les plus fortes chaleurs de l'été et sous l'influence d'une nourriture abondante, voir un individu unique constituer en sept jours une colonie de 15 millimètres de longueur et dans laquelle huit bouches fonctionnaient en même temps.

J'ai cherché à trouver les organes génitaux du *Microstomnm giganteum*, mais sans aucun succès. J'ai observé cette espèce au printemps, mais surtout en été (à cette époque les exemplaires pullulent); en automne, c'est-à-dire à l'époque où se forment les organes de la reproduction, elle est beaucoup moins abondante, presque rare, et tous les exemplaires que j'ai examinés à cette époque, étaient encore agames, tandis qu'au contraire, tous les exemplaires de *Microstomum lineare* sont alors sexués. Peut-être serai-je plus heureux cette année.

(1) Développement des Coralliaires. (Archives de Zool. expérimentale. T. I.)

Pour terminer ce qui est relatif au *Microstomum giganteum*, je n'ai plus qu'à dire quelques mots sur la cavité générale du corps. C'est certainement chez ces animaux que le tissu conjonctif qui oblitère plus ou moins complétement la cavité générale des Turbellariés, présente le plus faible développement. Bien que les coupes transversales que j'ai réussi à faire chez ces *Microstomum* ne me paraissent pas suffisamment bonnes pour les avoir fait reproduire par le graveur, néanmoins j'ai pu me convaincre, d'après quelques préparations, que cette cavité est relativement large et qu'elle contient des éléments ayant la forme de petites vésicules transparentes, lesquelles circulent librement sous l'influence des contractions nombreuses du corps.

DINOPHILUS METAMEROIDES. — Nov. spec.

(Pl. IV, fig. 3, 9.)

Le genre *Dinophilus* fut créé en 1848, par Oscar Schmidt (1) pour une des formes les plus intéressantes que ce savant ait découvertes.

Jusqu'aujourd'hui on ne connaissait que deux espèces appartenant à ce genre, et toutes deux découvertes et décrites par le même auteur. La première *Dinophilus vorticoïdes*, des îles Féroé, fut retrouvée en 1851, sur la côte d'Ostende par P.-J. Van Beneden (2), qui avait d'abord cru y voir une forme nouvelle à laquelle il avait provisoirement donné le nom de *Chloridella*. Malheureusement ce travail de P.-J. Van Beneden ne fit rien connaître de plus que ce qu'avait déjà observé O. Schmidt et même les observations du professeur de l'Université de Louvain sont à plusieurs égards moins complètes que celles du savant allemand : ainsi P.-J. Van Beneden ne dit absolument rien de l'organe en forme de trompe qui avait été vu et figuré par O. Schmidt, et qui

---

(1) O. Schmidt. Neue Beiträge zur Naturg. der Würmer gesammelt auf einer Reise nach den Färror.

(2) P. J. Van Beneden. Notice sur un nouveau Némertien de la côte d'Ostende (Bullet. Acad. roy. des Sc. de Belgique. T. XVIII, 1re partie, 1854).

est tellement particulier qu'on doit le considérer comme un des meilleurs caractères du genre. Enfin P.-J. Van Beneden ne signale pas de poils raides dans la région céphalique, mais peut-être l'absence de ces organes tactiles, jointe d'ailleurs à une différence dans la coloration, doit-elle être considérée comme un caractère suffisant pour faire de l'espèce belge une variété distincte de celles des îles Féroé. C'est en effet à cette conclusion qu'est arrivé Mereschkowsky (1) de Saint-Petersbourg. Ce zoologiste, qui a retrouvé le *Dinophilus vorticoides* typique dans la Mer Blanche, a fait connaître quelques détails intéressants relatifs à l'histologie de cet animal, et a décrit avec soin la forme des spermatozoides qui sont semblables d'ailleurs, à ceux qu'avait déjà vus P.-J. Beneden avant lui.

La seconde espèce du genre *Dinophilus* décrite est le *Dinophilus gyrociliatus* (2), trouvé par Oscar Schmidt dans la Méditerranée. Cette espèce se distingue très-nettement de la précédente par la transparence de ses tissus dépourvus de pigment, par la forme de la partie postérieure du corps qui déborde à droite et à gauche la base de la partie caudale, et surtout par la distribution des cils vibratiles qui sont disposés suivant huit cercles autour du corps de l'animal.

Enfin j'ai trouvé à Wimereux une troisième espèce appartenant au genre *Dinophilus* ; je propose de la nommer *Dinophilus metameroides*. Voici sa diagnose :

Corps trapu, divisé en 11 ou 12 anneaux ou métamères purement superficiels, entièrement couvert de cils vibratiles, garni sur toute sa longueur de longs poils raides et immobiles. Deux points oculiformes réniformes, rouges. Coloration rouge foncé. Tête trilobée avec deux touffes de longs poils raides en avant et présentant à la base deux espaces clairs rappelant les fossettes latérales. Partie caudale pourvue de papilles servant à l'adhésion. Longueur 1 millimètre environ. Wimereux.

Le *Dinophilus metameroides* se rencontre à Wimereux, principalement au milieu des algues rouges, cependant j'en ai rapporté aussi quelquefois de

---

(1) Mereschkowski. Uber einige Turbellarien des Weissen Meeres (Traduit du russe dans Archiv. für Naturg. Erstes Heft. 1879).

(2) O. Schmidt. Zur Kenntniss der Turbellarien Rhabdocœla und einiger anderer Würmer des Mittelmeeres. 1857.

zones inférieures à celles-là. A diverses reprises, il m'est arrivé d'en trouver dans des vases où j'avais mis des individus d'une Actinie rouge, très-commune à Wimereux, le *Bunodes crassicornis.* J'en ai trouvé également sur le *Sagartia miniata,* qui est d'un rouge plus foncé encore que le précédent. P.-J. Van Beneden raconte, de son côté, qu'il a rencontré une fois le *Dinophilus vorticoides* sur le corps d'une Actinie qu'il ne détermine malheureusement pas ; mais il y a beaucoup de chance à parier que c'était sur une espèce dont la couleur dominante était le rouge, peut-être une de celles que je viens de citer. Il résulte de ce que je viens de dire sur l'éthologie de notre *Dinophilus,* que ces animaux semblent se tenir de préférence sur les corps qui présentent une coloration analogue à celle qui existe dans leurs téguments, et cela dans un but évident de protection ; il n'est pas admissible que le *Dinophilus metameroides* puisse être considéré comme parasite à aucun degré du *Bunodes crassicornis* ou du *Sagartia miniata,* par la raison bien simple qu'on ne trouve constamment dans son appareil digestif que des diatomées et des débris végétaux.

Un autre fait également intéressant au point de vue de l'éthologie de notre espèce, c'est celui qui est relatif à l'époque de l'année à laquelle on la trouve. C'est en mars 1874 que je l'ai rencontrée pour la première fois ; depuis je l'ai presque retrouvée tous les ans pendant le séjour que je fais ordinairement au bord de la mer pendant les vacances de Pâques, c'est-à-dire dans les mois d'avril et de mars. Pendant les autres saisons, bien que je sois allé fréquemment à Wimereux en été, en automne et en hiver, je n'ai jamais trouvé le *Dinophilus metameroides*. Il est à remarquer que c'est également au printemps que les autres espèces du genre ont été trouvées par les différents auteurs qui s'en sont occupés : Oscar Schmidt trouva le *Dinophilus vorticoides* au printemps 1848, P.-J. Van Beneden trouva la même espèce en mars et avril 1849 ; Mereschkowsky a daté son mémoire, dans lequel il parle également de cette espèce, du mois de mars 1878 ; quant au *Dinophilus gyrociliatus,* O. Schmidt ne donne aucune indication sur l'époque à laquelle il l'a trouvé. Il y a là, comme on le voit, un fait fort intéressant, mais il n'est pas possible, dans l'état actuel de nos connaissances à cet égard, de pouvoir dire avec quelque probabilité ce que deviennent les espèces du *Dinophilus* pendant l'été, l'automne et l'hiver. On aurait peut-être quelque chance d'arriver à la solution de cette question en suivant l'embryogénie de ces animaux ; il est bien certain, en tous cas, que cette étude présenterait un très-haut intérêt, parce que les *Dinophilus* constituent, à n'en pas douter, par l'ensemble de leurs caractères, un type très-aberrant.

Le corps du *Dinophilus metameroides* est trapu et présente trois parties que l'on peut facilement distinguer : la tête, le corps et la queue (Pl. IV, fig. 3). La tête est beaucoup plus large qu'épaisse et présente un lobe médian et deux lobes latéraux qui débordent d'une manière très-sensible la partie du corps qui leur fait suite ; elle est entièrement couverte de cils vibratiles et porte en avant deux touffes de longs cils raides. Le corps présente sa plus grande largeur vers le milieu, il est également entièrement couvert de cils vibratiles et présente de plus, de distance en distance, de longs cils raides et immobiles ; il est le plus ordinairement formé de six anneaux. Cette métamérisation est purement superficielle, elle n'atteint nullement les organes, internes, et, il n'existe à l'intérieur du corps rien qui puisse être comparé à des dissépiments ; cette métamérisation est par conséquent assez analogue à celle qui a été signalée par M. A. Giard (1) chez les parasites qu'il désigne sous le nom d'*Orthonectida*, et particulièrement chez le *Rhopalura ophiocomœ*. C'est surtout quand l'animal se contracte, que la division du corps en métamères apparaît avec une grande netteté ; il y a là une différence notable avec ce que l'on observe chez le *Dinophilus vorticoides*, lequel, d'après les observations de P.-J. Van Beneden, se contracte en boule comme la plupart des autres Rhabdocœles. Je suppose que l'aspect métamérisé de l'espèce de Wimereux doit tenir à une disposition spéciale des fibres musculaires longitudinales ; mais comme je n'ai pas pu me rendre compte de la disposition de ces muscles, d'une manière suffisamment exacte, je ne puis rien affirmer à cet égard. Quant à la partie caudale, elle est formée par cinq ou six métamères ; sa base est débordée à droite et à gauche par le dernier anneau du corps, comme cela se présente chez *Linophilus gyrociliatus* d'une manière encore plus accusée que dans l'espèce du Pas-de-Calais ; à partir de sa base, la queue s'amincit graduellement jusqu'à son extrémité. Elle porte sur toute sa surface des cils vibratiles et des cils plus longs, raides et immobiles, comme le reste du corps, et de plus elle est garnie de papilles identiques à celles que l'on rencontre sur la partie caudale du *Microstonum lineare*. Ces

---

(1) Comptes-rendus Acad. des Sc., 29 octobre 1877.

papilles jouent d'ailleurs le même rôle que dans cette dernière espèce ; j'ai en effet plusieurs fois observé, sous le microscope, le *Dinophilus metameroides* fixé par ses papilles caudales à quelque fragment d'algue. Tout son corps, longuement étendu, est alors animé d'un mouvement de gyration autour de son extrémité caudale qui reste fixe ; cette gyration se fait de telle manière que chacun des points du corps décrit, dans ce mouvement, un cercle dont le diamètre est d'autant plus considérable que l'on considère des points plus rapprochés de l'extrémité de la tête, de telle sorte que le corps tout entier décrit un cône. Dans cet état, notre *Dinophilus* a les lobes céphaliques latéraux largement étalés, et les longs cils vibratiles qui les garnissent, ainsi que les métamères du corps lui donnent un aspect qui rappelle celui des Rotifères. Si à ce moment, on tape légèrement sur la table ou sur le porte-objet, immédiatement l'animal cesse de tourner ; il se contracte, les différents métamères deviennent très-accusés, les lobes céphaliques, au contraire, deviennent presque indistincts, et cet état dure aussi longtemps qu'une vibration vient donner quelque sujet de crainte à l'animal.

La peau du *Dinophilus metameroides* est formée par des cellules hexagonales, pourvues d'un noyau, et dont j'ai pu faire de très belles préparations avec le nitrate d'argent (Pl. IV, fig. 8, a). Ces cellules portent des cils vibratiles et des cils immobiles comme je l'ai déjà dit plus haut, de plus elles renferment un très-grand nombre de bâtonnets (Pl. IV fig. 8, b).

Les yeux sont réniformes (Pl. IV, fig. 3 *y*), formés par de gros granules pigmentaires rouges (pl. IV, fig. 4), et dépourvus de lentille réfringente.

En arrière des yeux, à la base des lobes céphaliques latéraux, existe à droite et à gauche un espace arrondi (pl. IV, fig. 3 *x*), formant une tache plus claire au milieu des tissus. Je considère ces organes comme analogues aux fossettes latérales que l'on rencontre dans un certain nombre de genres (*Turbella, Microstomum, Prorhynchus,* etc.), bien que je n'aie pas pu voir leur orifice externe. Ce qui me conduit à admettre cette idée, c'est que, dans la partie correspondante à ces organes, les cils vibratiles sont plus longs et présentent un mouvement convergent dans la direction du centre de ces espaces clairs ; c'est, comme on le voit, une disposition identique à celle que j'ai déjà signalée à propos des fentes latérales dans le genre *Microstomum*. Il est donc probable que si je n'ai pas pu voir l'ouverture de ces organes, c'est que, vraisemblablement, elle est cachée par la base du lobe céphalique.

Le matière colorante, d'un rouge foncé, est particulièrement abondante dans toute la région stomacale et dans les points oculiformes ; le reste du corps présente simplement une teinte rosée, par suite de la petite quantité d'éléments colorés que l'on y rencontre.

L'appareil digestif présente la disposition typique du genre déjà signalée par Oscar Schmidt chez *Dinophilus vorticoïdes* et *Dinophilus gyro ciliatus*, mais plus voisine cependant de celle décrite dans la première de ces deux espèces. La bouche (pl. IV, fig. 3 *b* et 5 *b*), est une fente très-dilatable, présentant les plus grands rapports avec celle des *Macrostomum*, mais qui, contrairement à ce qui a été décrit dans les deux espèces connues jusqu'à ce jour, est longitudinale. La bouche est située en partie sur le segment céphalique, en partie sur le premier métamère du corps.

Le pharynx (pl. IV, fig. 3 *ph* et 5 *ph*), est un tube allongé, garni à l'intérieur de longs cils vibratiles établissant un courant d'avant en arrière, libre à son extrémité antérieure, tandis que son extrémité postérieure communique avec l'estomac ; il est renfermé dans une gaîne (pl. IV, fig. 5 *g*). Le tube digestif proprement dit est divisé en trois parties distinctes auxquelles on peut donner les noms d'estomac, d'intestin et de rectum. L'estomac est spacieux, il occupe la plus grande partie des 2e, 3e, 4e et 5e métamères du corps (pl. IV, fig. 3 *e*), et il tranche nettement sur le reste des téguments par sa coloration d'un rouge foncé que l'on rendrait assez bien avec de la terre de Sienne brûlée.

D'après les observations de Mereschkowsky sur *Dinophilus vorticoïdes*, les parois de l'estomac seraient formées par des cellules remplies de globules graisseux colorés en rouge, et ces cellules seraient identiques à celles que l'on rencontre dans tout le corps de l'animal et qui lui donnent sa couleur particulière.

J'ai également vu les sphères dont parle Mereschkowsky, mais comme je me suis déjà occupé de ce fait, dans mon chapitre sur le mimétisme, je n'y reviens plus ici. La paroi stomacale n'est pas garnie de cils vibratiles.

La partie postérieure de l'estomac est étranglée et communique avec une seconde chambre que je désigne sous le nom d'intestin (pl. IV, fig. 3 *i* et 6 *i*). Celui-ci occupe la plus grande partie du sixième métamère et une petite portion seulement du cinquième. Ses parois ne sont que très légèrement teintées en rouge, et ne présentent plus ces cellules opaques remplies de gouttelettes d'huile rouge qui sont si abondantes dans la première partie du tube digestif. Les cellules qui constituent la paroi de l'intestin sont des cellules garnies de cils vibratiles (pl. IV, fig. 9). L'intestin, comme l'estomac d'ailleurs, renferme toujours une grande quantité de diatomées et de débris végétaux, particulièrement d'algues rouges.

Enfin, à son extrémité postérieure, l'intestin se rétrécit en un court canal qui va s'ouvrir au dehors par l'ouverture anale, située sur le côté dorsal de l'animal, et sur la ligne de démarcation entre le corps et la queue.

La nature des cellules qui constituent la paroi de l'estomac, ainsi que leur coloration intense, ne doivent, à mon avis, laisser aucun doute sur le rôle prépondérant que doit jouer cette partie de l'appareil digestif dans les phénomènes de la digestion et de l'absorption.

Un organe très-particulier, et qui, avec la disposition si spéciale de l'appareil digestif, peut servir à caractériser le genre, c'est la trompe. La trompe du *Dinophilus metameroïdes* est tantôt allongée (Pl. IV, fig. 5 *t*), tantôt en forme de boule (pl. IV, fig. 7), suivant ses différents états de contraction. Elle est située dans la gaîne du pharynx, sur la face dorsale, et peut faire saillie au dehors par l'ouverture buccale. Les connexions exactes de cet organe n'avaient pas encore été déterminées d'une manière précise, ni par Oscar Schmidt, ni par Mereschkowsky ; quant à P.-J. Van Beneden, il ne paraît pas l'avoir vu. En faisant une préparation à l'acide azotique, la trompe paraît formée par des fibres musculaires circulaires et longitudinales, mais ce sont surtout les fibres musculaires circulaires qui paraissent dominer de beaucoup ; l'intérieur est creux, car j'ai vu une fois la partie antérieure invaginée comme je l'ai représentée dans la figure 7 (pl. IV). Enfin, de la base de la trompe, partent un certain nombre de fibres musculaires (pl. IV, fig. 5), qui doivent jouer le rôle de muscles rétracteurs.

On voit donc que la trompe du *Dinophilus*, par sa structure, comme par sa position sur la face dorsale, se rapproche considérablement de la trompe des autres Rhadocœles proboscifères ; la seule différence de quelque importance consiste en ce que, chez notre animal, cet organe fait saillie au dehors par l'ouverture buccale, tandis que chez les *Prostomum*, par exemple, la trompe est logée dans une gaîne spéciale, distincte de la gaîne du pharynx.

Les vaisseaux aquifères font défaut chez le *Dinophilus metameroïdes*, et ils n'ont pas été davantage signalés dans les autres espèces de ce genre.

Quant aux organes de la reproduction, je n'ai pu faire à leur sujet que des observations fort incomplètes. Parmi tous les individus que j'ai pu étudier, aucun n'était du sexe mâle. Il paraît d'ailleurs que les mâles sont beaucoup plus rares que les femelles dans toutes les espèces du genre *Dinophilus*; et même on ne connait encore actuellement aucun individu mâle du *Dinophilus gyrociliatus*. Ce fait constitue un point de plus à signaler dans l'histoire si intéressante de ces types aberrants.

Quant aux observations que j'ai pu faire sur les individus femelles, elles se bornent à bien peu de chose ; je n'ai jamais pu voir que des œufs (pl IV, fig. 3 *œ*), formés par un vitellus, une vésicule germinative et une tache de Wagner. Ces œufs m'ont toujours paru disséminés dans le corps de l'animal entre l'intestin et les téguments, mais il est certain que je n'ai vu là qu'une phase de l'évolution des œufs. Il est probable qu'ici, comme dans la règle, les œufs doivent prendre naissance dans des ovaires comme cela a, du reste, été observé dans *Dinophilus vorticoïdes*, par O. Schmidt et par Mereschkowsky. Malheureusement, je le répète, mes observations, à ce sujet, sont incomplètes et insuffisantes. Ce qui me paraît bien établi dès maintenant, aussi bien par mes observations personnelles que par celles de mes devanciers, c'est que le vitellogène fait défaut.

Il ne me resterait plus, pour terminer l'histoire des *Dinophilus*, que de chercher à déterminer la place qu'ils doivent occuper dans les classifications. J'ai déjà traité cette question dans un autre chapitre, je n'ai donc pas à y revenir ici.

VORTEX GRAFFII. — Nov. spec.

(Pl. I, fig. 7 et 8.)

Cette espèce est assez abondante dans quelques fossés des environs de Lille, au printemps et au commencement de l'été. On la rencontre au milieu des conferves ; et comme elle présente la taille et la coloration du *Typhloplana viridata*, O. Schm., on est tenté, d'après un simple examen superficiel, de la rapporter à cette dernière espèce.

Malgré toutes les recherches bibliographiques que j'ai faites relativement à cette espèce, je n'ai trouvé aucune description, ni aucun dessin pouvant s'appliquer à cet animal. Je propose donc de la désigner sous le nom de *Vortex Graffii*, la dédiant au Dr Ludwig Graff, professeur à l'école des eaux et forêts d'Aschaffenbourg, qui a déjà publié tant de travaux intéressants sur le groupe des Turbellariés.

Voici la diagnose du *Vortex Graffii* :

Corps cylindrique, tronqué en avant, pointu en arrière, présentant des soies raides de distance en distance sur la face dorsale seulement. Couleur verte. Deux points oculiformes noirs. Pénis chitineux formé par un cercle, sur le pourtour duquel s'incèrent 14 à 16 longues lamelles triangulaires et convergentes. Longueur 1 millimètre. Eau douce. Lille.

Bien que j'aie fait une étude anatomique et histologique complète de cet animal, je n'ai pas grand'chose à ajouter à la diagnose que je viens de donner, toutes les autres particularités d'organisation lui étant communes avec les autres espèces du même genre.

La présence de soies raides sur la face dorsale seulement, est facile à constater en examinant un individu de profil sous le microscope, et constitue un caractère tout particulier qui, je crois, n'a encore été signalé dans aucune autre espèce de *Vortex*.

Le pigment vert est identique à celui du *Typhloplana viridata* et de l'*Hypotosmum viride*. Les bâtonnets sont nombreux et ne présentent rien de remarquable.

Le pharynx offre toutes les particularités caractéristiques du genre ; il est pourvu à sa base de glandes salivaires.

L'intestin est toujours rempli de conferves, d'oscillaires et de diatomées, ce qui contribue puissamment à renforcer la teinte verte de l'animal.

Les organes génitaux femelles consistent en un ovaire, deux deutoplasmigènes, un receptaculum seminis, et un utérus renfermant le plus souvent une capsule ovigère à coque dure.

Les organes mâles sont formés par deux testicules qui viennent déboucher dans une vésicule séminale (Pl. I, fig. 7, v s). Les glandes accessoires mâles secrétent des granules réfringents et viennent s'ouvrir à la base de la vésicule séminale (Pl. I, fig. 7, c a); le produit de leur sécrétion s'accumule dans une espèce de réservoir qui occupe la partie centrale du pénis. C'est en somme la disposition habituelle sur laquelle j'ai déjà insisté : le conduit excréteur des glandes accessoires mâles et le canal éjaculateur étant concentriques. Le pénis (Pl. I, fig. 7 *p* et 8) est chitineux, et présente la forme d'un cercle faisant suite au canal éjaculateur et sur lequel s'incèrent quatorze à seize lames triangulaires convergentes, au moins à l'état de repos. Il est probable, en effet, que, pendant l'accouplement, ces lames doivent se relever et devenir divergentes, comme cela se passe pour les lames de l'appareil copulateur des autres *Vortex*.

L'ouverture génitale se trouve environ vers le tiers postérieur du corps de l'animal.

PROSTOMUM GIARDII. — Nov. spec.

(Pl. III, fig. 1-4.)

Corps cylindroïde, long de 1 millimètre, transparent, incolore. Trompe protractile, garnie de papilles dans sa moitié antérieure. Deux yeux noirs avec lentilles réfringentes. Hermaphrodite. Deux ovaires, deux testicules, pénis mou, contractile, garni sur son bord libre de globules réfringents. Glandes à venin avec conduit excréteur en forme de fouet, chitineux et pouvant être lancé au dehors par une ouverture spéciale, située entre la bouche et l'ouverture génitale. Wimereux.

Le premier individu de cette espèce que j'ai observé m'a été donné par M. Giard qui l'avait trouvé dans un de ses aquariums. J'ai depuis rencontré à diverses reprises plusieurs exemplaires de ce Prostome, à Wimereux, en mars et en août, dans la zône à *Bugula*, et l'étude anatomique assez complète que j'ai pu en faire, m'a conduit à considérer cette espèce comme n'ayant pas encore été décrite. Je suis heureux de pouvoir la dédier à mon maître.

Le *Prostomum Giardii* est petit, sa taille ne dépasse guère 1 millimètre et demi; il est fusiforme, transparent et complètement incolore. Si ces caractères constituent une difficulté pour le trouver aisément au milieu des cuvettes remplies d'eau de mer, ils facilitent beaucoup par contre l'étude microscopique.

La peau est dépourvue de bâtonnets comme chez toutes les espèces du genre *Prostomum* que j'ai pu observer.

La trompe ne présente également rien de particulier, elle est garnie de fines papilles dans sa moitié antérieure, et maintenue en place par des muscles spéciaux, comme je l'ai représenté déjà chez le *Prostomum lineare* (1). Les uns de ces muscles s'incèrent d'une part sur la trompe, et d'autre part aux téguments, vers l'extrémité postérieure; les autres s'incèrent par une de leurs extrémités à différents niveaux des téguments de la partie céphalique que je désigne sous le nom de *Tastorgan*, et par l'autre extrémité aux téguments de la partie moyenne du corps. La disposition de ces derniers muscles, en tout semblable à celle que j'ai déjà décrite chez le *Prostomum lineare*, nous explique comment le *Tastorgan* peut s'invaginer plusieurs fois sur lui-même, à la manière des différentes pièces de la lunette astronomique, et peut ainsi mettre la trompe à découvert.

En arrière de la trompe, on voit le système nerveux de forme à peu près rectangulaire d'où sortent quatre nerfs, dont deux se dirigent en avant et deux en arrière (Pl. III. fig. 2).

Entre le cerveau et la trompe se trouvent deux yeux à pigment noir et munis d'un cristallin.

Les vaisseaux aquifères présentent une disposition analogue à celle que j'ai fait connaître chez *Prostomum lineare*.

Ce qui frappe surtout dans cette espèce, c'est le développement considédérable des organes génitaux qui occupent la plus grande partie du corps de l'animal, et sont très-caractéristiques.

---

(1) Observat. sur le *Prost. lineare* (Arch. de Zool. expérim. T. II, Pl. XX, fig. 7).

Organes mâles. Deux longs testicules s'étendent à droite et à gauche depuis les yeux jusque dans la seconde moitié du corps. Les deux canaux efférents viennent aboutir dans deux vésicules séminales séparées, très-grosses (Pl. III fig. 3 vs), et que j'ai toujours trouvées remplies de spermatozoïdes mobiles et filiformes. Ces vésicules pyriformes viennent se joindre vers la partie médiane par deux canaux qui se soudent et donnent naissance à un seul conduit déférent (Pl. III fig. 3 *cd*).

Les glandes accessoires mâles forment deux paquets assez volumineux situés en-dessous et de chaque côté du pharynx (Pl. III fig. 3 gl.). Elles sont constituées par des cellules à contenu granuleux dans lesquelles l'acide nitrique ou le picro-carminate d'ammoniaque, font apparaître avec une grande netteté un noyau avec son nucléole. Toutes ces cellules glandulaires se réunissent les unes aux autres par leur partie amincie, de manière à donner assez bien l'aspect d'une glande en grappe. Les glandes accessoires mâles viennent s'ouvrir dans une vésicule impaire, fusiforme et à parois musculaires épaisses (Pl. III fig. 3 r). La partie inférieure de ce réservoir est chitinïsée et présente une disposition particulière qui mérite de fixer un instant notre attention. Il faut distinguer dans cette portion une première pièce formée par un tube de chitine et qui n'est que le prolongement du réservoir des glandes à venin. Ce tube (Pl. III fig. 3 ch.) se relève brusquement et se termine par un long fouet (Pl. III fig. 3 f.) également chitineux, mais dont l'extrémité aplatie et rabattue est formée par de la chitine peu résistante, car elle est facilement attaquée par les réactifs. Tout me porte à croire que cet appendice, en forme de lanière pliée en deux, doit être percé d'un trou ou pourvu d'une rainure pour l'écoulement du liquide qui s'accumule dans le réservoir.

A côté de cet organe, dont nous discuterons tout-à-l'heure les homologies et le rôle physiologique, j'ai constamment observé une ouverture en forme de sphincter (Pl. III fig. 3 S.), située sur la face ventrale et qui, très-vraisemblablement sert pour la sortie de l'organe en fouet en dehors du corps de l'animal.

La seconde pièce chitineuse est celle que j'ai représentée en *ab* (Pl. III fig. 3.) : c'est, comme le démontre la figure mieux que toute description, un cylindre creux entourant une partie du tube *ch*, et terminée en haut par un bourrelet, en bas par un appendice en forme de cuillère. Sa partie supérieure est en continuité avec le canal déférent, et son extrémité inférieure est en rapport avec le pénis.

Le pénis présente une structure que l'on n'est pas habitué à rencontrer chez les Rhabdocœles, et si je n'avais vu d'une manière bien certaine ses relations avec le canal déférent, peut-être l'aurais-je pris pour un receptaculum seminis. C'est en effet un organe musculaire (Pl. III fig. 3 p) en forme de trompe, très-contractile, presque toujours en mouvement sous le microscope, et largement ouvert à son extrémité inférieure qui est garnie de quinze à dix-huit globules très-réfringents.

Tels sont les organes mâles certainement curieux du *Prostomum Giardii*. Voyons maintenant quelle est la signification physiologique de ses différentes parties.

Si nous comparons cet appareil avec celui du *Prostomum lineare* que j'ai décrit dans une publication antérieure et dont je reproduis ici un dessin (Pl. III fig. 6), nous remarquons des homologies frappantes. Des deux côtés, en effet, le canal excréteur des glandes accessoires et le canal déférent, se trouvent confondus pendant une partie de leur trajet en un seul canal; des deux côtés c'est le conduit excréteur des glandes accessoires qui est central, le canal déférent formant comme une gaîne autour de lui. Mais cependant nous voyons que l'indépendance des organes essentiels de la reproduction et des organes accessoires est plus grande encore dans le *Prostomum Giardii* que dans le *Prostomum lineare*, puisque dans le premier, l'organe en fouet et le pénis s'éloignent considérablement l'un de l'autre, et viennent faire saillie au dehors chacun par une ouverture spéciale : le sphincter de la partie moyenne du corps, et l'orifice génital situé à la partie postérieure. J'ai déjà insisté, dans un autre chapitre, sur l'importance morphologique de cette disposition anatomique.

Quant au rôle physiologique de tout l'appareil accessoire mâle, après l'étude anatomique que je viens de faire, je crois que tous les naturalistes, le considéreront comme nul dans la fécondation. Ici, comme chez le *Prostomum lineare*, nous avons affaire à une adaptation toute spéciale, par suite de laquelle ces glandes, qui, chez la plupart des Turbellariés, servent à parachever le développement des spermatozoides, ou tout au moins à entretenir leur vitalité, remplissent une fonction toute différente en sécrétant un venin que l'animal inocule à sa victime.

Organes femelles. — Deux ovaires, dont les œufs sont environ un tiers plus petits que ceux des *Prostomum lineare* et *Steenstrupii*, viennent aboutir à l'utérus en un point très-voisin de l'orifice génital (Pl. III, fig. 3 o).

Le vitellogène est bien développé ; il est formé par deux tubes ramifiés s'étendant sur toute la longueur du corps et dont je n'ai représenté que les deux extrémités qui viennent s'ouvrir dans l'utérus (pl III, fig. 3 D), entre les ovaires et deux organes particuliers que je considère, jusqu'à preuve du contraire, comme des receptaculum seminis (pl. III, fig. 3 R).

Ceux-ci ont la forme de deux cornes de bélier, ils sont transparents et paraissent remplis par une substance de même consistance que l'albumine, paraissant en tout semblable à la substance qui remplit le receptaculum seminis du *Prostomum lineare*. Ce fait est certainement en rapport avec la différenciation remarquable des glandes accessoires mâles chez les *Prostomum lineare* et *Giardii* et vient corroborer l'opinion que j'ai déjà émise (1), à savoir que, chez tous ces animaux où une seule copulation suffit à la fécondation d'un nombre plus ou moins considérable de pontes, il existe toujours, à côté des spermatozoïdes, des éléments ou un liquide destinés à parachever le développement des zoospermes, et à entretenir leur vitalité.

Le *Prostomum Giardii* présente certainement de grandes analogies dans l'organisation de son appareil génital avec le *Prostomum helgolandicum* Mecznikow.

Voici comment Mecznikow (2) décrit son espèce d'Helgoland. « Die Species-« charactére dieser ovalen, mit verhältnissmässig bedeutenden Augenpunkten « und Hirnganglien versehenen Art beziehen sich hauptsächlich auf den Bau « der Geschlechtorgane. *Prostomum helgolandicus* ist vollkommen herma-« phroditisch. Die Keim-und Dotterstöcke sind paarige, auf den beiden Seiten « des Körpers verlaufende Organe, ausser denen man noch einen mit kranz « förmigen inneren Rande versehenen Uterus unterscheidet. Von den männli-« chen Organen konnte ich die symmetrisch geordneten zwei saamenblasen « und die unpaarige, mit dem Stachelapparate communicirende dickwandige « Blase beobachten ; der Stachel selbst steht mit der Giftdrüse im Zusammen-« hange. » On voit que cette description, toute incomplète qu'elle est, se rapporte assez bien à notre espèce, si toutefois l'on rend à l'organe désigné par Mecznikow sous le nom d'utérus, sa véritable signification qui, selon moi, est celle d'un pénis. Je n'aurais pas hésité à rapporter l'espèce de Wimereux à celle d'Helgoland, si la figure donnée par Mecznikow ne m'avait porté

---

(1) Sur les glandes acc. mâles, etc. (Comptes-rendus Acad. Sc., 6 juillet 1874).
(2) Zur Naturgesch. der Rhabdocœlen (Arch. für Naturg., 1865, p. 176, pl. IV, fig. 3).

à séparer ces deux animaux et à les considérer comme deux espèces distinctes. En effet, Mecznikow figure les ovaires du *Prostomum helgolandicum* comme situés à droite et à gauche au niveau du pharynx, tandis que, dans l'espèce du Boulonnais, les ovaires sont placés à la partie postérieure du corps , près de l'orifice génital. De plus Mecznikow décrit et figure le conduit excréteur des glandes à venin comme se terminant par un aiguillon (Stachel), tandis que dans le *Prostomum Giardii* la partie correspondante à celle-là est aplatie en lanière, recourbée et renflée à son extrémité. Le *Prostomum* de Wimereux doit donc être considéré comme une espèce très-voisine de celle d'Helgoland, mais qui néanmoins en est distincte.

2° DENDROCOELES (PHARYNX TUBULIFORME).

VORTICEROS PULCHELLUM O. Schm. VAR. LUTEUM.

J'ai trouvé à Wimereux, dans la zône aux *Bugula*, le *Vorticeros pulchellum* décrit pour la première fois par O. Schmidt (1). En 1874, L. Graff (2), retrouva cette jolie espèce à Messine et en donna une description beaucoup plus complète ; il fit notamment connaître les organes génitaux que son devancier n'avait point étudiés.

Relativement à l'organisation de cette espèce, je n'ai rien à ajouter aux observations des deux savants allemands que je viens de citer. Je signalerai simplement ce fait que le pigment, dans les individus de Wimereux, au lieu d'être rouge (carmoisin-oder Kirschrothe Pigment), est d'un beau jaune serin. D'ailleurs, la forme du corps, la forme et la position des yeux, ainsi que tous les autres détails de l'organisation, se rapportent parfaitement aux dessins et aux descriptions d'Oscar Schmidt et de L. Graff.

(1) O Schmidt. Neue Rhabdocœlen aus dem Nordischen und dem Adriatischen Meere, 1852.
(2) L. Graff. Zur Kenntniss der Turbellarien, 1874 (Zeitsch. f. wissensch. Zool., XXIV).

Je n'hésite donc pas à rattacher l'espèce des côtes du Boulonnais au *Vorticeros pulchellum*, d'autant plus que, dans ma pensée, on ne doit attacher qu'une médiocre importance aux caractères tirés de la coloration ; ces caractères étant beaucoup trop mobiles par suite de la facilité avec laquelle les animaux prennent la couleur des objets sur lesquels ils vivent. Il est d'ailleurs facile de reconnaître que nous sommes ici en présence d'un fait palpable de mimétisme. En effet, c'est toujours au milieu des Bugula, ou dans des touffes de Campanulaires que se rencontrent les individus de la variété qui nous occupe ; aussi est-il bien difficile de les distinguer, même avec des yeux très-exercés, à moins qu'ils ne quittent les colonies sur lesquelles ils vivent, pour venir se promener sur les parois de l'aquarium. La coloration est donc ici, comme chez toutes les autres espèces de Turbellariés, essentiellement protectrice. En raison de leur couleur, les individus de Wimereux peuvent être désignés sous le nom de *Vorticeros pulchellum*, Var. *luteum*.

VORTICEROS SCHMIDTII. — Nov. spec.

(Pl. IV, fig. 40–47.)

Corps régulièrement allongé, cylindrique, à extrémité céphalique arrondie, SANS TENTACULES ; *à extrémité caudale pointue. Pigment rouge violacé sur toute la surface du corps, et une traînée de pigment brun depuis les yeux jusqu'à l'extrémité céphalique. Deux tâches oculiformes noires, étranglées dans leur milieu et rayonnantes, sans cristallin. Organes mâles semblables à ceux du* VORT. PULCHELLUM. *Mesure jusqu'à 3 millimètres. Wimereux.*

Cette espèce, que je dédie à Oscar Schmidt, le fondateur du genre *Vorticeros*, se distingue nettement du *Vorticeros pulchellum* O. Schm. par un grand nombre de ses caractères.

Je l'ai trouvée à Wimereux, où elle vit au milieu des algues rouges, en compagnie du *Prostomum Steenstrupii* O. Schm., du *Dinophilus metameroides*, Nov. Spec., du *Vortex vittatus* Frey et Leuck, etc., de l'*Enterostomum Fingalianum*, Clap., toutes espèces qui présentent une coloration semblable.

Le pigment d'un rouge violacé est uniformément répandu par tout le corps, sauf dans la partie médiane de la région céphalique, où il existe une tâche brune ayant la forme d'un triangle très-aigu et s'étendant depuis les yeux jusqu'à l'extrémité de la tête (Pl. IV, fig. 10).

Le rôle protecteur de la coloration est encore ici manifeste. Mais comme j'ai déjà appelé l'attention sur ce fait dans un autre chapitre, je me contente ici d'y renvoyer le lecteur (Voir page 74).

La forme générale du corps est régulièrement allongée, légèrement renflée vers le milieu. La partie céphalique est absolument dépourvue des deux longs tentacules qui sont tellement développés dans *Vorticeros pulchellum* que les animaux de cette dernière espèce prennent la forme d'un Y quand ils rampent librement. Ce caractère négatif constitue certainement à lui seul la meilleure diagnose que l'on puisse donner. L'absence d'un organe qui doit jouer un si grand rôle dans l'éthologie de ces animaux m'aurait peut-être conduit à faire de l'espèce de Wimereux un genre particulier, si l'ensemble de tous ses autres caractères ne concordait parfaitement avec ce que l'on sait sur l'organisation de l'espèce de Lésina et de Messine.

Le corps est entièrement couvert de cils vibratiles d'égale longueur. Le *Vorticeros Schmidtii* atteint une taille plus considérable que *Vorticeros pulchellum;* tandis que les individus de ce dernier ne dépassent guère à Wimereux 1 milim. 1/2 à 2 millim., les individus de notre espèce atteignent jusqu'à 3 millim.

Les yeux (Pl. IV fig. 10 *y* et fig. 13) sont noirs, formés par des granulations pigmentaires d'une couleur marron foncé. Ils sont allongés longitudinalement, étranglés vers leur milieu et présentent sur tout leur pourtour des rayons divergents, souvent ramifiés. Ils sont appliqués sur le cerveau et ne présentent pas de lentille réfractant la lumière. Il suffit de jeter un regard sur les figures 13 et 18 (Pl. IV) pour saisir de suite la différence que présentent les yeux dans les deux espèces du genre *Vorticeros.*

L'intestin est droit. Le pharynx se trouve immédiatement derrière les yeux ; il a la forme d'un petit barillet (Pl. IV, fig. 10 *ph.* 11 et 12). J'ai représenté (fig. 11 et 12), d'après des préparations à l'acide azotique faible, les différentes formes qu'il présente dans ses mouvements de contraction et de dilatation.

On peut voir, par ces formes, que le pharynx du *Vorticeros* qui présente à peu près l'aspect du pharynx des vrais Rhabdocœles, quand il ne fonctionne pas, en diffère considérablement par ses mouvements de dilatation. Le pharynx seul des Dendrocœles est susceptible de se dilater ainsi en prenant la forme d'un entonnoir. Cette particularité anatomique, ainsi que l'état diffus des testicules et des ovaires, et l'absence de vaisseaux aquifères me portent, comme je l'ai déjà exposé dans un autre chapitre, à ranger le genre *Vorticeros* dans la famille des *Monocéliens*, c'est-à-dire avec les Dendrocœles, bien que l'intestin de ces animaux soit droit.

Les œufs (Pl. IV, fig. 10 *œ* et fig. 17) sont disséminés au milieu du tissu conjonctif, principalement vers les régions moyenne et postérieure du corps. On voit qu'ils présentent une structure très-différente de celle des œufs du *Vorticeros pulchellum* (Pl. X fig. 17). L'enveloppe formée de cellules cylindriques, qui est si caractéristique dans cette dernière espèce et qui a été déjà signalée par L. Graff, n'existe pas dans l'espèce de Wimereux. Ici, le vitellus, renfermant le vésicule et la tache germinatives, est simplement entouré d'une fine membrane (Pl. IV fig. 17) dans laquelle il n'est pas possible de reconnaître une structure cellulaire. C'est là encore un caractère spécifique très-important. Je renvoie, pour la signification morphologique de l'enveloppe cellulaire de l'œuf du *Vorticeros pulchellum* à la première partie de cet ouvrage.

Il est fort probable que les œufs du *Vorticeros Schmidtii* prennent naissance, suivant la règle, dans des capsules ovariennes. Tous les individus que j'ai observés étaient dans un état de maturation des organes génitaux très-avancé, de sorte que je n'ai pas pu vérifier le fait, mais on ne comprendrait pas pourquoi cette espèce ferait exception à une loi aussi générale.

Les organes mâles sont très-semblables à ceux qui ont été décrits par L. Graff chez *Vorticeros pulchellum*, ainsi qu'il est facile de s'en convaincre en comparant ma figure 14 (Pl. IV) avec celle de L. Graff (1). Les capsules testiculaires sont disséminées comme les ovaires, au milieu du tissu conjonctif, principalement vers le tiers antérieur du corps. Les spermatozoïdes libres viennent déboucher par deux canaux déférents (Pl. IV fig. 10 et 14 *c d*) (le *Vorticeros pulchellum* n'a qu'un seul canal déférent), dans une large vésicule séminale (Pl. IV fig. 10 et 14 *v s*) dont les parois sont formées de fibres musculaires.

Les organes de la copulation, assez complexes, sont très-semblables à ceux qui ont été vus et figurés par L. Graff, dans l'espèce de Messine. Sous la vésicule séminale, on voit une masse musculaire (Pl. IV, fig. 14 *c*),

---

(1) Zeitschrift f. wissensch. Zool. Bd. XXIV, Tab. XVIII, fig. 3.

formée par des fibres musculaires longitudinales et circulaires. Cette masse musculaire est creuse et ouverte à sa partie inférieure pour le passage d'un long canal éjaculateur (Pl. IV, fig. 10, p et 14 *b*, *a*); elle est enveloppée dans une gaîne (Pl. IV, fig. 14, *g*), en communication avec l'ouverture génitale (Pl. IV, fig. 14, *o*). Le canal éjaculateur, si caractéristique, constitue à mon avis le meilleur caractère sur lequel on puisse établir le genre *Vorticeros*. Il est formé par deux parties distinctes : une portion externe glandulaire, qui est surtout bien développée vers l'extrémité supérieure du canal, et une portion interne couverte de très-fines papilles (Pl. IV, fig. 15), analogues à celles qui hérissent le pénis du *Mesostonum rostratum* (Pl. I, fig. 9).

Quoique je n'aie pas pu observer l'accouplement dans cette espèce, je suis assez porté à croire que le canal éjaculateur, cet organe si rétractile, doit pouvoir se dévaginer au moins en partie pendant l'accouplement, et jouer le rôle de pénis.

Enfin, l'ouverture génitale, située sur la face ventrale et à la partie postérieure du corps, est entourée de grosses glandes accessoires, (Pl. IV, fig. 10 et 14 *gl*).

En somme, nous voyons que les caractères qui différencient le *Vorticeros Schmidtii* du *Vorticeros pulchellum* sont : l'absence des tentacules, la structure des yeux et des œufs, enfin la taille.

TURBELLA INERMIS. — Nov. spec.

(Pl. IV, fig. 19 et 20.)

Corps allongé, présentant une forme à peu près ovale; extrémité antérieure obtuse, extrémité caudale amincie. Couleur jaune clair, verdâtre. Quatre points oculiformes noirs placés sur le cerveau. Deux fossettes latérales profondes, cylindriques. Bouche placée vers le premier tiers de la longueur du corps; pharynx long, cylindrique, exsertile. Hermaphrodite. Un vilellogène distinct. Pénis mou, contractile. Ouverture génitale située à la partie postérieure du corps. Longueur 1 millimètre. Wimernx.

Sous le nom de *Tuberlla inermis*, je désigne une espèce qui me paraît très-voisine du *Turbella Klostermanni*, trouvé à Messine par L. Graff (1), mais qui cependant s'en distingue très-nettement par plusieurs caractères importants, comme on va le voir.

J'ai fréquemment trouvé cet animal en été à Wimereux, dans les aquariums dans lesquels j'avais mis des algues rouges et des algues vertes. Ses téguments présentent une coloration d'un jaune clair, verdâtre, tandis que son appareil digestif est fréquemment coloré en rouge très-foncé, presque noir. Cette coloration particulière de l'estomac, qui est due vraisemblablement aux matières alimentaires qui le remplissent, jointe à la forme générale de l'animal et surtout à son allure, fait qu'à première vue, on peut confondre ce *Turbella* avec l'*Enterostomum Fingalianum*, Ed. Clap., qui l'accompagne presque toujours en nombre beaucoup plus considérable. Il n'est possible de le distinguer de cette dernière espèce qu'en le portant sous le microscope.

La forme générale du corps rappelle beaucoup celle du *Turbella Klostermanni* et de l'*Enterostomum Fingalianum*. La peau est entièrement couverte de cils vibratiles partout d'égale longueur, sauf dans le voisinage des fossettes latérales ; elle est entièrement dépourvue de cils raides et immobiles.

Les téguments renferment des bâtonnets (Pl. IV, fig. 20) larges, trapus, assez semblables à ceux de l'*Enterostomum Fingalianum* (Pl. II, fig. 25). Je dois faire remarquer ici que dans le *Turbella* décrit par Ludwig Graff, les bâtonnets font entièrement défaut, et paraissent remplacés par des corps blancs, à contour étoilé (Krümelige, rundliche, weisse Körperchen), régulièrement distribués dans les téguments, et qui ont été reconnus récemment par L. Graff (2), pour être formés de carbonate de chaux. Je crois qu'on ne doit chercher à établir aucune espèce d'homologie entre ces concrétions calcaires et les bâtonnets, mais en tout cas il existe sous ce rapport un caractère distinctif entre l'espèce de Messine et celle de Wimereux, caractère que je devais signaler.

Les points oculiformes sont noirs, au nombre de quatre, dépourvus de lentille réfringente, et disposés aux quatre coins d'un trapèze. Ils sont placés au-dessus du cerveau. Le ganglion cérébral (Pl. IV, fig. 19 *c*) est

---

(1) Zur Kenntniss der Turbellarien von **L. Graff**. (**Zeitschrift f. wissensch. Zoologie. XXIV, 1874.**)

(2) Kurze Berichte über fortgesetzte Turbellarien studien. (**Zeitschrift f. wissensch. Zoologie. XXX, 1878.**)

large, il présente un sillon médian comme s'il résultait de la soudure de deux ganglions primitivement distincts ; de sa partie inférieure part à droite et à gauche un gros tronc nerveux qui va se ramifier dans le corps et qui m'a semblé envoyer une branche à la fossette latérale correspondante.

Les organes latéraux (Pl. IV, fig. 19 *f*,) sont des fossettes cylindriques très-profondes , semblables à celles du *Turbella Klostermanni*. Tout autour de l'ouverture de ces fossettes, les cils vibratiles atteignent une longueur beaucoup plus considérable que sur les autres parties du corps , et par leurs mouvements établissent un courant d'eau vers l'intérieur des organes latéraux.

La bouche occupe la même place que dans *Turbella Klostermanni*, et le pharynx est également semblable à celui de cette dernière espèce ; il est allongé, cylindrique, exsertile, comme chez les Planaires d'eau douce, et est relié à l'intestin par des fibres musculaires divergentes (Pl. IV, fig. 19, *p h*). L'intestin est rhabdocœle, et ne m'a rien présenté de particulier, si ce n'est la coloration caractéristique dont j'ai déjà parlé plus haut.

Les vaisseaux aquifères font défaut, et cette particularité n'est pas sans importance au point de vue de la place à assigner à ces animaux dans les classifications.

Les organes génitaux, tout en présentant les plus grandes analogies avec ceux des *Enterostomum*, s'écartent à certains égards de ceux du *Turbella* décrit par Ludwig Graff. Les deux sexes sont réunis sur le même individu. Les organes mâles consistent en testicules nombreux (Pl. IV, fig. 19 *t*.), disséminés dans le tissu conjonctif du corps, principalement au niveau du pharynx, c'est-à-dire dans la première moitié du corps. Les deux canaux déférents (Pl. IV, fig. 19 cd.), présentent chacun à la partie inférieure du corps une dilatation considérable qui joue le rôle de vésicule séminale (Pl. IV, fig. 19 *vs*). Ces deux dilatations en forme de vésicules, semblables à celles de l'*Enterostomum*, viennent aboutir à un pénis (Pl. IV, fig. 19 *p*.) qui est long, musculaire, très-contractile, et en forme de tube cylindrique. La disposition de ces organes mâles concorde parfaitement et en tous points avec celle que nous a fait connaître L. Graff chez la *Turbella Klostermanni*: il n'en est pas de même, comme nous allons le voir, pour les organes femelles. Ceux-ci se composent en effet, dans notre espèce, de deux ovaires et d'un vitellogène parfaitement distincts. Les ovaires (Pl. IV, fig. 19 *œ*.), sont placés à la partie postérieure du corps, dans le voisinage du pénis, au-dessous des

vésicules séminales ; ils présentent une structure normale. Quant au vitellogène, il offre une disposition identique à celle que l'on observe chez
Enterostomum Fingalianum : c'est un tube (Pl. IV, fig. 19 v.), en forme de
fer à cheval, dont la branche transverse est très-large, présente une légère
échancrure sur la ligne médiane, et passe en dessous des fossettes latérales,
tandis que les branches longitudinales passent à droite et à gauche sur les
côtés du corps et vont toujours en s'amincissant au fur et à mesure qu'elles
se rapprochent de l'ouverture génitale. Le pore sexuel est situé dans la
partie postérieure du corps, en arrière de l'extrémité libre du pénis, et sur
la face ventrale. Je dois ici signaler la différence importante qui existe entre
la disposition que je viens de décrire et celle que nous a fait connaître
L., Graff, chez *Turbella Klostermanni*. Pour ce savant allemand en effet,
il n'existerait dans cette dernière espèce, que deux organes paires jouant à
la fois le rôle d'ovaire et celui de vitellogène. (Letzterer besteht aus zwei
Keim-Dotterstöken, wie wir solche durch Max Schultze von Macrostomum
hystrix kennen .....) Malgré toute l'admiration que j'ai pour les travaux du
professeur d'Aschaffenbourg, je ne puis m'empêcher de me demander,
si réellement le vitellogène n'est pas différencié chez *Turbella Klostermanni*.

Parmi les autres distinctions qui existent encore entre l'espèce du Pas-de-
Calais et celle de Messine, je signalerai la position de l'ouverture génitale
qui est beaucoup plus en arrière dans la première que dans la seconde, et
enfin l'absence complète dans l'espèce de Wimereux de l'organe singulier et
encore énigmatique, en forme de cercle garni de crochets (Hakenkranz)
décrit par Ludwig Graff. J'ai en effet cherché cet organe avec le plus grand
soin dans l'espèce de Wimereux, et bien que son observation doive être
assez facile, car d'après les dessins qu'en donne Ludwig Graff il paraît être
de nature chitineuse, je n'ai rien pu voir de semblable. C'est même l'absence
de cet appareil en forme de crochets qui m'a suggéré l'idée de donner le nom
spécifique de *inermis* au *Turbella* de Wimereux.

Il ne me reste plus, pour terminer cet article, qu'à dire quelques mots sur
les affinités du genre *Turbella*. D'abord je crois qu'aucun naturaliste ne fera
d'objection au sujet de la détermination générique que j'ai faite. Les différences qui existent entre l'espèce de Ludwig Graff et la mienne, quoique
importantes, ne sont pas suffisantes à mon avis pour faire ranger ces
animaux dans deux genres différents : l'absence, dans notre espèce, du

cercle garni de crochets et des corpuscules étoilés des téguments ne consti-
tüent que des caractères de second ordre, dont on n'aura probablement l'explication que lorsqu'on étudiera avec soin l'éthologie du *Turbella Klostermanni;* quant à l'absence complète d'un vitellogène différencié dans cette
dernière espèce, j'ai déjà dit plus haut que je pensais que de nouvelles observations étaient nécessaires sur cette question. Eh bien, si nous considérons
les affinités du genre *Turbella* restreint aux espèces que je viens de signaler,
et sans tenir aucun compte de l'extension considérable que Diesing (1) avait
cru, je ne sais pourquoi, devoir donner à ce genre, nous voyons que ces
affinités ne sont pas aussi difficiles à établir que semble le penser Ludwig
Graff: (In die bestehenden Familien lässt sich diese Turbellarie nur sehr
schwer einreisen) (2). Je n'hésite pas, quant à moi, à ranger le genre *Turbella*
à côté des *Enterostomum*, des *Opistomum* et des *Monocelis,* dans la famille
des *Monoceliens* que j'ai déjà étudiée d'une manière spéciale dans un autre
chapitre. C'est principalement avec le genre *Enterostomum* que ces affinités
sont le plus frappantes : que, par la pensée, l'on ajoute des fossettes latérales
à l'*Enterostomum Fingalianum,* et le genre *Turbella* disparaîtra pour rentrer
dans le genre créé par Ed. Claparéde.

MONOCELIS BALANI. — Nov. spec.

(Pl. II, fig. 1 — 16.)

*Corps aplati, allongé, long de 3 à 4 millim., atténué en avant; discoïde en
arrière où il présente des papilles d'adhésion; transparent, blanc, sans
aucune matière pigmentaire. Un otolithe surmonté d'une tache oculiforme
large, de couleur brun foncé. Bouche située vers le milieu du corps; œsophage
long, cylindrique. Pénis chitineux en forme de stylet. — Commensal du*
Balanus balanoïdes. *Fort de Croï à Wimereux.*

Ce *Monocelis,* par plusieurs détails de son organisation, de même que par
son habitat tout spécial, s'écarte assez de tous ses congénères pour que
j'ai crû devoir le considérer comme une espèce nouvelle.

---

(1) Diesing. — Revision der Turbellarien. (Sitzb. d. mathem. naturw. cl. XLIV, Wien 1862.
(2) Zur Kenntniss der Turbellarien , page 143.

Il vit en commensal sous le test du *Balanus balanoïdes*, qui tapisse les murs du fort de Croï. Je l'ai trouvé à plusieurs reprises et en grande abondance, dans le mois de juillet et jusqu'en octobre ; en mars , je l'ai cherché mais sans le rencontrer. En conservant dans un bocal des Balanes arrachées aux murs du fort, on voit, au bout de quelques heures, ramper avec beaucoup d'agilité sur les parois du vase un grand nombre d'individus de ce *Monocelis*.

A cause de son commensalisme, je propose de désigner cette espèce sous le nom de *Monocelis Balani*.

Les cils vibratiles sont tous égaux , courts et très-fins ; à l'extrémité antérieure du corps, ils ne sont pas sensiblement plus longs. Sous l'épithélium , j'ai rencontré, chez un certain nombre d'individus, des amas de gouttelettes graisseuses se colorant en noir par l'acide osmique (Pl. II fig. 7).

Les téguments renferment des organes en bâtonnets, qui sont très-étroits, allongés, aciculaires, et surtout abondant dans la région caudale. Les autres espèces du genre *Monocelis*, et notamment les *Monocelis agilis* et *unipunctata* sont également pourvus de bâtonnets.

La partie postérieure du corps est susceptible de se dilater beaucoup en forme de spatule, et présente dans ce cas un certain nombre de papilles finement déchiquetées sur leur bord libre, fortement adhérentes, et contenant chacune un ou plusieurs bâtonnets. Ces papilles ne sont pas permanentes , elles n'apparaissent que quand l'animal veut fixer son extrémité postérieure ; en tout autre temps, on n'en voit point la moindre trace. Je n'ai d'ailleurs rien à ajouter à ce sujet, aux remarquables observations faites par L. Graff, sur *Monocelis protractilis* (1).

Le système nerveux consiste en un large ganglion, duquel partent quatre troncs nerveux (Pl. II fig. 3) qui se ramifient près de leur point d'origine. Le cerveau est surmonté par une vésicule à otolithe, et par une large tache pigmentaire (Pl. II fig. 2).

Le tube digestif s'étend sur toute la longueur du corps , depuis le cerveau jusqu'à l'extrémité postérieure. Il est formé par une paroi cellulaire, et est droit. Comme l'a très-bien montré M. Max Schultze (2), les diverticules latéraux que certains auteurs attribuaient à l'intestin , appartiennent aux vitellogènes.

Zur Kenntniss der Turbellarien.
Beitrage zur Naturgesch. der Turb. p. 34.

Le pharynx est long, cylindrique et exsertile, à paroi épaisse et à lumière étroite ; sa structure est la même que celle du pharynx des planaires d'eau douce. Il est relié à l'intestin et au tissu conjonctif par des fibres bifurquées, comme chez les Planariés ; j'en ai représenté quelques-unes (Pl. II fig. 4 f).

Le système des vaisseaux aquifères fait complètement défaut. L'existence ou l'absence de ces organes a, selon moi, une grande importance ; aussi, ai-je apporté dans leur recherche une attention toute particulière. J'ai examiné un très grand nombre d'individus à différents âges, tantôt sans réactifs, tantôt en employant des réactifs variés, et je puis affirmer, que je n'ai jamais vu la moindre trace des canaux excréteurs. Max Schultze figure, il est vrai, des vaisseaux aquifères dans le *Monocelis agilis* M. Schultze et *Monocelis unipunctata* Œrsted ; mais à en juger par ses dessins, il ne parait pas avoir vu ces organes d'une manière bien nette. Si ses figures laissent à désirer sous ce rapport, sa description n'est guère plus complète ; en effet, il dit simplement dans son article sur le genre *Monocelis* en général (1) : « Wassergefässe sind als zwei seitliche, vielfach verästelte » Stämme vorhanden. Doch konnten dieselben nur an den durchsichtigeren » Stellen des Korpers, Mundüngen derselben nach aussen aber gar nicht « erkannt werden. » Dans les descriptions d'espèces qu'il donne dans les pages suivantes, il ne revient nullement sur ces organes. On peut donc croire que Max Schultze a été conduit à admettre l'existence des canaux aquifères chez les *Monocelis*, principalement par analogie, parce que ces organes existent chez tous les Rhabdocœles vrais, mais ce qu'il a pris pour des vaisseaux pourrait bien n'être ici que des trainées plus transparentes résultant d'une déchirure ou de toute autre cause (*durchsichtigeren Stellen*).

O. Schmidt (2) dans sa description du *Monocelis ophiocephala* O. Schm. ne mentionne pas les vaisseaux aquifères. L. Graff (3) fait de même pour son *Monocelis protractilis*. Autant que j'ai pu en juger par l'extrait de son travail paru dans les *Archiv fur Naturgeschichte* en 1871, Uljanin ne parait pas avoir vu davantage de vaisseaux excréteurs dans ses espèces de la baie de Sébastopol : *Monocelis caudatus* et *Monocelis truncatus*. Enfin, Max Schultze lui-même ne les figure pas dans les dessins qu'il donne du

(1) Beitrœge zur Naturg. der Turb. p. 36.
(2) Untersuch. über Turbellarien von Corfu und Cephalonia.
(3) Zur Kenntniss der Turbellarien.

Monocelis unipunctata Œrst et du *Monocelis lineata* Œrst. On voit donc, pour conclure, que le sytème des vaisseaux aquifères parait faire complétement défaut dans toutes les espèces du genre *Monocelis*. Cette particularité a, je pense, une importance assez grande, parce qu'elle vient à l'appui de l'opinion que j'ai déjà discutée précédemment, à savoir que les animaux de ce genre doivent être rangés parmi les Dendrocœles.

Les organes mâles consistent en de nombreuses capsules testiculaires situées dans la partie antérieure du corps, depuis le cerveau jusqu'à l'origine du pharynx. J'ai cherché à observer le développement des spermatozoïdes à l'intérieur de ces vésicules, et je ne suis arrivé qu'à voir trois stades. Chez les jeunes individus, ces vésicules apparaissent comme des petits disques plus transparents que la masse du corps, et sont formées primitivement par une cellule à protoplasme homogène et transparent, pourvue d'un noyau et d'un nucléole et revêtue par une fine membrane (pl. II, fig. 8). A un stade plus avancé, on voit à l'intérieur de ces cellules-mères, un nombre plus ou moins considérable de cellules-filles qui donnent à la capsule testiculaire un aspect mûriforme (pl. II, fig. 9). Enfin, chez les exemplaires arrivés à la maturité de leurs éléments mâles, les vésicules testiculaires contiennent un faisceau diversement contourné de spermatozoïdes filiformes (pl. II, fig. 11). A côté de ce faisceau, on peut voir, dans un grand nombre de vésicules, un globule réfringent (pl. II, fig. 10), vraisemblablement formé par du protoplasme, car il est coloré en rouge par la liqueur carminée de Beale, tandis que l'acide osmique ne le colore pas. Peut-être ce globule réfringent doit-il être considéré comme un reste du protoplasme de la cellule-mère qui n'aurait pas été utilisé pendant la formation des cellules-filles ? Nous aurions, dans ce cas, un fait analogue à celui qui a été observé dans les cellules-mères des anthérozoïdes du *Salvinia,* de l'*Isoetes,* du *Selaginella,* du *Marsilea,* etc.

Je n'ai pu voir aucun canal partant des vésicules testiculaires pour aller aboutir aux deux canaux déférents si visibles dans la partie postérieure du corps. Max Schultze et les autres observateurs qui se sont occupés des animaux de ce genre, n'ont pas été plus heureux que moi dans les espèces qu'ils ont observées.

Cependant Max Schultze admet l'existence de ces petits canaux ; il dit en effet : « Die sämmtlichen Ausführungsgänge der Hodenbläschen sammeln

---

(1) Beitrage z. der Turb. p. 36.

« ‑sich in zwei zartwandigen vasa deferentia , welche jedoch erst eine strecke
« unterhalb der Hoden erkannt werden konnten. » Malgré la grande auto‑
rité de ce savant allemand, j'ai peine à partager sa manière de voir à ce sujet.
Je crois, qu'au lieu d'admettre hypothètiquement l'existence de ces canaux ex‑
créteurs, qui feraient de l'ensemble des vésicules testiculaires , une sorte de
glande en grappe , il est préférable d'admettre que les spermatozoïdes tom‑
bent ici, de même que chez les planaires d'eau douce , entre les mailles du
tissu conjonctif , après la rupture des vésicules qui les contenaient , pour
pénétrer de là dans les canaux déférents. Ce qui me porte à admettre de pré‑
férence cette opinion, ce sont d'abord les affinités remarquables du genre
Monocelis avec les Dendrocœles, en second lieu l'absence également de con‑
duits excréteurs aux deutoplasmigènes que je décris plus bas, et enfin l'exis‑
tence d'amas de spermatozoïdes que l'on rencontre parfois dans des points
différents du tissu conjonctif, tels que ceux figurés notamment par Max
Schultze chez *Monocelis lineata* (voyez ses *Beiträge*, pl. II, fig., 2 i). Je dois
pourtant faire remarquer que ces amas insolites de spermatozoïdes ne se
produisent ordinairement que par suite de la pression occasionnée par le
couvre-objet.

Les deux canaux déférents viennent aboutir vers le milieu d'une vésicule
séminale de forme oblongue. Celle-ci est très-contractile, principalement dans
sa moitié supérieure. L'acide azotique montre avec netteté la structure mus‑
culaire de la paroi de cette vésicule qui est épaisse et est formée de fibres
longitudinales et circulaires. La moitié inférieure de la vésicule, dont les con‑
tractions sont toujours beaucoup moins étendues que celles de l'autre partie,
présente un revêtement particulier que j'ai cherché à rendre avec soin dans
ma figure (pl. II, fig. 6). La vésicule séminale contient très-fréquemment des
spermatozoïdes nombreux, très-déliés , aussi fins que des cils vibratiles, fili‑
formes et mobiles.

Le pénis présente assez bien la forme d'une canule à lavement qui serait
emboitée sur le conduit excréteur de la vésicule séminale. Il est de nature
chitineuse et présente fréquemment l'extrémité de sa pointe relevée en cro‑
chet (pl. II, fig., 6 p). Je n'ai pas pu voir de glandes accessoires mâles.

Les organes femelles se composent de deux ovaires situés à droite et à
gauche au-dessus de l'insertion du pharynx, de deux vitellogènes et de vési‑
cules séminales disposées en cercle autour de l'ouverture génitale femelle
(pl. II, fig. 16). Les vitellogènes présentent la disposition lobée, habituelle chez

les *Monocelis* ; ils renferment des *Dotterzellen* (pl. II, fig. 13, 14, 15), qui sont pourvues d'un noyau et de nombreuses petites granulations réfringentes. Ils présentent chacun vers leur extrémité postérieure une fente en boutonnière pour la sortie des *Dotterzellen*, et ici, comme pour les vésicules testiculaires, il est impossible de trouver la moindre trace de conduits excréteurs. J'ai représenté dans la figure I (pl. II), les fentes en forme de boutonnières des vitellogènes.

Une particularité qui, je crois, n'a encore été signalée dans aucune autre espèce de *Monocelis* (1), c'est l'existence de deux ouvertures génitales, comme chez les Dendrocœles marins ; mais ces deux ouvertures sont ici dans une position inverse, l'ouverture femelle de notre *Monocelis* (pl. II, fig. 1 Sp), étant située entre la bouche et l'ouverture mâle (pl. II, fig. 1 Sm).

Par tout ce qui précède, on peut voir que c'est avec le *Monocelis lineata*, Œrst., que notre espèce présente les plus grandes affinités. La disposition générale des organes génitaux est la même, et la seule différence un peu importante consiste dans l'existence d'un pénis chitineux dans le *Monocelis Balani*.

DENDROCŒLUM ANGARENSE.

Syn. *Planaria Angarensis. Gerstfeldt.*

(Pl. V, fig. 1—11.)

Cette grande et belle espèce n'a encore été signalée, à ma connaissance du moins, qu'une seule fois par Gerstfeldt (2), qui l'a trouvée dans la rivière Angara, à Irkoutsk. Gerstfeldt n'en donne qu'une courte description

(1) Depuis que ces lignes ont été écrites, j'ai reçu un très-beau travail de Jensen, conservateur du musée de Bergen (Turbellarier ved Norges Vestkyst. 1878). Dans ce travail, l'auteur a donné des détails sur l'anatomie du *Monocelis assimilis* OErst., qui présente, comme notre espèce, un pénis chitineux styliforme et deux ouvertures génitales disposées comme chez *Monocelis Balani*. Cependant, je crois que l'espèce décrite par Jensen doit être considérée comme distincte de l'espèce de Wimereux, et par sa coloration, et par son habitat.

(2) Uber einige zum Theil neue Arten Platoden, Anneliden, Myriapoden und Crustaceen Sibirien's namentlich seines östlichen Theiles und des Amur-Gebietes, von G. Gerstfeldt.

(Mém. des Sav. étrangers, Acad. imp. des Sciences de St-Pétersbourg, T. VIII, 1859, p. 262).

d'une dizaine de lignes, description qui n'est accompagnée d'aucune figure. Aussi, je crois qu'il n'est pas inutile d'entrer dans quelques détails au sujet de cette Planaire géante de nos eaux douces, dont l'existence même est à peine connue.

Gerstfeldt donne, pour le *Dendrocœlum Angarense*, la diagnose suivante :

« Corporis forma, magnitudine, margineque Planariœ lacteœ Müll.
» similis; consistentia tamen coriacea, colore supra nigro-fusco, infra
» albido, capite vitta collari nigra cincto subrufo et oculis indistinctis satis
» differens. »

Dans les quelques lignes qui suivent cette diagnose, l'auteur ne dit guère rien de plus, si ce n'est que la partie céphalique porte à droite et à gauche un repli en forme d'oreille. (Das zugerundete kopfende überragt etwas die beiden seitlichen ohrförmigen Fortsätze....)

C'est là tout ce que l'on savait jusqu'à ce jour sur cette espèce.

Par la description qui va suivre, on verra que l'espèce de l'Angara, par sa forme et par tous les détails de son organisation est très-voisine du *Dendrocœlum lacteum*, aussi je crois devoir changer le nom générique que lui avait donné Gersfeldt.

Le *Dendrocœlum Angarense* est une des plus grandes espèces de tout le groupe des Turbellariés proprement dits. Les exemplaires trouvés par Gersfeldt mesuraient environ un pouce (etwa einen Zoll); j'en ai trouvé à Lille, dans un fossé des fortifications, qui avaient jusqu'à quatre centimètres de longueur, et un en largeur. La figure I, pl. V, représente un individu de grandeur naturelle.

Quand on considère que cette Planaire, par sa taille et par la structure de sa partie céphalique, n'aurait certainement pas manqué d'attirer l'attention des naturalistes, si elle eut été rencontrée, il peut paraître étrange de ne la trouver que dans deux contrées aussi éloignées et aussi différentes (la Sibérie et la France), sans qu'elle ait été signalée dans aucune station intermédiaire. Cette distribution géographique serait certainement très énigmatique ; mais je crois que la rareté du *Dendrocœlum Angarense* est plus apparente que réelle, et je suis porté à penser. qu'une fois l'attention des naturalistes appelée sur le genre de vie de cette espèce, on la retrouvera dans toute l'Europe.

Les détails suivants feront, je crois, adopter cette opinion par la plupart des naturalistes.

Les jeunes du *Dendrocœlum Angarense* ressemblent à s'y méprendre au *Dendrocœlum lacteum*, et il est probable qu'ils ont déjà été bien des fois rencontrés mais confondus avec cette dernière espèce. Ils vivent alors sous les pierres et au milieu des plantes aquatiques, particulièrement des *Lemna*. Ce n'est que lorsqu'ils deviennent sexués, qu'ils prennent leur coloration particulière, que leur taille s'exagère, et que les lobes céphaliques, si caractéristiques, deviennent manifestes. Or, à l'état adulte, la Planaire de l'Angara vit ordinairement dans la vase, comme *Derostomum galizianum* O., Schm, et pendant l'hiver même elle s'enfouit assez profondément. C'est en rapportant chez moi des seaux de boue, provenant des fossés, que je l'ai trouvée. Elle ne remonte vers la surface de l'eau que pour pondre, soit sous une pierre, soit au milieu des plantes aquatiques. Puis, sitôt la ponte terminée, elle s'envase de nouveau. Il est probable que les quelques exemplaires trouvés par Gerstfeld sous les pierres étaient venus là pour pondre.

Les détails que je viens de donner sur le genre de vie de cette espèce, nous expliquent sans doute pourquoi elle n'a encore été signalée que deux fois (à Irkoutsk et à Lille), et me portent à croire, comme je le disais plus haut, que, lorsqu'on explorera la vase des rivières et des fossés, on la rencontrera dans bien d'autres localités.

La forme générale du *Dendrocœlum Angarense* est variable selon que l'animal est à l'état de repos ou en mouvement. Quand il reste immobile, fixé sur les parois de l'aquarium, il est aplati, large, ses bords sont ondulés, plissés irrégulièrement (Pl. V, fig. 4) et l'appareil céphalique est contracté en forme de ventouse. Quand il rampe lentement, l'extrémité postérieure est pointue, tandis que l'extrémité antérieure est tronquée ; les bords présentent alors une courbe régulière, de plus la face ventrale blanche est aplatie, tandis que la face dorsale colorée est bombée (Pl. V fig. 1, 2 et 3).

La partie céphalique mérite une description spéciale. Sur la surface dorsale on remarque, dans la partie médiane, un repli convexe, légèrement échancré sur son bord antérieur. (Pl. V fig. 2). A la base de ce repli se trouvent les yeux formés par une tâche pigmentaire noire pourvue d'un corps réfringent (Pl. V fig. 7). Ces yeux sont gros, très-bien développés, très-nets, et si Gerstfeldt les qualifie d'indistincts (undeutliche Augen), c'est apparemment parcequ'ils sont en grande partie cachés sous la base du repli dont je viens de parler. En examinant l'animal de profil, ou sou le compresseur, on voit alors ces yeux avec netteté. Les deux lobes latéraux (Pl. V, fig. 2, 3, 4, 5, *t*.) sont membraneux, minces, ils sont ordinairement relevés, et l'animal les dirige en tous sens, comme des tentacules.

La figure 3 Pl. V représente la portion céphalique vue par la face inférieure, telle qu'elle se présente sur un animal rampant lentement : à droite et à gauche (*t*) se trouvent les deux lobes tentaculaires relevés, au milieu (*l*) on remarque une concavité correspondant au repli convexe de la face dorsale. Cette concavité est garnie de nombreux mamelons papilliformes (Pl. V fig. 3, 4). Enfin, de chaque côté, il existe une masse musculaire (Pl. V fig. 3, 4 d), formée en grande partie de fibres longitudinales ; ces deux bandes musculaires sont les seules parties de la région céphalique qui adhèrent aux parois du vase pendant la marche.

Toutes les parties que je viens de décrire, et qui ne sont en réalité qu'une exagération de ce qu'on peut observer dans le *Dendrocœlum lacteum*, constituent une véritable ventouse qui serait entourée à droite et à gauche par un lobe tentaculaire. En effet, quand l'animal est au repos (Pl. V, fig. 4), le bord antérieur libre et relevé (Pl. V fig. 3 l), qui est formé en partie par des fibres musculaires en continuité avec les fibres des deux bandes latérales (d), ce bord libre se rabat et vient adhérer lui-même aux parois de l'aquarium ; il en résulte, comme on peut le voir d'après la figure 4 Pl. V, une véritable ventouse en forme d'hémisphère creux dont les bords sont musculaires et à l'intérieur de laquelle l'animal peut produire un vide partiel en diminuant la convexité de sa ventouse au moment de l'adhésion, et en l'augmentant aussitôt après. Il est probable que, d'un autre côté, les papilles de la face inférieure de la ventouse jouent également un rôle dans la production de ce vide partiel. Quoiqu'il en soit, la force d'adhésion de cette ventouse est très-considérable, car on éprouve une résistance assez grande quand on veut prendre une de ces Planaires.

Ce n'est pas seulement pendant le repos que la ventouse fonctionne. Quand on vient à inquiéter l'animal, on le voit fuir à la manière du *Dendrocœlum lacteum*. Il fixe d'abord son extrémité antérieure, rapproche ensuite sa partie postérieure en voûtant tout ou une partie de son corps, puis, après s'être fixé par quelques points voisins de son extrémité caudale, il s'allonge considérablement et très-rapidement, fixe de nouveau sa ventouse céphalique, et recommence le même mouvement. C'est en somme à peu près ce que l'on observe chez les Hirudinées, si ce n'est que chez ces derniers il existe en plus une ventouse caudale.

La peau est farcie de bâtonnets, comme chez les autres Planariées; elle est couverte chez l'adulte de cils vibratiles courts et de même longueur partout. Il n'en est pas de même chez les jeunes nouvellement éclos : on remarque, en effet, chez ceux-ci, que les cils vibratiles sont beaucoup plus longs de chaque côté de la tête (Pl. V fig. 6), dans les points qui correspondent aux fossettes latérales des Némertiens, des Microstomiens, etc. De plus, à côté des cils vibratiles, il existe de distance en distance et sur toute la surface du corps, des poils longs, raides et immobiles, qui disparaissent entièrement chez l'animal adulte.

Le pigment est d'un brun fauve et se présente par places en accumulations plus considérables qui produisent sur le dos de l'animal des mouchetures que Gerstfeldt a déjà signalées : (Die Rückenseite ziemlich haüfig mit dunkleren Punkten dicht bestreut). Enfin, sur la partie céphalique, il existe également une ligne entre les deux yeux, où le pigment est plus foncé et forme, pour employer l'expression de Gerstfeldt, *eine deutliche, schwarze oder schwarzbraune, halskragenartige Querbinde.*

Les organes génitaux présentent la disposition générale que l'on observe dans les espèces d'eau douce, mais ils se distinguent cependant de ceux des autres espèces par quelques particularités que je vais signaler. Le pénis est musculeux, formé de fibres longitudinales, de fibres circulaires et de fibres rayonnantes ; il est entièrement lisse comme chez *Dendrocœlum lacteum.* Au-dessus du pénis se trouve la vésicule copulatrice, séparée de celui-ci par un étranglement beaucoup plus prononcé que chez *Dendrocœlum lacteum.* De plus, cette vésicule est elle-même étranglée vers son milieu. On voit donc qu'en somme les caractères tirés des organes mâles sont à peu près les mêmes dans ces deux espèces de *Dendrocœlum;* la seule différence que l'on puisse établir consiste dans le développement plus grand de la vésicule copulatrice dans le *Dendrocœlum Angarense.* C'est dans cette vésicule, qui est formée de fibres musculaires longitudinales et circulaires que se forment les amas pyriformes de spermatozoïdes (Pl. V, fig. 10), qui sont expulsés, lors de l'éjaculation.

Les organes femelles ne présentent rien de particulier. Il existe un seul oviducte, comme dans toutes les espèces d'eau douce que j'ai examinées, et, comme chez ces dernières, il est situé à la partie dorsale. Le receptaculum seminis est musculaire, formé de fibres longitudinales et de fibres circulaires. J'ai représenté (Pl. V, fig. 9) un receptaculum seminis après la copulation ; on voit le pseudo-spermatophore engagé dans la base du conduit. Au bout d'un certain temps, ces pseudo-spermatophores se désagrègent dans l'intérieur du receptaoulum et l'on a alors l'aspect que j'ai dessiné (Pl. V, fig. 8, R). Je n'ai d'ailleurs rien à ajouter, au sujet de ces amas de spermatozoïdes, à ce que j'ai dit dans la partie générale de ce travail.

Depuis que ces lignes sont écrites, j'ai eu connaissance d'un travail de Grube (1). Ce savant décrit dans ce mémoire un certain nombre de planaires provenant du lac de Baikal et entre autres la *Planaria Angarensis* Gerstf ; les renseignements qu'il donne sur cette espèce portent principalement sur les dimensions, sur la coloration et sur la forme générale, aussi je crois devoir rien retrancher à la description qui précède. J'ajouterai seulement que Grube a reconnu l'existence de deux points oculiformes, mais il n'a pas vu les lentilles réfringentes, de plus d'après ses dessins, les mouchetures de la face dorsale seraient beaucoup plus nombreuses et plus rapprochées dans les individus du gouvernement d'Irkoutsk que dans ceux de Lille : enfin l'auteur a rencontré des exemplaires d'une taille encore bien plus considérable que ceux observés par moi, et il en figure un entre autres qui avait 6 à 7 centimètres de long sur 4 centimètres de large.

---

(1) Beschreibungen von Planarien des Baikalgebietes. (Archiv. für Naturgeschickte. T. XXXVIII. 1872. p. 273. Pl XI et XII).

INDEX BIBLIOGRAPHIQUE.

Agassiz. — Proceedings of the american association for the advancement of science. Second Meeting. Boston, 1850, et Amer. Journ. of Sc. and Arts. Second Series V. XIII. 1852.

Baer. — Beitraege zur Kenntniss der niedern Thiere (Nova Acta Acad. Leop. Corol. Nat. Cur. T. XIII. 1826).

Jules Barrois. — Mémoire sur l'embryogénie des Némertes (Ann. Sc. nat., 6⁰ série. T. VI. 1877).

Edouard Van Beneden. — Recherches sur la composition et la signification de l'œuf (in Mém. couronnés de l'Acad. roy. de Belgique. T. XXXIV. 1870).

Edouard Van Beneden. — Etude zoolog et anat. du genre Macrostomum et description de deux espèces nouvelles (in Bull. acad. roy. de Belgique, 2ᵉ série. T. XXX- 1870.)

P.-J. Van Beneden. — Notice sur un nouveau Némertien de la côte d'Ostende (in Bull. acad. roy. de Belgique. T. XVIII. 1ʳᵉ partie. 1851).

P.-J. Van Beneden. — Recherches sur la faune littorale de Belgique. (Turbellariés) (in Mém. Ac. roy. de Belgique. T. XXXII. 1861).

Emile Blanchard. — Recherches sur l'organisation des Vers (in. Ann. Sc. nat. 3ᵉ série. T. VIII. 1847).

Busch. — Beobachtungen über wirbellose Thiere. Berlin. 1851.

Ed. Claparède. — Recherches anatomiques sur les Annélides, Turbellariés, etc., observés dans les Hébrides. Genève 1861.

Ed. Claparède. — Beobachtungen über Anat. und Entwicklungsgeschichte wirbelloser Thiere. Leipzig, 1863.

Claparède et Humbert. — Description de quelques Planariés terrestres par M. Alois Humbert, suivie d'Observations anatomiques sur le genre Bipalium par M. Ed. Claparède. (in Mém. Soc. Phys. et Nat. Hist. Genève, T. XVI).

Diesing. — Revision der Turbellarien. Wien 1862.

Dugès. — Recherches sur l'organisation et les mœurs des Planariées (in Ann. Sc. nat., 1ʳᵉ serie. T. XV. 1828) et Aperçu de quelques observations nouvelles sur les Planaires et plusieurs genres voisins (in Ann. Sc. nat. 1ʳᵉ série T. XXI. 1830).

Ehrenberg. — Zusätze zur Erkenntniss grosser organischer Ausbildung der Kleinsten thierischen Organismen (in Abhandlungen der Akademie der Wissenschaften zu Berlin 1835).

Focke. — Ueber *Planaria Ehrenbergii* (in Annalen des Wiener Museums. Band I. Abth. 2. 1836, p. 193.

Frey et Leuckart. — Beitraege zur Kenntniss Wirbelloser Thiere. 1847.

Fries. — Mittheilungen aus dem Gebiete der Dunkel-Fauna. (Zoologischer Anzeiger, 1879).

Gerstfeldt. — Ueber einige zum Theil neue Arten Platoden, Anneliden, Myriapoden, und Crustaceen Sibirien's. (Mém. Acad. Sc. de St-Pétersbourg. T. VIII, 1859).

Charles Girard. — Embryonic Developement of *Planocera elliptica*. (Journal of the Academy of natural Sciences of Philadelphia. New series. Vol. II. Part. IV, 1854).

Goette. — Zur Entwickelungsgeschichte der Seeplanarien. (Zoologischer Anzeiger, août 1878).

L. Graff — Zur Kenntniss der Turbellarien (Zeitschrift f. wissensch. Zool. T. XXIV, 1874).

L. Graff. — Neue Mittheilungen uber Turbellarien (Zeitschrift f. wissensch. Zool. T. XXV, 1875).

L. Graff. — Note sur la position systématique du *Vortex Lemani*. (Bullet. Soc. vaudoise des Sc. nat. T. XIV. N⁰ˢ 75 et 76, 1876).

L. Graff. — Kurze Berichte über fortgesetzte Turbellarienstudien (Zeitschrift f. wissench. Zoolog. T. XXX 1878, et Zoologischen Anzeiger, 1879).

Ed. Grube. — Beschreibungen von Planarien des Baikalgebietes. (Archiv. f. Naturg. T. XXXVIII, 1872).

P. Hallez. — Observations sur le *Prostomum lineare*. (Arch. de Zool. exple et générle. T. II, 1874).

P. Hallez. — Sur les glandes accessoires mâles de quelques animaux et sur le rôle physiologique de leur produit. (Comptes rendus Ac. Sc., Juillet, 1874).

Hemprich et Ehrenberg. — Symbolæ physicæ. (Ils divisent les Turbellariés en Dendrocœles et Rhabdocœles).

Jensen — Turbellaria ad litora Norvegiæ occidentalia. (Bergen, 1878).

Keferstein. — Mesostomum Ehrenbergii, anatomisch dargestellt. (Archiv. f. Naturg., 1852).

Keferstein. — Untersuchungen über niedere Seethiere. (Zeitschrift f. wissensch. Zool. T. XII. 1862).

Keferstein. — Beitraege zur Anat. und Entwicklungsgeschichte einiger Seeplanarien von St-Malo. (Göttingen. 1868).

Knappert. — Bijdragen tot de Ontwikkelingsgeschiedenis der zoetwarter-Planarien. (Utrecht. 1865).

Knappert. — Embryogénie des Planaires d'eau douce (Archiv. néerlandaises des sc. exactes. I. 1866, p. 172.)

Rud. Leuckart. — *Mesostomum Ehrenbergii*. (Archiv. f. Naturg. T. XVIII. 1852).

Leuckart et Pagenstecher, 1858. — Untersuchungen über niedere Seethiere. (Muller's archiv. 1859.

R. Leuckart. — Bericht über die Leistungen in der Naturg. der Niederen Thieren (Wiegmanns Archiv. XX. 1866.

Leydig.— Ueber einige Strudelwürmer. (Müll. Arch 1854).

Maitland.— Fauna Belgii septentrionalis; 1851, pars I.

De Man.— De gewone europeesche Laudplanarie, *Geodesmus terrestris*. (Leiden, 1875.)

De Man.— *Geocentrophora sphyrocephala*, eine landbewonende Rhabdocœle. (Leiden, 1875.

Mecznikow. — Zur Naturgeschichte der Turbellarien. (Archiv. f. Naturg. T. XXXI. 1865).

Mecznikow. — Ueber *Geodesmus bilineatus*, eine europeische Land-planarie. (Bullet. de l'Acad. imp. des sc. de St-Pétersbourg. T. IX. 1865).

Mecznikow. — Ueber die Verdauungsorgane einiger Süsswasserturbellarien (Zoologischer Angeiger. 1878).

C. Mereschkowsky. — Ueber einige Turbellarien des Weissen Meeres. (Archiv. f. Naturg. 1879).

Mertens. — Ueber den Bau verschiedener in der See lebender Planarien. (Mém. de l'Acad. des Sciences de St-Pétesbourg. 6⁶ série, II, 1833).

Minot. — Studien an Turbellarien, (in Arbeiten aus den zoologisch-zootomischen Institut in Würzburg. 1877).

Moseley. — On the Anatomy and Histology of the Land-Planarians of Ceylon. (in Phil. Trans. 1874).

Moseley. — Notes on the Structure of Several Forms of Land-Planarians, etc. (in Quarterly journal of microscopical Science, T. XVII. 1877).

Moseley. — On *Stylochus pelagicus*, a new Species of pélagic Planarian. (in Quarterly journal of microscopical Science. T. XVII. 1877).

Joh. Müller. — Ueber eine eigenthümliche Wurmlarve, aus der Classe der Turbellarien und aus der Familie der Planarien. (in Muller's, Archiv. 1850)

Max Müller. — Observationes anatomicæ de Vermibus quibusdam marinis Diss. med. Berolin. 1852. 4° p. 27-30. De corpusculis bacilli formibus Turbellariorum et aliorum quorundam vermium.

O. Fr. Müller. — Zoologica Danica 1788-1808.

Œrsted. — Entwurf einer systematischen Eintheilung und speciellen Beschreibung der Plattwürmer. Copenhague 1844.

De Quatrefages. — Mémoire sur quelques Planariées marines (in Ann. Sc. nat. 3⁶ série T. IV. 1845.

Schmarda. — Neue wirbellose Thiere beobactet und gesammelt auf einer Reise um die Erde I. Band. Turbellarien, Rotatorien und Anneliden Erste Hælfte. Leipzig, 1859.

Oscar Schmidt. — Die Rhabdocœlen Strudelwürmer des süssen Wassers (Iéna, 1848).

Oscar Schmidt. — Neue Beiträge zur Naturgeschichte der Würmer gesammelt auf einer Reise nach den Færor. Iéna. 1848.

Oscar Schmidt. — Neue Rhabdocœlen aus dem nordischen und dem adriatischen Meere. (Sitzungsberichte der mathem.- naturw. Classe der Kais. Akademie der Wissenschaften, 1852).

Oscar Schmidt. — Zur Kenntniss der Turbellaria Rhabdocœla und einiger anderer Würmer des Meittelmeeres. (Sitzungsberichte der mathem. — naturw. Classe der Kais. Akademie des Wissenschaften, 1857).

Oscar Schmidt. — Die Rhabdocœlen Strudelwürmer aus den Umgebungen von Krakau. Wien. 1858.

Oscar Schmidt. — Die dendrocœlen Strudelwürmer aus den Umgebungen vou Gratz. (Zeitschrift f. wissensch. Zool. T. X. 1860).

Oscar Schmidt. — Untersuch. der Turbellarien von Corfu und Cephalonia. Leipzig. 1861. Zeitschr. f. wiss. Zool. XI. 1861).

Oscar Schmidt. — Ueber *Planaria torva* autorum. (Zeitschrift f. wissensch. Zool. T. XI. 1862).

A. Schneider. — Untersuchungen über Plathelminthen. Giessen. 1873.

Franz Ferd. Schultze. — De Planariarum vivendi ratione et structura penitiori nonnulla. Dissertatio. Berolini, 1836.

Max Schultze. — Ueber die Mikrostomeen, eine Familie der Turbellarien. (Archiv f. Naturg. T. XV. 1849).

Max Schultze. — Beitraege zur Naturgeschichte der Turbellarien, 1851.

Max Schultze. —Beitraege zur Kenntniss der Landplanarien. 1857.

Von Siebold. — Ueber die Dotterkugeln der Planarien. (Monatsbericht der Berlin. Akad. 1841).

Stimpson.—Prodromus descriptionis animalium evertebratorum quœ in Expeditione ad Oceanum pacificum septentrionalem a Republica federata missa Johanne Rodgers duce observavit. Pars I, Turbellaria dendrocœla. (Proceedings of the Academy of Natural Sciences of Philadelphia, 1858).

Ulianin. — Turbellariés de la baie de Sébastopol. (Mémoire écrit en russe, 1870. Voir dans Bericht über die Leistungen, etc., Arch. f. Naturg. T. XXXVII, 1871).

Léon Vaillant. — Remarques sur le développement d'une Planariée Dendrocœle, le *Polycelis lævigatus.* (Mém. de l'Acad. de Sc. de Montpellier, T. VII, 1867).

EXPLICATION DES PLANCHES.

PLANCHE I.

ORGANES GÉNITAUX DES RHABDOCOELES.

Fig. 1. Anatomie du *Vortex picta*. O. Schm.
  c. Cerveau.
  ph. Pharynx.
  gls. Glandes salivaires.
  I. Intestin.
  t. Testicules.
  cd. Canaux déférents.
  vs. Vésicule séminale.
  gla Glandes accessoires mâles.
  r. Vésicule des glandes accessoires mâles
  p. Pénis.
  d. Deutoplasmigènes.
  ce. Conduits excréteurs des deutoplasmigènes.
  o. Ovaire.
  RS. Receptaculum seminis.
  U. Uterus avec une capsule ovigère.
  glu. Glandes de l'utérus.
  C. Cloaque.
  A. Ouverture génitale.
Fig. 2. Pénis du *Vortex picta*. (Les lettres ont la même signification que dans la fig. I.
  (Chambre claire).
Fig. 3. Organes mâles du *Mesostomum tetragonum*. O. Schm. (Chambre claire).
  cd. Canaux déférents.
  ca. Conduits excréteurs des glandes accessoires mâles.

Fig. 3. *vs*. Amas de spermatozoides.

   r. Amas de globules réfringents provenant des glandes accessoires mâles.

   p. Canal éjaculateur.

   pm. Paroi musculaire.

   e. Endothelium recouvrant la paroi interne de la vésicule.

Fig. 4. Organes mâles du *Mesostomum personatum*. O. Schm. (Chambre claire).

   p. Pénis.

   cd. Canal déférent.

   vs. Vésicule séminale.

   ca. Conduits excréteurs des glandes accessoires mâles.

   r. Vésicule des glandes accessoires mâles.

Fig. 5. Organes mâles du *Mesostomum (Schizostomum) productum*. O. Schm. (Chambre claire).
(Les lettres ont la même signification que dans la fig. 4.

Fig. 6. Organes mâles du *Typhloplana viridata*. O. Schm. (Chambre claire).

   cd. Canaux déférents.

   vs. Vésicule séminale.

   p. Pénis.

Fig. 7. Organes mâles du *Vortex Graffii*. Nov. spec. (chambre claire).

   cd. Canaux déférents.

   vs. Vésicule séminale.

   ca. Conduits excréteurs des glandes accessoires mâles.

   r. Réservoir des glandes accessoires mâles.

   e. Canal éjaculateur.

   p. Pénis.

Fig. 8. Partie chitineuse du pénis du *Vortex Graffii*. Nov. spec. (chambre claire).

Fig. 9. Organes génitaux du *Mesostomum rostratum*. Dugès (chambre claire).

   A. Ouverture génitale.

   RS. Receptaculum seminis.

   vs. Amas de spermatozoides.

   r. Amas de globules réfringents des glandes accessoires mâles.

   pc. Paroi cellulaire.

   cd. Canaux déférents présentant une dilatation à leur partie inférieure.

   p. Pénis couvert de très-petites papilles.

Fig. 10. Cellules formant la paroi de la vésicule du *Mesostomum rostratum* :

   a. Vues de profil.

   b. Vues de face.

Fig. 11. Spermatozoides et granules réfringents des glandes accessoires mâles du *Mesostomum rostratum*. Dugès.

Fig. 12. Organes génitaux du *Macrostomum hystrix*. Œrst (chambre claire).

   cd. Canaux déférents.

Fig. 12. *vs*. Vésicule séminale avec spermatozoïdes.

    r. Vésicule des glandes accessoires mâles.

    ca. Conduit excréteur des glandes accessoires mâles.

    p. Pénis.

PLANCHE II.

Toutes les figures de cette planche ont été dessinées à la chambre claire.

MONOCELIS BALANI NOV. SPEC. FIG. 1-15.

Fig. 1. ***Monocelis Balani***. Nov. spec. La grandeur naturelle de l'animal est représentée sur la gauche du dessin.

    y. Tâche oculiforme.

    ot. Otolithe.

    ph. Pharynx.

    B. Bouche.

    I. Intestin.

    T. Testicules.

    cd. Canaux déférents.

    vs. Vésicule séminale.

    p. Pénis.

    O. Ovaires.

    R. Receptaculum seminis.

    D. Deutoplasmigènes.

    Sm. Ouverture génitale mâle.

    Gp. Ouverture génitale femelle.

    pp. Papilles de la partie postérieure du corps.

Fig. 2. Tâche oculiforme et otolithe très grossis.

Fig. 3. Cerveau et les principaux troncs nerveux.

Fig. 4. Pharynx.

    o. Bouche.

    g. Gaîne du pharynx.

    ph. Pharynx.

    f. Fibres musculaires bifurquées.

Fig. 5. Extrémité postérieure, pour montrer les papilles servant à l'adhésion.

Fig. 6. Organes mâles.

    p. Pénis chitineux.

    g. Gaîne du pénis.

    cd. Canaux déférents.

    vs. Vésicule séminale.

Fig. 7. Amas graisseux de la couche sous-épithéliale.

Fig. 8, 9, 10, 11 et 12. Développement des testicules et des spermatozoïdes.

Fig. 13, 14 et 15. *Dotterzellen* à différents degrés de développement.

Fig. 16. Receptaculum seminis et ouverture génitale femelle.

ENTEROSTOMUM FINGALIANUM Ed. Clap. Fig. 17—25.

Fig. 17-21. Testicules.

Fig. 22. Un faisceau de spermatozoïdes extrait d'un testicule mûr.

Fig. 23. Orgânes mâles.

    p. Pénis invaginé; couvert de petites papilles.

    g. Gaîne du pénis.

    cd. Canaux déférents.

    vs Vésicules séminales.

    ce. Conduits excréteurs des glandes accessoires mâles.

Fig. 24. Granules réfringents agglutinés des glandes accessoires mâles.

ig. 25. Bâtonnets.

PLANCHE III.

Tous les dessins de cette planche, sauf la figure 5, sont faits à la chambre claire.

PROSTOMUM GIARDII nov. spec. Fig 1-4.

Fig. 1. Vue général de l'animal. La grandeur naturelle est indiquée sur la droite du dessin.

Fig. 2. Yeux avec leur corps cristallin et cerveau avec ses principaux troncs nerveux.

Fig. 3. Organes génitaux.

    t. Testicules.

    ce, ce. Canaux efférents.

    vs, vs. Vésicules séminales

    cd, cd. Canaux déférents.

    ab. Partie chitinisée du canal déférent.

    gl. Glandes à venin.

    r. Réservoir des glandes à venin.

    ch. Partie chitinisée du conduit excréteur du réservoir.

    f. Fouet chitineux.

    O. Ovaires.

    R. Receptaculum seminis.

    DD. Parties inférieures des deutoplasmigènes.

    U. Utérus.

Fig. 3. *OR*. Ouverture génitale.

   S. Ouverture en forme de sphincter pour la sortie du fouet.

   ph. Pharynx et ses glandes à la base.

Fig. 4. Spermatozoïdes.

PROSTOMUM LINEARE œrst. Fig. 5 et 6.

Fig. 5. Positions successives que prennent deux individus avant d'arriver à s'accoupler.

Fig. 6. Appareil à venin et organes mâles représentés pendant une éjaculation provoquée artificiellement. On voit les spermatozoïdes sortir par l'orifice O du pénis, tandis que les granulations des glandes à venin sont expulsées par la pointe de l'aiguillon, et par jets.

   ce. Canal efférent.

   vs. Vésicule séminale.

   cd. Canal déférent plissé à sa base.

   gl. Glande à venin.

   cex. Conduit excréteur de la glande à venin.

   vv. Vésicule à venin.

   as. Tête de l'aiguillon.

   a. Aiguillon.

   g. Tige de la gaîne.

   p. Gaîne jouant le rôle de pénis.

   o. Orifice du pénis.

PLANCHE IV.

Toutes les figures de cette planche ont été dessinées à la chambre claire.

ANATOMIE DES RHABDOCOELES.

Fig. 1. Organes mâles du *Prorhynchus stagnalis*. M. Schul.

   ce. Canal efférent.

   vs. Vésicule séminale.

   cd. Canal déférent.

   gl. Glandes accessoires mâles.

   r. Vésicule des glandes accessoires mâles.

   ca. Conduit excréteur des glandes accessoires mâles.

   S. Partie chitineuse, en forme de stylet, terminant le conduit excréteur des glandes accessoires mâles.

   p. Canal éjaculateur.

   g. Gaîne du canal éjaculateur.

   s. Bandelettes chitineuses soutenant le canal éjaculateur et sa gaîne

Fig. 2. Pharynx du *Prorhynchus stagnalis* et ses glandes gl.

Fig. 3. *Dinophilus metameroïdes* Nov. sep.

    y. Points oculiformes.

    x. Organes arrondis, transparents (fossettes latérales ?)

    b. Bouche.

    ph. Pharynx cilié à l'intérieur.

    t. Trompe.

    e. Estomac.

    i. Intestin cilié à l'intérieur.

    a. Anus.

    œ. Œufs.

Fig. 4. Tâche oculaire en forme de croissant, grossie, du *Dinophilus metameroïdes.*

Fig. 5. Pharynx du même animal vu de profil.

    (Les lettres ont la même signification que dans la figure 3*).*

    g. Gaîne du pharynx.

Fig. 6. Partie postérieure du corps du même animal, vue de profil.

    (Les lettres ont la même signification que dans la fig. 3).

Fig. 7. Trompe du *Dinophilus metameroïdes* invaginée.

Fig. 8. *a*. Cellules épithéliales du même animal. Préparation au nitrate d'argent.

    b. Bâtonnets.

Fig. 9. Portion de la paroi de l'intestin du même animal.

    a. Cellules ciliées.

    c. Cils vibratiles.

    l. Membrane basilaire.

Fig. 10. *Vorticeros Schmidtii* Nov. spec. La grandeur naturelle de l'animal est indiquée à gauche du dessin.

    y. Tâches oculiformes.

    ph. Pharynx.

    i. Intestin.

    œ. Œufs.

    t. Testicules.

    cd. Canaux déférents.

    vs. Vésicule séminale.

    p. Canal éjaculateur.

    gl. Glandes accessoires mâles.

    o Ouverture génitale.

ig. 11. Pharynx du même animal, pendant qu'il est contracté. Préparation à l'acide azotique.

Fig. 12. Pharynx du même animal, pendant sa dilatation. (Traité comme le précédent par l'acide azotique).

Fig. 13. Cerveau et points oculiformes rayonnants du même animal.

Fig. 14. Organes mâles du *Vorticeros Schmidtii*.

cd, vs, gl, o. Même signification que dans la fig. 10.

a. Partie externe glandulaire du canal éjaculateur.

b. Partie interne, couverte de très-fines papilles, du même canal.

c. Masse formée par des fibres longitudinales et circulaires. ouverte à son extrémité inférieure et traversée par le canal éjaculateur.

g. Gaîne du pénis.

Fig. 15. Fragment très-grossi et comprimé du canal éjaculateur, montrant les fines papilles de la partie interne, et les cellules de la partie glandulaire externe.

Fig. 16. Bâtonnets du *Vorticeros Schmidtii*.

Fig. 17. Œufs du même animal, entourés d'une fine membrane vitelline.

Fig. 18. Cerveau et yeux du *Vorticeros pulchellum*, O. Schm.

a. Troncs nerveux se rendant aux tentacules.

b. Troncs nerveux postérieurs.

c. Lentille réfringente.

p. Pigment.

Fig. 19. *Turbella inermis*. Nov. spec.

c. Cerveau avec les quatre points oculiformes.

f. Fossettes latérales.

ph. Pharynx.

i. Intestin.

v. Vitellogène.

œ. Œufs.

t. Testicules.

cd. Canaux déférents.

vs. Vésicules séminales.

p. Pénis musculeux.

o. Ouverture génitale.

Fig. 20. Bâtonnets du même animal.

PLANCHE V.

DENDROCŒLUM ANGARENSE GERSTFELDT. Fig. 1-11.

Fig. 1. *Dendrocœlum Angarense*, Gerstfeldt; grandeur naturelle.

Fig. 2. Partie céphalique grossie, face supérieure.

t. Tentacules.

Fig. 3. Portion céphalique, face inférieure, représentée tandis que l'animal rampe lentement.

d. Bandes musculaires céphaliques sur lesquelles rampe l'animal

Fig. 3. *t*. Tentacules.

l. Lobe médian bombé, avec ses replis en forme de mamelons.

Fig. 4. Partie céphalique, face inférieure, représentée tandis que l'animal la contracte en forme de ventouse.

(Les lettres ont la même signification que dans la fig. 3.)

Fig. 5. Coupe transversale de l'extrémité céphalique dans l'état de la fig. 3.

(Les lettres ont la même signification que dans les fig. 3 et 4.)

Fig. 6. Jeune *Dendrocœlum Angarense*, au moment de l'éclosion.

Fig. 7. *a, a*. Les deux yeux avec leurs lentilles réfringentes.

b. Un œil écrasé, montrant les granulations pigmentaires qui le composent.

Fig. 8. Organes génitaux.

p. Pénis.

g. Gaîne du pénis.

vs. Vésicules séminales.

vc. Vésicule copulatrice.

r. Receptaculum seminis rempli de spermatozoïdes.

o. Oviducte.

og. Ouverture génitale.

Fig. 9. Receptaculum seminis immédiatement après l'accouplement.

Fig. 10. Paquet de spermatozoïdes venant d'être éjaculé.

Fig. 11. Spermatozoïdes isolés.

Fig. 12. *a*. Receptaculum seminis de *Planaria nigra* avec un pseudo spermatophore.

b. Spermatozoïdes isolés.

c. Corpuscules granuleux renfermés dans le pseudo spermatophore avec les spermatozoïdes.

Fig 13. Jeune *Planaria nigra* au moment de l'éclosion.

Fig. 14. Jeune *Planaria fusca* au moment de l'éclosion.

Fig. 15. Partie céphalique d'un jeune *Deudrocœlum lacteum* au moment de l'éclosion,

Fig. 16. *Dendrocœlum lacteum*. (Résultat d'une mutilation).

Fig. 17. Pharynx double de *Planaria nigra*. (Résultat d'une mutilation)

Fig. 18. Œuf de *Dendrocœlum lacteum*.

v. Vitellus.

vg. Vésicule de Purkinje.

t. Tache de Wagner.

Fig. 19. Organes mâles de l'*Eurylepta auriculata*, O. Fr. Müll.

e. Epithelium.

p Pénis chitineux.

g. Gaîne du pénis.

vs. Vésicule séminale.

cd. Canal déférent.

Fig. 19. *R*. Réservoir des glandes accessoires mâles.

vc Vésicule copulatrice.

o. Ouverture génitale mâle.

PARASITES DES PLANAIRES D'EAU DOUCE. Fig. 20-36.

Toutes ces figures (20-36) sont dessinées à la chambre claire.

Fig. 20 et 21. Infusoires indéterminés, remplis de globules réfringents ressemblant à des globules de graisse, trouvés dans l'intestin.

Fig. 22. Infusoire voisin des Urcéolaires, presque de profil ; se promenant à la surface du corps d'une planaire.

v. Grande vacuole contractile.

Fig. 23. Le même animal, vu de face.

Fig. 24. Le même infusoire, traité par l'acide azotique, et montrant le disque en.forme d'entonnoir.

Fig. 25. Coupe optique à travers le disque.

Fig. 26-31. Diverses formes de la *Gregarina*.

Eig, 32. Deux Grégarines en conjugaison.

Fig. 33. Deux Grégarines en conjugaison, état plus avancé.

Fig. 34. Une psorospermie.

Fig. 35. Spores isolées, contenues dans la psorospermie.

Fig. 36. Amœbes appartenant peut-être à l'une des phases de la *Gregarina*.

PLANCHE VI.

Toutes les figures de cette planche, sauf la figure 44, sont dessinées à la chambre claire.

ANATOMIE DES RHABDOCŒLES.

Fig. 1, Cerveau du *Mesostomum Ehrenbergii*, O. Schm.

œ. Yeux.

a. Deux grosses cellules nerveuses.

n. Les deux troncs nerveux antérieurs.

n'. Les deux troncs nerveux postérieurs.

Fig. 2. Cellules nerveuses du *Mesostomum Ehrenbergii*.

a. Les deux grosses cellules de la figure précédente,

(*Préparation à l'acide acétique au 1/100.*)

Fig. 3. Cerveau, yeux et bouche du *Macrostomum hystrix* Œrst.

Fig. 4. Cerveau et points oculiformes du *Mesostomum rostratum* Dugès.

Fig. 5. Cellules nerveuses du *Mesostomum rostratum*.

Fig. 6. Cellules épithéliales du *Mesostomum Ehrenbergii*, traitées par la liqueur de Beale et l'azotate d'argent.

Fig. 7. Cellules à bâtonnets du *Mesostomum tetragonum*. Müll.
    a. Montrant la première apparition des bâtonnets par condensation du protoplasme.
    b, c. d. États successifs de développement de ces cellules.

Fig. 8. *a*. Cellules à grands bâtonnets du *Schizostomum productum*. O. Schmidt.
    b. Cellules à petits bâtonnets du même animal.

Fig. 9. *a, b, c, d, e, f*. Développement des cellules à grands bâtonnets du *Mesostomum Ehrenbergii*. O. Schmidt.
    n. Noyau.

Fig. 10. Organes en forme d'urne des téguments du *Prorhynchus stagnalis*, M. Schultze.
    a, a. Contenu mucilagineux, rejeté par les organes en urnes.
    a', a', Ce même contenu mucilagineux après sa coagulation.

Fig. 11. Cellules du testicule du *Mesostomum tetragonum*, traitées par l'acide acétique au 1/100.

Fig. 12-18. Développement des spermatozoïdes du *Mesostomum Ehrenbergii*.

Fig. 12. Cellules du testicule examinées sans réactif.

Fig. 13 *a, b, c, d*. Cellules traitées par le picro carminate d'ammoniaque.

Fig. 14. *a, b, c, d, e*. Cellules mères avec deux ou quatre cellules filles.
    a. Sans réactif.
    b, c, e. Traitées par le picro-carminate d'ammoniaque.
    d. Traitée par l'acide acétique au 1/100.

Fig. 15. *a, b, c, d*. Cellules filles s'allongeant de plus en plus et se transformant en spermatozoïdes.

Fig. 16. *a, b, c, d, e*. Corps trouvés dans les testicules, mais lui étant vraisemblablement étrangers. Préparation avec acide acétique et liqueur de Beale.

Fig. 17. Groupe de spermatozoïdes soudés par la tête.

Fig. 18. Spermatozoïdes complètement développés, traités par l'acide acétique.

Fig. 19. Pharynx du *Mesostomum rostratum*, Dugès, vu de face et montrant ses muscles rétracteurs.

Fig. 20. Un de ces muscles rétracteurs isolé.

Fig. 21. Paroi de l'intestin du *Mesostomum Ehrenbergii* ·
    c, c. Jeunes cellules en forme de croissant.
    d. Grosses cellules en voie de liquéfaction.
    a. Sphères aqueuses renfermant une petite concrétion.
    t c. Tissu conjonctif.

Fig. 22. Cellule à gros bâtonnets dont le protoplasme est entièrement transformé en **dodécaèdres** pentagonaux. *Mesostomum Ehrenbergii*.

Fig. 23. Un muscle rétracteur du pharynx du *Mesostomum Ehrenbergii*, également envahi par les cristalloides.

Fig. 24. Une cellule du tissu conjonctif présentant un gros globule de graisse et un très-grand nombre de dodécaèdres pentagonaux (*Mesostomum Ehrenbergii*).

Fig. 25. *a, b, c, d, e, f.* Formation des dodécaèdres pentagonaux (*Mesostomum Ehrenbergii*).

Fig. 26 *a, b, c.* Différents aspects de ces dodécaèdres suivant le mode d'éclairage (*Mesostomum Ehrenbergii*).

Fig. 27-30 Organes urticants du *Microstomum giganteum.* Nov. spéc.

Fig. 31. Disposition des bâtonnets dans les téguments du *Stenostomum leucops*, O. Schmidt.

Nig. 32. Cuticule avec bâtonnets du *Stenostomum leucops.* Préparation à l'acide osmique.

Fig. 33. Cellules épithéliales du *Stenostomum leucops.* Préparation à l'acide osmique.

Fig. 34. Un des organes latéraux du *Microstomum giganteum*, vu de face.
    a. Grosses cellules disposées en cercle.
    b. Anneau.

Fig. 35. Un des organes latéraux du *Microstomum giganteum.*

Fig. 36. Première apparition de l'ovaire chez *Microstomum lineare.*
    i. Intestin.
    O. Ovaire.
    e. Epithélium cilié.
    c. Cavité générale du corps.

Fig. 37. Etat plus avancé du développement de l'ovaire du même animal. (Les lettres ont la même signification que dans la figure 36).

Fig. 38. *Stenostomum leucops* O. Schm.
    ov. Œufs enveloppés d'une fine membrane *m* faisant partie de l'intestin.
    i. Intestin cilié.
    b. Bouche.
    ph. Pharynx.
    e. Première portion de l'intestin.

Fig. 39. Développement des spermatozoïdes du *Microstomum lineare*.

Fig. 40. Organes mâles du *Microstomum lineare.*
    p. Pénis.
    vs. Vésicule séminale.
    cd. Canal déférent.

Fig. 41. Coupe optique d'un organe latéral du *Microstomum giganteum.*
    a. Grosses cellules disposées en cercle, recouvertes par l'épithélium *e* portant de longs cils vibratiles établissant un courant d'eau vers l'intérieur de l'organe.
    b. Anneau.
    s. Sac de l'organe latéral situé au fond d'une fossette formée par une dépression de l'épithelium cutané.

Fig. 42. Cerveau du *Microstomum giganteum*.

PLANCHE VII.

Toutes les figures de cette planche sont dessinées à la chambre claire.

COUPES MICROSCOPIQUES.

Lettres communes à toutes les figures de cette planche.

e. Epithelium.
mb. Membrane basilaire.
pi. Pigment.
fce. Fibres musculaires circulaires externes.
fci. Fibres musculaires circulaires internes.
fr. Fibres musculaires rayonnantes.
fle. Fibres musculaires longitudinales externes.
fli. Fibres musculaires longitudinales internes.
tc. Tissu conjonctif.
cer. Cerveau.
y. Yeux.
P. Pénis.
O. Ovaire.
I. Intestin.
Ph. Pharynx.
T. Testicule.
V. Vitellogène.

Fig. 1. *Vortex viridis* M. Schul. Coupe longitudinale suivant un plan passant par le milieu du corps et par la droite et la gauche de l'animal.

B. Bouche.
g. Gaîne du pharynx.
m. Couche musculaire.
C. Une capsule à coque dure.
C'. Une capsule à coque encore molle.
gl. Tissu glandulaire de la partie postérieure et dorsale du corps.
glm. Glandes appartenant probablement à l'appareil mâle.

Fig. 2. *Vortex viridis* M. Schul. Coupe longitudinale suivant un plan aussi voisin que possible du plan de symétrie dorso-ventral.

g. Gaîne du pharynx.
m. Couche musculaire.
b,b. Points où l'épithélium est soulevé ou tombé.

Fig. 2. *C*. Une capsule à coque dure.

    C'. Une capsule à coque encore molle.

    gl. Glandes de la partie postérieure et dorsale du corps de l'animal.

    a. Point où les cellules de la paroi intestinale sont visibles.

    fc. Tissu conjonctif.

Fig. 3. *Vortex viridis* M. Schul. Coupe transversale du pharynx.

    en. Endothelium.

Fig. 4. *Planaria nigra* Müll. Coupe transversale au niveau de la trompe.

    g. Gaine du pharynx.

    vs. Vésicule séminale.

    fc. Fibres musculaires circulaires.

    fl. Fibres musculaires longitudinales.

    ovid. Oviducte.

Fig. 5. *Planaria nigra*. Coupe transversale du pharynx et de sa gaîne, à un niveau voisin de sa base.

    g. Gaîne du pharynx

    p. Paroi cellulaire de cette gaîne.

    ex. Enveloppe externe.

    en. Endothelium.

Fig. 6. *Planaria nigra* Coupe tranversale du pharynx à un niveau voisin de son extrémité libre.

    (*Les lettres ont la même signification que dans la fig. 5.*)

Fig. 7. *Planaria nigra*. Coupe transversale d'un rameau de l'intestin, montrant les cellules allongées qui constituent sa paroi.

Fig. 8. *Planaria nigra*. Cellules fortement grossies de la paroi d'une ramification gastrique.

Fig. 9. *Planaria nigra*. Coupe longitudinale, légèrement oblique, du pénis et de sa gaine.

    g. Gaîne du pénis.

    e. Epithelium couvert de papilles.

    fl. Fibres musculaires longitudinales.

    en. Endothelium.

    c. Canal du penis coupé obliquement.

Fig. 10. *Leptoplana tremellaris*. O. Fr. Müll. Coupe transversale au niveau du cerveau.

    n. Nerfs.

    fc. Fibres musculaires circulaires.

Fig. 11. *Leptoplana tremellaris*. Coupe transversale au niveau de la base du pharynx.

    g. Gaîne du pharynx.

    S. Amas de spermatozoïdes produisant une dilatation des tissus environnants.

    ovid. Oviductes fortement dilatées par des œufs très-nombreux et polyédriques par pression réciproque.

    fc. Fibres musculaires circulaires.

    fl. Fibres musculaires longitudinales.

Fig. 11. *I'*. Tronc principal médian de l'appareil digestif.

    cd. Canaux déférents ?

Fig. 12. *Eurylepta auriculata*. O. Fr. Müll. Coupe transversale des téguments , très-grossie.

    e. Epithelium avec bâtonnets.

    c. Cils vibratiles affaissés (Les soies raides ne sont plus visibles).

    pi. Pigment et fibres musculaires circulaires.

    fl. Fibres musculaires longitudinales.

Fig. 13. *Eurylepta auriculata*. Coupe transversale au niveau du pharynx. (Le pharynx est coupé longitudinalement dans une direction un peu oblique).

    ex. Enveloppe externe du pharynx.

    en. Endothelium.

    fr. Fibres musculaires rayonnantes et longitudinales.

    ovid. Oviductes.

    fl. Fibres musculaires longitudinales.

Fig. 14. *Rhynchodemus terrestris*. O Fr. Müll. Coupe transversale au niveau de la bouche.

    B. Bouche.

    q. Gaîne du pharynx.

Fig. 15. *Rhynchodemus terrestris*. Coupe transversale en avant du pharynx.

    gl. Tissu glandulaire avec granulations noires.

    T. Testicules ?

PLANCHE VIII.

Toutes les figures de cette planche sont dessinées à la chambre claire.

EMBRYOGÉNIE DE L'EURYLEPTA AURICULATA.

Fig. 1. Une capsule ovarienne.

Fig. 2. Une capsule ovarienne montrant un œuf mûr.

Fig. 3. Un œuf immédiatement après la ponte , et fécondé.

Fig. 4. Un œuf présentant des mouvements lents amœboïdes.

Fig. 5, 6 et 7. Sortie du globule polaire.

Fig. 8. Œuf après la sortie du globule polaire et présentant des mouvements de pétrissage,

Fig. 9. Œuf, au même stade que le précédent, traité par l'acide acétique à 1/100 , et montrant la forme du noyau sans contour net.

Fig. 10. Œuf segmenté montrant les quatre grosses sphères mésodermiques par transparence. L'épibolie a dépassé l'équateur.

Fig. 11. Embryon plus avancé, cilié. Un nombre assez considérable de cellules exodermiques se sont détachées et tourbillonnent à l'intérieur de la coque de l'œuf, poussées par les cils vibratiles de l'embryon.

Fig. 12. Embryon plus développé. L'intestin n'est pas encore ramifié , et est rempli de grosses
gouttelettes d'un liquide de nature albumineuse.

Fig. 13. Coupe optique de l'embryon précédent.

Fig. 14. Embryon pourvu de son capuchon céphalique et de son pharynx.

Fig. 15. Embryon pourvu de son capuchon céphalique et de ses deux lobes ventraux.

Fig. 16. Larve entièrement développée. On voit les deux points oculiformes , le capuchon céphalique , les deux lobes ventraux et les deux lobes latéraux. Les deux lobes dorsaux
sont également formés.

Fig. 17. Intestin rhabdocœle, isolé , d'un embryon aux stades des figures 12 et 14. Préparation
à l'acide azotique.

Fig. 18. Intestin dendrocœle isolé , d'une larve deux jours après l'éclosion. Préparation à l'acide
azotique.

Fig. 19. Larve nouvellemont éclose , vue par sa face dorsale.

Fig. 20. Larve nouvellement éclose, vue par sa face ventrale.

Fig. 21. Larve nouvellement éclose, vue de profil.

Fig. 22. Larve nouvellement éclose , vue par sa face postérieure.

Fig. 23. Larve nouvellement éclose , comprimée entre deux lames de verre.

Fig. 24. Larve deux mois après l'éclosion.

Fig. 25. Coupe optique de l'extrémité d'un des lobes latéraux de la larve.
    e. Epithelium longuement cilié , avec quelques bâtonnets.
    a. Membrane basilaire.
    b. Couche des cellules à bâtonnets.
    a'. Membrane basilaire.
    R. Tissu conjonctif.

Fig. 26. Coupe optique du capuchon céphalique sur une larve de 30 à 35 jours.
    e. Epithelium longuement cilié , présentant une épaisseur très-considérable à la partie
antérieure.
    b. Cellules à contenu granuleux et noyau très-apparent.
    c. Couche formée de cellules fusiformes , moins transparentes que les précédentes.
    R. Tissu conjonctif.
    i. Paroi de l'appareil digestif.
    g. Gouttelettes de liquide albumineux remplissant l'appareil digestif.

Fig. 27. Cellules exodermiques de la larve. Préparation au picro-carminate d'ammoniaque et au
nitrate d'argent.

Fig. 28. Cellules endodermiques de la larve. Préparation au picro-carminate d'ammoniaque.

Fig. 29. Cellules épithéliales de la partie antérieure du capuchon céphalique. Préparation à
l'acide azotique et à la liqueur carminée de Beale.

Fig. 30. Cellules à bâtonnets, et bâtonnets isolés de la larve.

Fig. 31. Différentes formes des cellules du tissu conjonctif, montrant le passage de la forme cellulaire à celle de fibre sagittée. Préparation à l'acide azotique et à la liqueur de Beale.

PLANCHE IX.

Toutes les figures de cette planche sont dessinées à la chambre claire.

EMBRYOGÉNIE DU LEPTOPLANA TREMELLARIS.

Fig. 1. Œuf pris dans l'oviducte.

Fig. 2. Œuf immédiatement après la ponte.

Fig. 3. Sortie du globule polaire.

Fig. 4 , 5 et 6. Aspects que présente successivement un même globule polaire au moment de sa séparation de l'œuf.

Fig. 7. Stade mamelonné ou de pétrissage lent.

Fig. 8. Aspect de l'œuf après que les mouvements amœboïdes ont cessé.

Fig. 9. Le globule polaire s'est divisé, et le noyau est revenu au centre de l'œuf et a repris ses contours nets.

Fig. 10, 11, 12, 13, 15. Différents aspects du noyau pendant la première segmentation.

Fig. 14. Les deux premières sphères de segmentation présentent chacune un amphiaster.

Les figures 13 et 14 sont prises dans une préparation traitée par l'acide acétique à 2/100 et par la liqueur de Beale.

Fig. 16. Stade III (anormal).

Fig. 17, 18, 19. Stade IV.

Fig. 20, 21, 22. Stade VIII.

Fig. 23, 24. Stade XII.

Fig. 25, 26. Stade XVI.

Fig. 27. Formation du feuillet moyen (stade XX).

Fig. 28. Les quatre cellules mésodermiques *m* se sont mises dans une position alterne avec les cellules endodermiques *en*.

Fig. 29. Stade un peu plus avancé vu par la face inférieure.

Fig. 30. Les quatre cellules mésodormiques se sont rapprochées du pôle formateur. Stade XXIV.

Fig. 31. Epibolie vue par le pôle formateur. Stade XXXII.

Fig. 32. Epibolie vue par le pôle formateur; les quatre cellules mésodermiques se sont divisées.

Fig. 33. Le même œuf vu de profil.

Fig. 34. Œuf plus avancé, vu par sa face inférieure. L'épibolie a dépassé l'équateur.

Fig. 35. Cellules exodermiques très-grossies.

Fig. 36. Particules protoplasmiques remplissant les cellules endodermiques, et isolées par l'écrasement de ces cellules.

PLANCHE X.

Toutes les figures de cette planche sont faites à la chambre claire.

EMBRYOGENIE DU LEPTOPLANA TREMELLARIS. Fig 1-12, 41 et 42.

Fig. 1. Apparition de la cinquième sphère endodermique. *en.* Cinquième sphère endodermique faisant hernie.

Fig. 2. Stade montrant la cinquième sphère endodermique en place.

Fig. 3. Stade un peu plus avancé, vu par le pôle formateur et montrant par transparence les 16 cellules mésodermiques disposées quatre par quatre.

Fig. 41. Apparition de quatre bourgeons au pôle oral. (Origine de la paroi intestinale ?)

Fig. 12. Les quatre bourgeons de la figure précédente grossis.

Fig. 42. Un stade un peu plus avancé, montrant encore les quatre bourgeons un peu plus développés. (L'embryon est cilié.)

Fig. 4. Embryon cilié tournoyant dans la coque de l'œuf.

Fig. 5. Embryon à un stade un peu plus avancé. L'épibolie est à peu près complète. Sur l'un des bords de l'anus de Rusconi se forme un bourrelet.

Fig. 6. Embryon montrant le bourrelet céphalique. Par transparence on voit les sphères aqueuses remplissant l'intestin encore rhabdocœle.

Fig. 7. Embryon au moment de l'éclosion.

Fig. 8. Coupe optique d'un œuf au stade de la figure 28 Pl. IX

Fig. 9. Coupe optique d'un œuf au stade de la figure 31 Pl. IX.

Fig. 10. Coupe optique d'un œuf au stade de la figure 33 Pl. IX.

Fig. 11. Coupe optique d'un œuf au stade de la figure 4 Pl. X.
 ex. Exoderme.
 en. Endoderme.
 m. Mésoderme.

FORMATION DES OEUFS, Fig. 13-17.

Fig. 13, 14 et 15. Œufs du *Prostomum lineare* pris dans l'ovaire.

Fig. 16. *Prorhynchus stagnalis.* Formation des œufs.
 a. Une portion de la paroi ovarienne isolée par dilacération.
 b, c, d, e, f, g. Œufs à différents degrés de développement, pris dans l'ovaire.
 h. Dolterzellen.

Fig. 17. *Vorticeros pulchellum* O. Schm. Un œuf, d'après Ludwig Graff (voir Zeitschrift f. wissensch. Zool. XXIV. Taf XVIII fig. 6).

   g. Vésicule et tache germinatives.

   v. Vitellus.

   m. Enveloppe formée de cellules cylindriques.

DOTTERZELLENS. Fig. 18-40.

Fig 18. *Mesostomum Ehrenbergü*. Une extrémité aveugle du vitellogène, traité par l'acide nitrique.

Fig. 19. *Mésostomum Ehrenbergü. Dotterzellen*, traitée par l'acide azotique et la liqueur de Beale.

Fig. 20. *Mesostomum tetragonum*. Un cul-de-sac du vitellogène.

   a, a. Dotterzellen en voie de division.

Fig. 21. *Prostomum lineare. Dotterzellen*.

   a, b, c. Etats jeunes.

   d, e. En voie de division.

   f. Dotterzellen mûre (sans réactif).

      n. Noyau.

      gl. Globule réfringent.

   g. La même traitée par l'acide acétique au 2/100 et la liqueur de Beale

   h. Dotterzellen présentant des mouvements de pétrissage.

      n. Noyau.

Fig. 22. *Prostomum lineare*. Aspect de quelques *Dotterzellen* dans la capsule ovigère.

Fig. 23. *Prostomum lineare. Dotterzellen* en régression.

Fig. 24 (*a, b, c, d, e*). *Mesostomum rostratum*. Différents états des *Dotterzellen*.

Fig. 25 à 35. *Dendrocœlum Angarense. Dotterzellen*.

   n. Noyau.

   Gl. Globule réfringent.

Fig. 36. *Planaria nigra*. Deux *Dotterzellen*. En dessous, on voit une *Dotterzellen* écrasée.

   n. Le noyau et son nucléole.

   gr. Granulations.

   gl. Globules réfringents.

Fig. 37. *Dendrocœlum lacteum. Dotterzellen*.

Fig. 38. *Planaria fusca*. Amas de *Dotterzellen* présentant des mouvements amœboïdes.

Fig. 39. *Planaria fusca*. Une *Dotterzellen* isolé.

Fig. 40. *Planaria fusca*. Noyau de *Dotterzellen* isolée et très-grossi.

PLANCHE XI.

La plus grande partie des figures de cette planche sont dessinées à la chambre claire.

EMBRYOGÉNIE DES RHABDOCŒLES.

Fig. 1. *Prostomum lineare*. Une capsule ovigère, à coque encore molle, et encore renfermée dans l'utérus. Les *Dotterzellen* présentent des mouvements amœboïdes.

Fig. 2. L'œuf de la capsule précédente, isolé.

Fig. 3. *Prostomum lineare*. Un œuf isolé, montrant la sortie du globule polaire.

Fig. 4. *Prostomum lineare*. Un œuf isolé, montrant l'allongement du noyau.

Fig. 5. *Prostomum lineare*. Œuf montrant l'amphiaster qui doit donner naissance au stade II.

Fig. 6. *Prostomum lineare*. Stade IV, isolé.

Fig. 7. *Prostomum lineare*. Larve ciliée, isolée. Dans la capsule ovigère, on pouvait voir cette larve nageant au milieu des *Dotterzellen*, dont quelques-unes étaient déjà désagrégées.
  ex. Exoderme.
  en. Endoderme.

Fig. 8. *Prostomum lineare*. Une capsule ovigère montrant une larve plus développée.

Fig. 9. Larve de la capsule précédente, isolée. Le pharynx est formé, l'intestin est rempli de débris de *Dotterzellen*. L'exoderme présente des cils vibratiles et des soies raides. A la partie antérieure, une invagination, origine de la trompe.

Fig. 10. *Prostomum lineare*. Capsule avec un jeune animal entièrement développé, sur le point d'éclore.

Fig. 11. *Prostomum lineare* jeune, au moment de l'éclosion.

Fig. 12. *Prostomum lineare* adulte, beaucoup moins grossi que le précédent. L'animal s'est considérablement accrû, tandis que le stylet a conservé ses dimensions primitives, et se trouve ne plus occuper qu'un espace restreint à l'extrémité postérieure du corps.

Fig. 13. *Prostomum lineare*. Apparition du Receptaculum seminis.
  o. Ouverture génitale femelle.
  r. Receptaculum seminis.
  r'. Bourgeon pair qui avorte.
  u. Canal de l'utérus.

Fig. 14. *Prostomum Steenstrupii*. O. Schm. Capsule récemment formée, montrant deux œufs.

Fig. 15. *Prostomum Steenstrupii*. Capsule montrant deux jeunes animaux entièrement développés et tournoyant à l'intérieur.

Fig. 16. *Prochynchus stagnalis*. Capsule récemment formée. On voit que les contours des *Dotterzellen* sont peu accusés.

Fig. 17 *Prorhynchus stagnalis*. Un œuf isolé de sa capsule, au stade de pétrissage.

Fig. 18. *Prorhynchus stagnalis.* Une capsule montrant un œuf au stade II. A ce moment les *Dotterzellen* présentent des mouvements amœboïdes accusés, et leurs contours sont très-nets.

Fig. 19. *Mesostomum rostratum.* Capsule nouvellement formée.

Fig. 20. Œuf de la capsule précédente, isolé et vu par une de ses faces polaires.

Fig. 21. Le même œuf vu par l'équateur.

Fig. 22. *Mesostomum rostratum.* Œuf sorti de sa capsule, montrant une masse plus claire au centre, et des filaments tortillés sur eux-mêmes.

Fig. 23. *Mesostomum rostratum.* Œuf isolé au stade III.

Fig. 24. *Mesostomum rostratum.* Œuf montrant l'épibolie.

    ex. Exoderme.

    en. Endoderme.

Fig. 25. *Mesostomum rostratum.* Embryon vu par sa face orale et considérablement grossi.

    ex. Exoderme cilié.

    o. Reste du *prostoma.*

Fig. 26. *Mesostomum rostratum.* Coupe optique d'un embryon plus développé que le précédent, et comprimé.

    ex. Exoderme cilié.

    o. Bouche.

    ph. Pharynx.

    en. Endoderme.

    i. Intestin.

    g. Gaîne du pharynx.

    r. Tissu conjonctif.

    fc. Couche plus dense (fibres musculaires circulaires ?)

    b. Couche des cellules formatrices des bâtonnets.

Fig. 27. *Schizostomum productum.* Embryon isolé de sa capsule.

    ex. Exoderme cilié.

    en. Intestin rempli de *Dotterzellen* plus ou moins désagrégées.

    ph. Pharynx.

    Cet embryon remplissait complètement la capsule dont il avait absorbé toutes les *Dotterzellen* et s'y mouvait librement.

Fig. 28. Jeune *Schizostomum productum* au moment de l'éclosion.

Fig. 29. Cellules épithéliales du même animal.

    a. Vues de face.

    b. Vues de profil.

    c. Bâtonnets.

Fig. 30. *Mesostomum Ehrenbergii,* œuf isolé de sa capsule.

    ex. Exoderme.

    en. Endoderme.

Fig. 31. *Mesostomum Ehrenbergii.* Embryon cilié, dans sa capsule. Le pharynx est formé et la bouche est visible. — On n'a représenté qu'une partie des *Dotterzellen*, afin de laisser voir l'embryon

Fig. 32. *Typhloplana viridata*, O. Schmid. Œuf vu par le pôle formateur.

Fig. 33. Le même œuf vu du profil.

    ex. Exoderme.

    en. Endoderme.

Fig. 34. Cellules épithéliales de jeune *Typhloplana viridata* au moment de l'éclosion. On voit les noyaux et les bâtonnets. Préparation à l'acide azotique.

Fig. 35. *Mesostomum personatum*, O. Schmidt. Œuf isolé de sa capsule, Stade II.

Fig. 36. Capsule ovigère de *Macrostomum kystrix*, Œrsted, au moment où elle vient de se former, on voit qu'une partie du vitellus n'est pas encore envahie par les granulations réfringentes.

Fig. 37. Un utérus du même animal, contenant trois œufs. On voit que les granulations deutoplasmiques ont entièrement envahi le vitellus de l'œuf.

SECONDE THÈSE

PROPOSITIONS DONNÉES PAR LA FACULTÉ.

1. Caractères généraux des terrains qui constituent le massif de l'Ardenne.

2. Fécondation chez les Phanérogames et organes qui concourent à l'accomplissement de ce phénomène.

Vu et approuvé :
Paris, le 16 juillet 1879.
LE DOYEN DE LA FACULTÉ DES SCIENCES ,
MILNE-EDWARDS.

Permis d'imprimer :
Paris , le 17 juillet 1879.
LE VICE-RECTEUR DE L'ACADÉMIE DE PARIS,
GRÉARD.

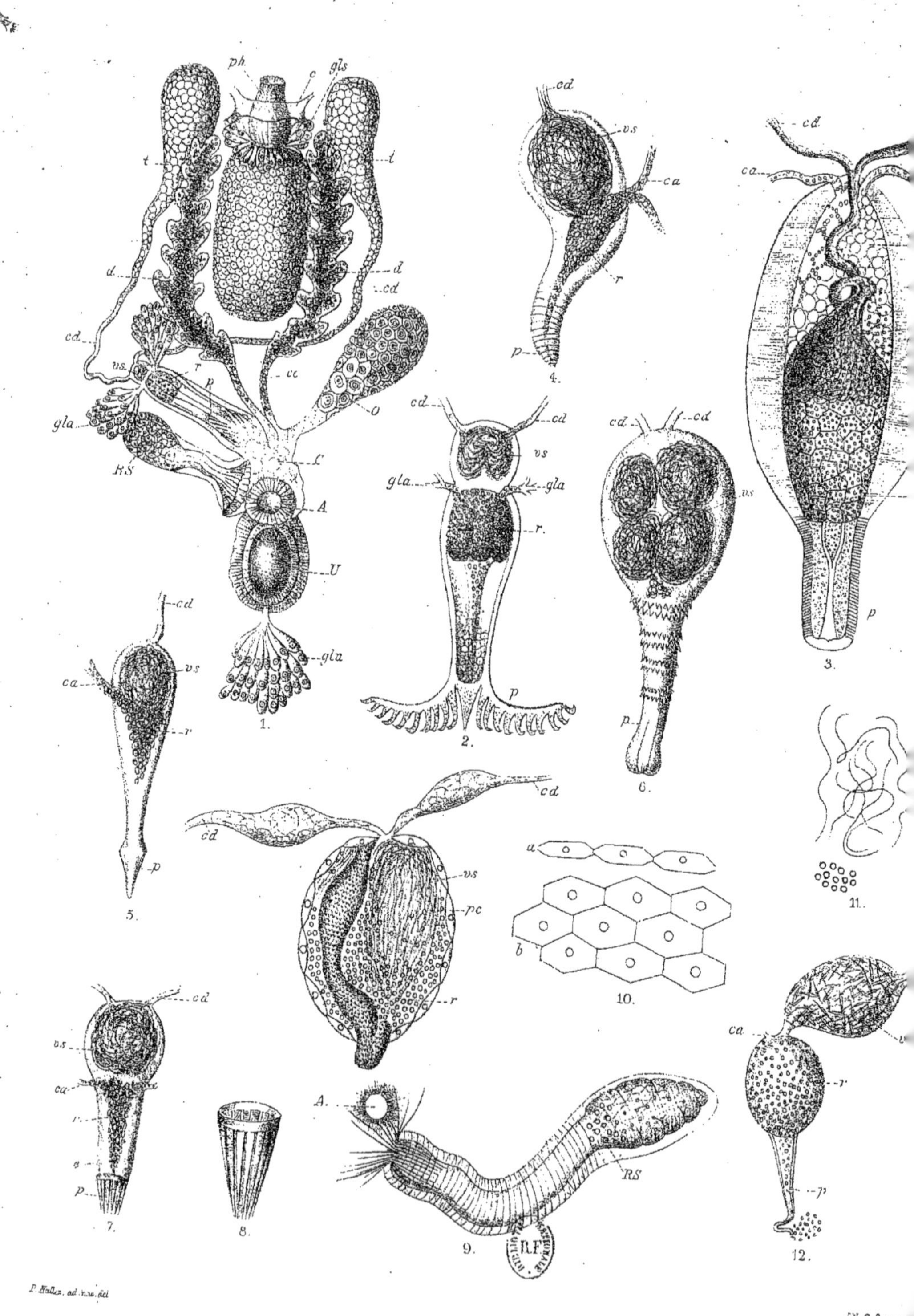

Anatomie des Rhabdocoeles

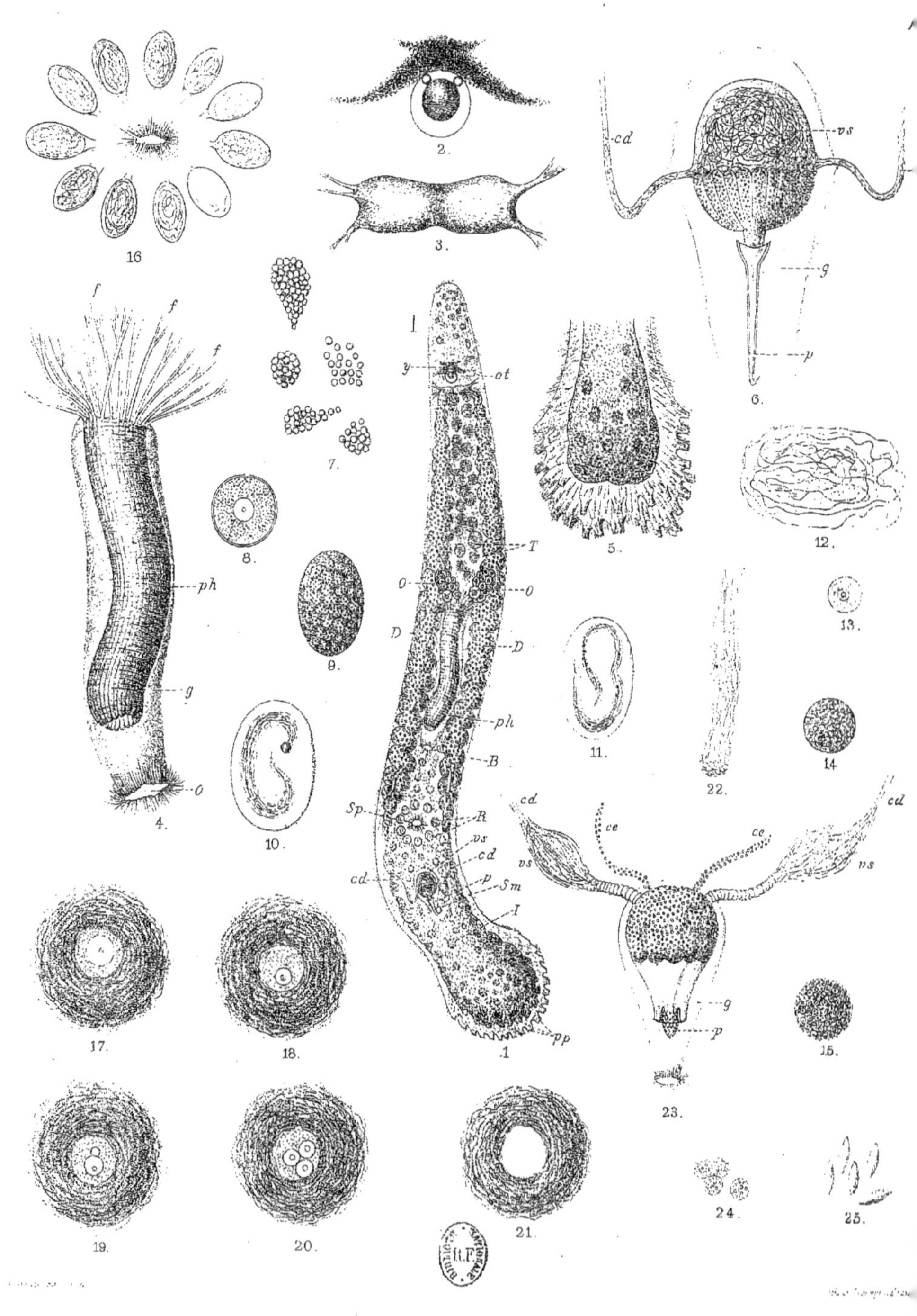

Monocelis Balani. Nov. spec. Fig. 1–16.   Enterostomum Fingalianum. Ed. Clap. Fig. 17–25.

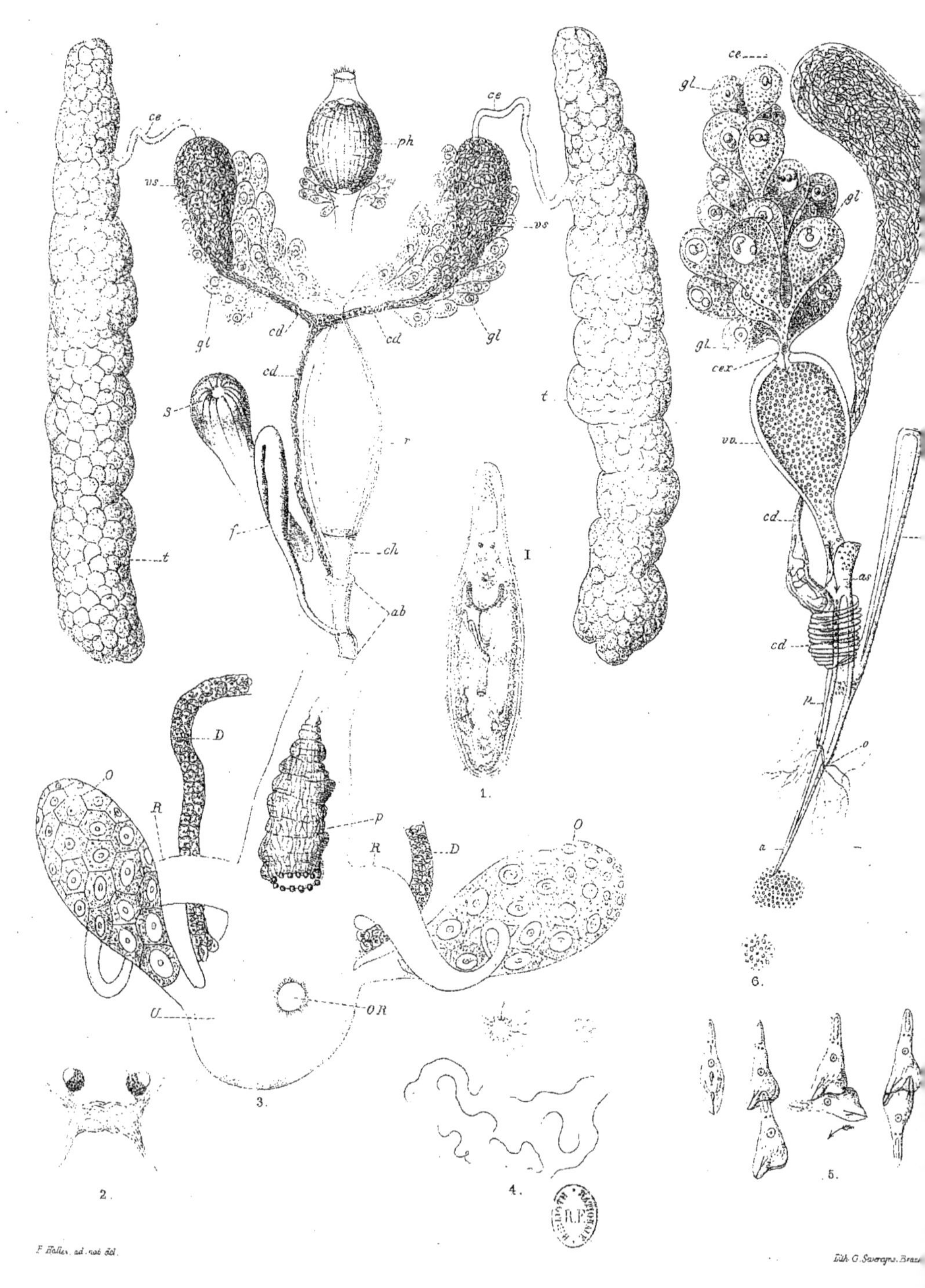

F. Haller ad. nat. del.

Lith. G. Severeyns. Brux

Prostomum Giardii Nov. spec. Fig. 1-4. Prostomum lineare Œrst. Fig. 5 et 6.

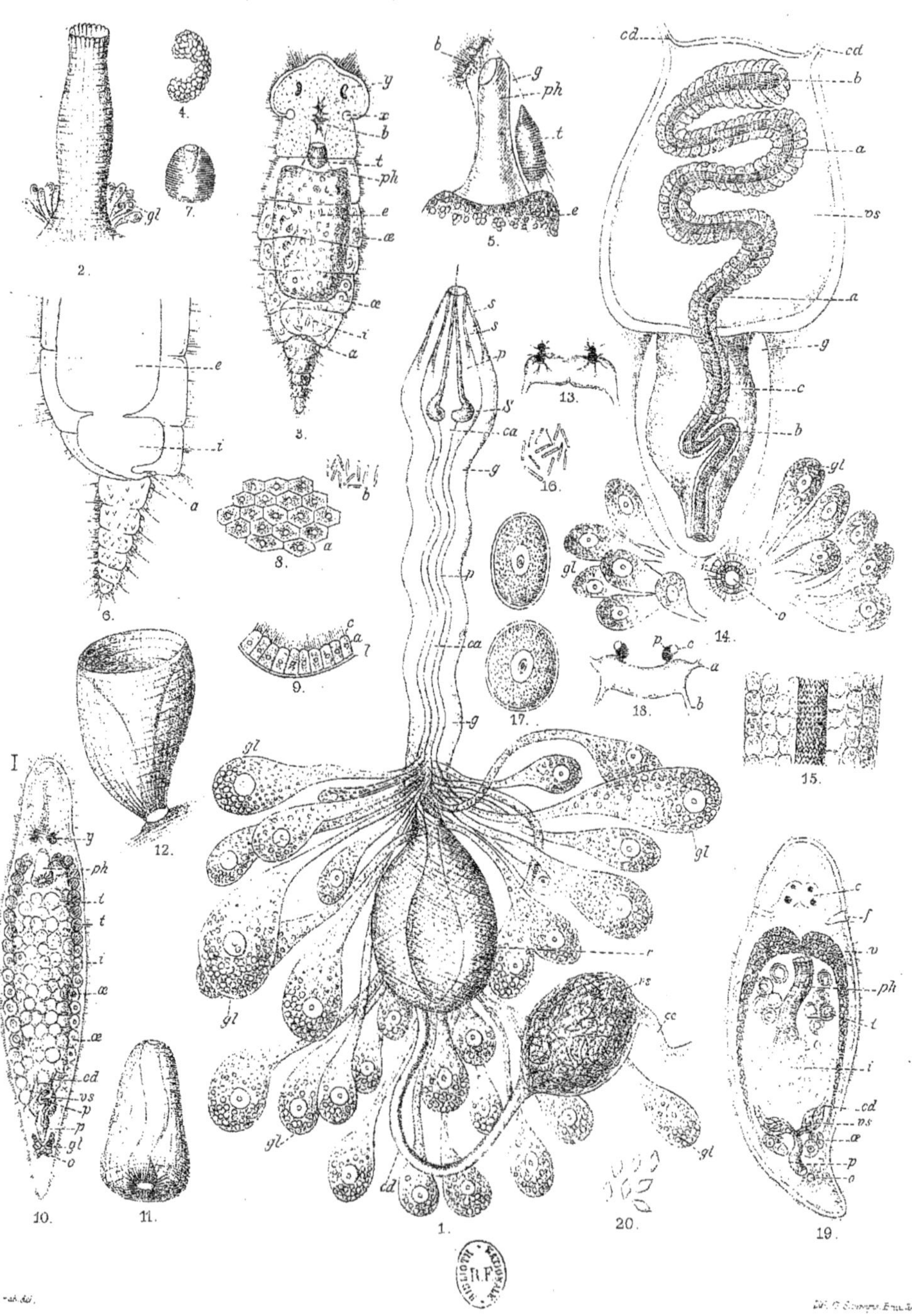

Prorhynchus stagnalis M. Schultze. Fig 1-2. Dinophilus metameroides Nov. spec. Fig. 3-9.
Vorticeros Schmidtii Nov. spec Fig. 10-17. Turbella inermis Nov. spec. Fig. 19-20.

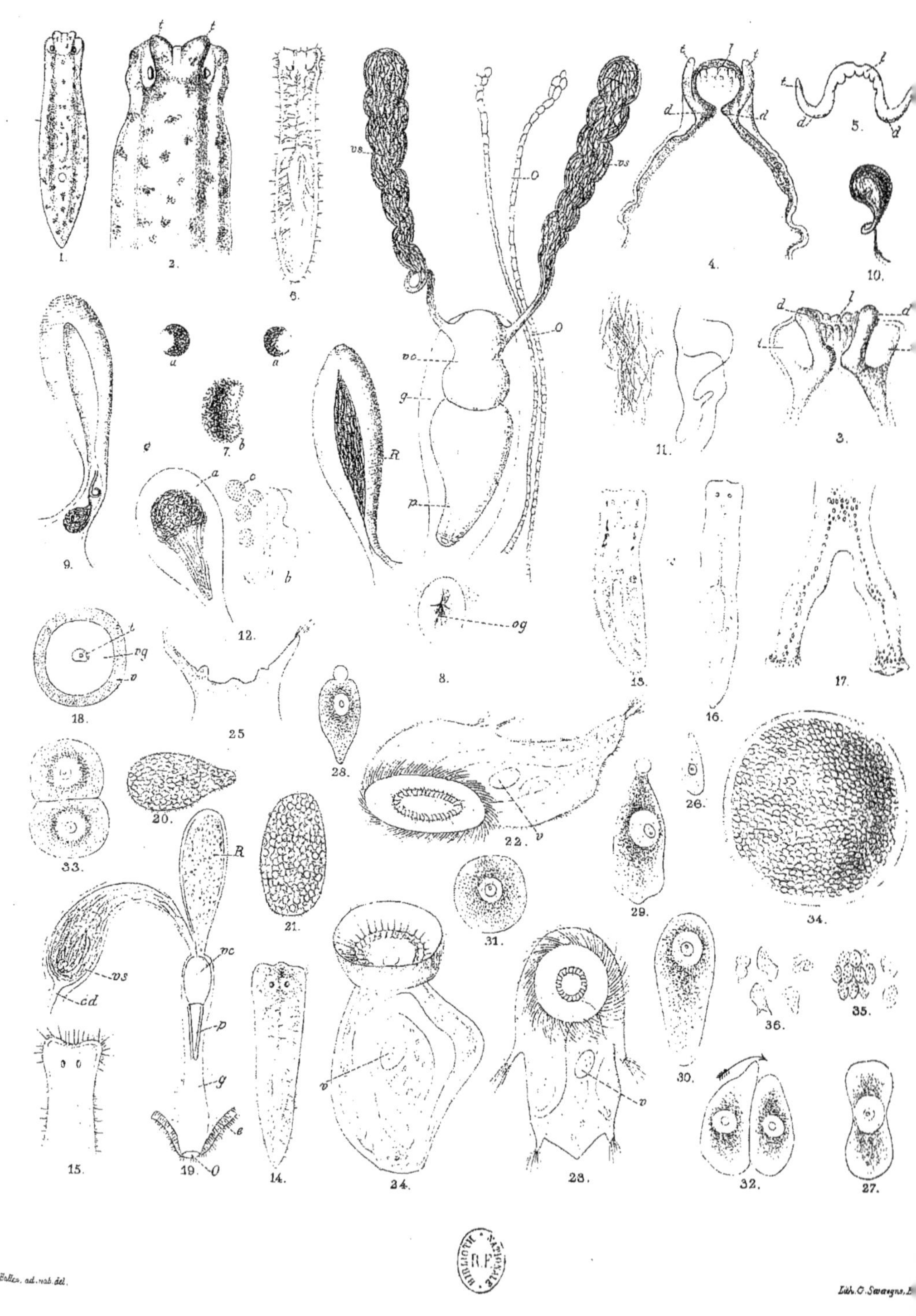

Anatomie des Dendrocœles Fig. 1-19. Parasites des Planaires d'eau douce Fig. 20-36.

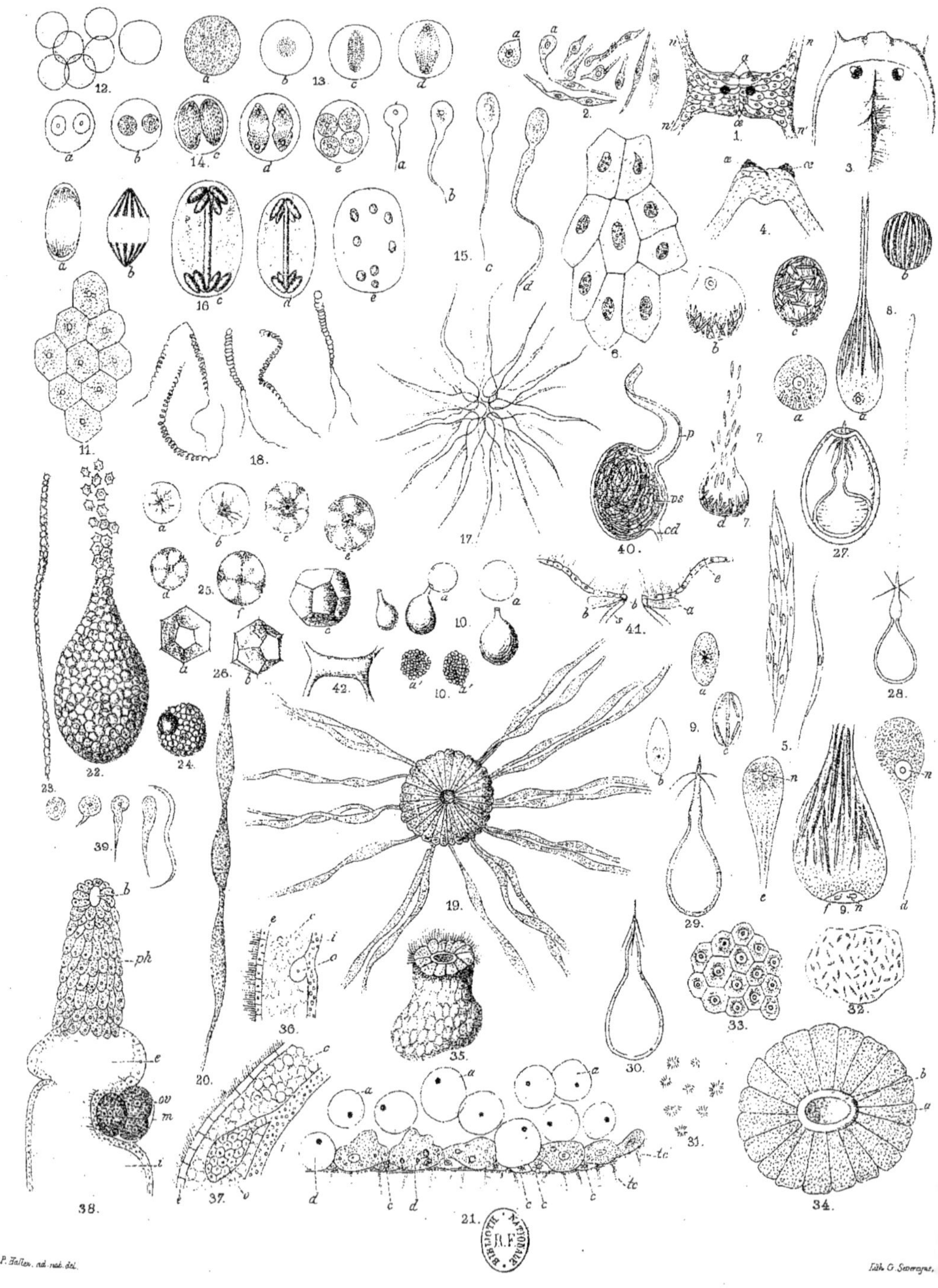

Anatomie des Rhabdocoeles.

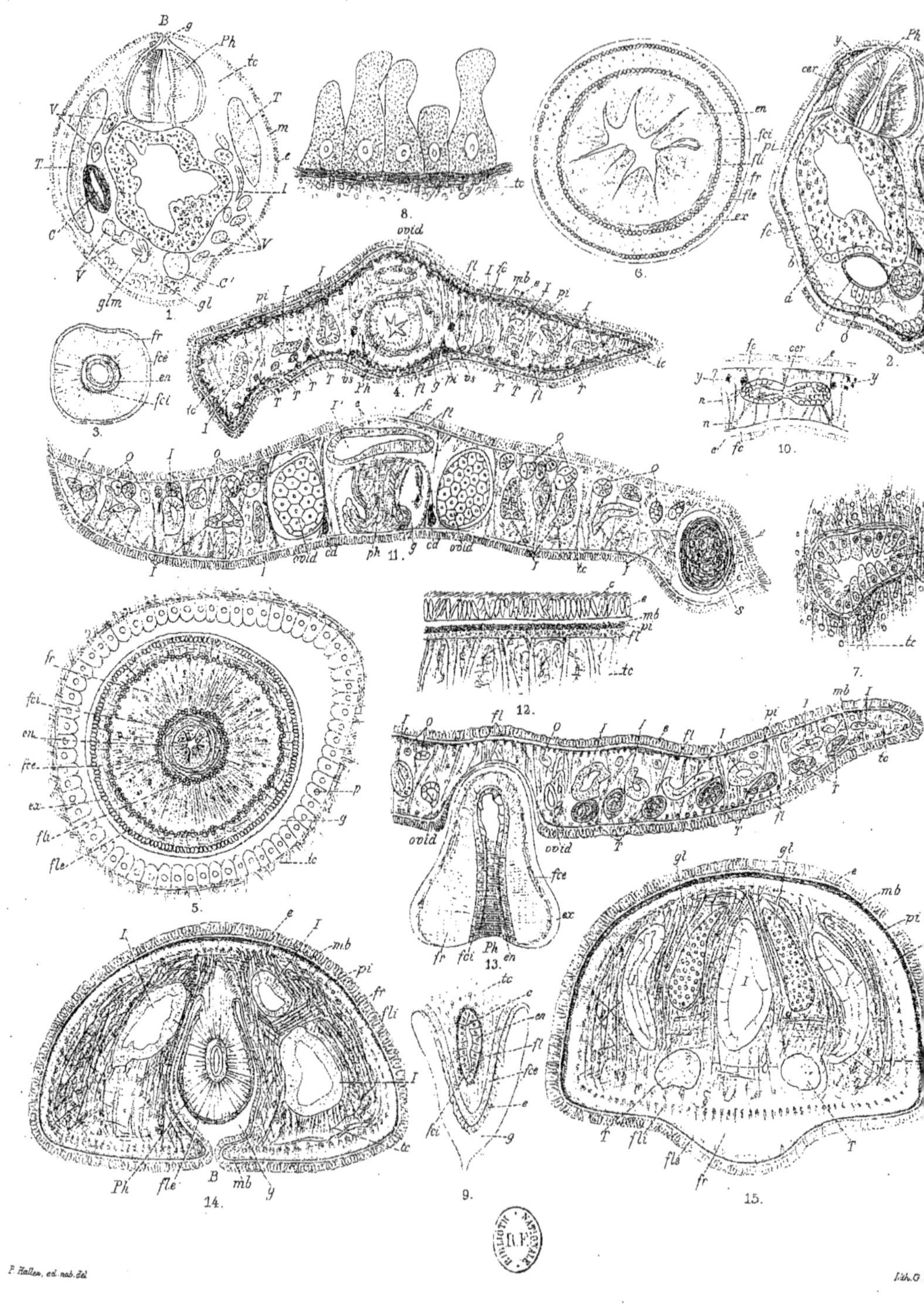

Coupes microscopiques.

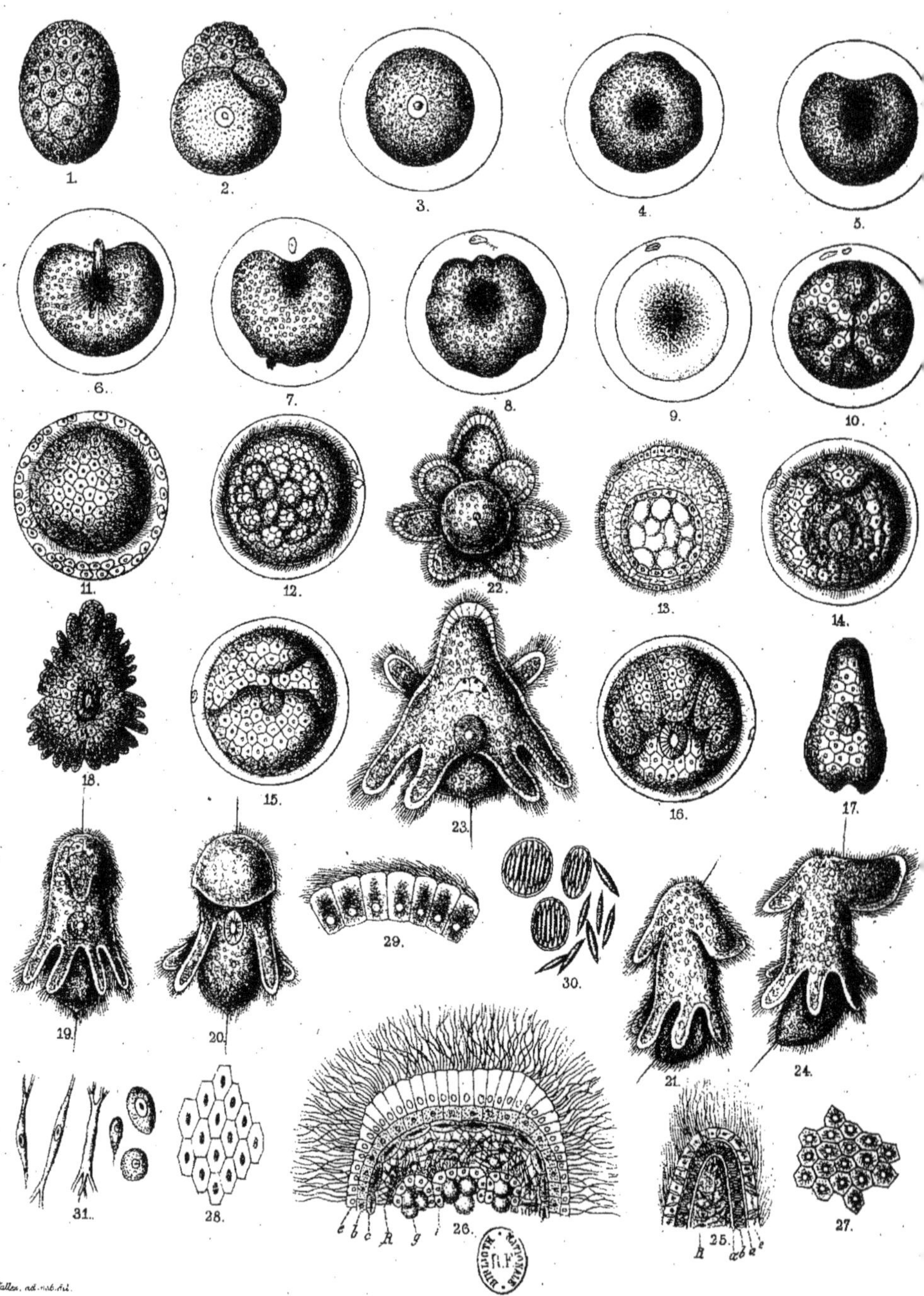

Embryogénie de l'Eurylepta auriculata. O. Fr. Müll.

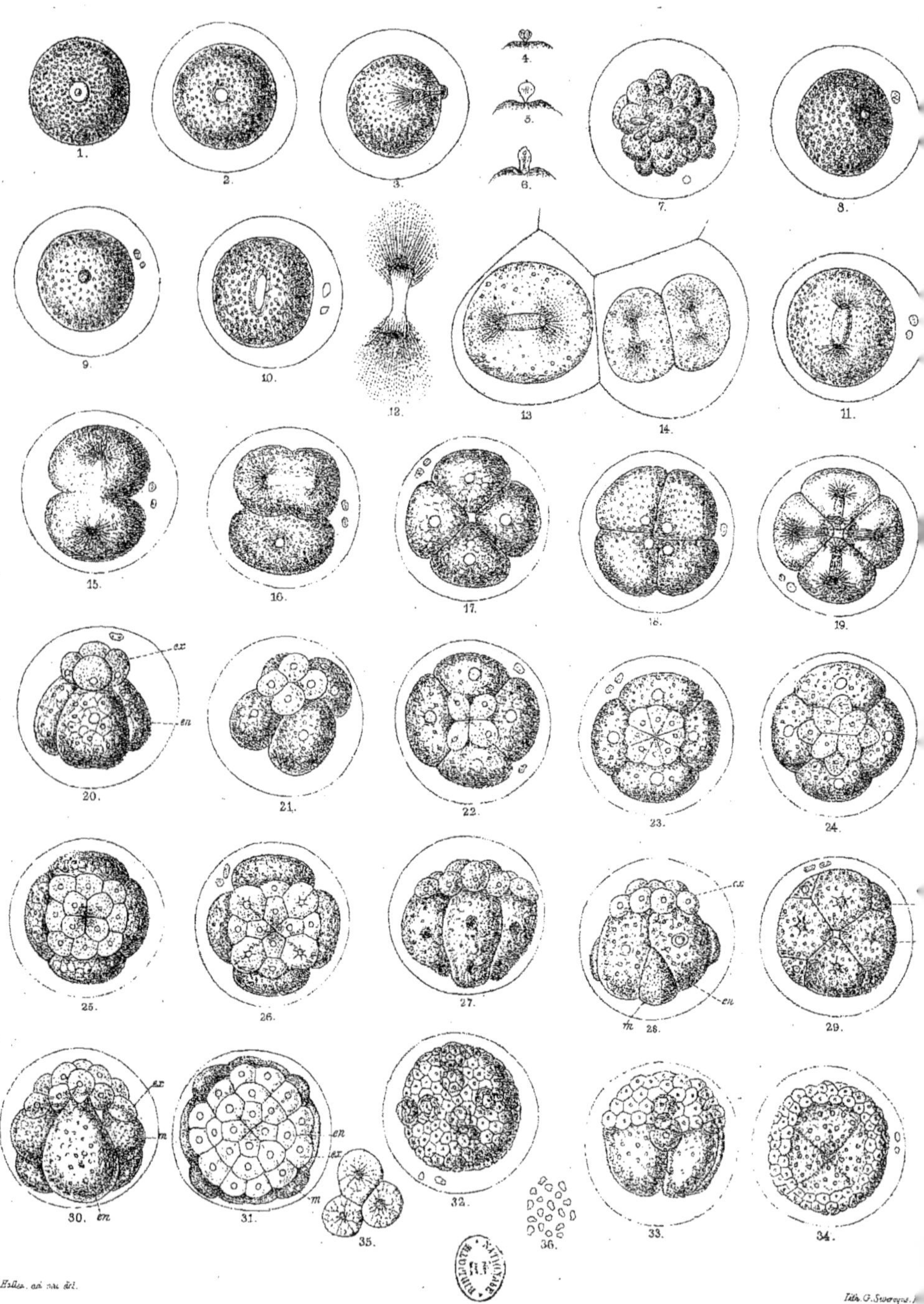

Embryogénie du Leptoplana tremellaris. O. Fr. Müll.

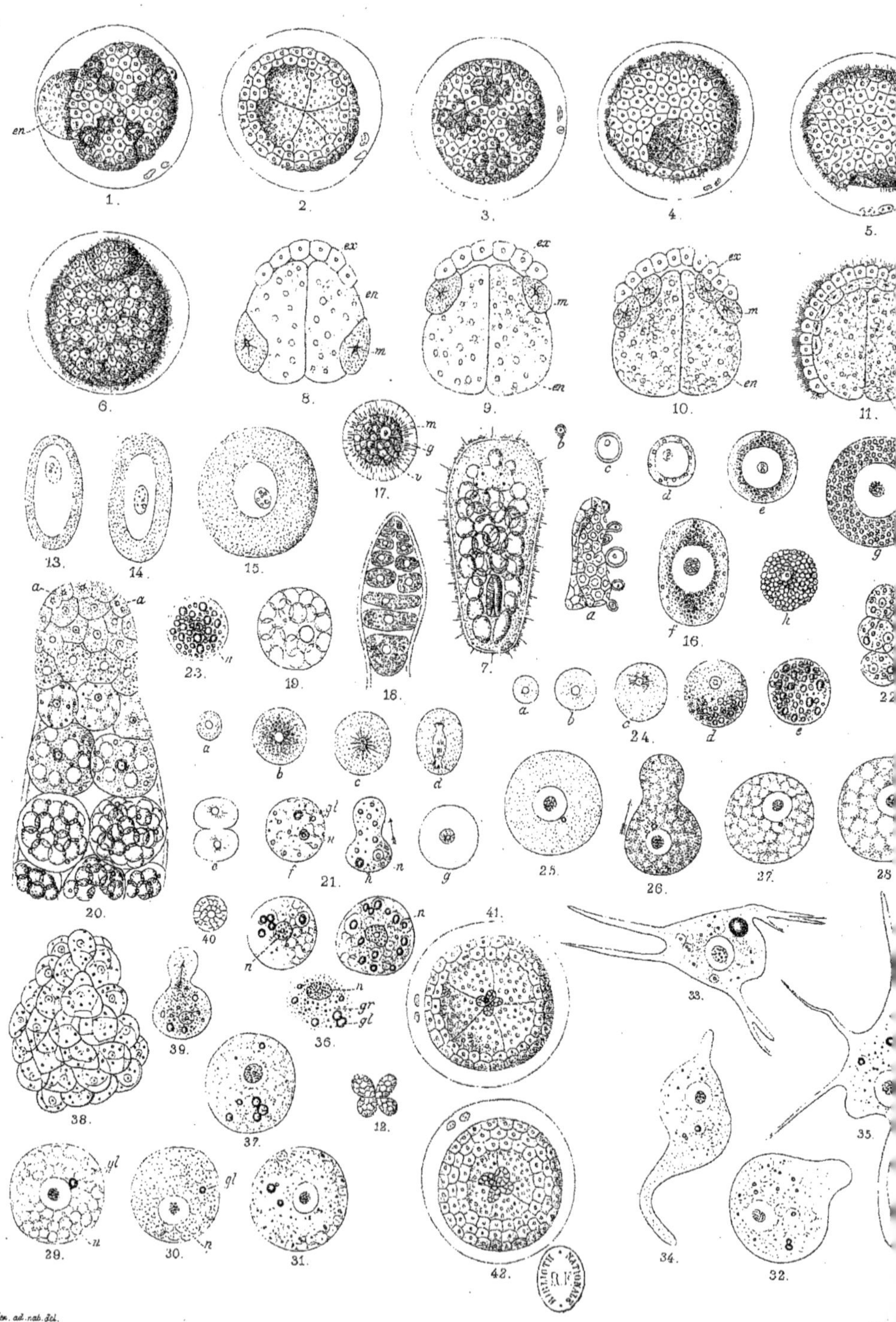

Embryogénie du Leptoplana tremellaris Fig. 1-12, 41 et 42. Formation des œufs Fig 13-17.

Dotterzellen et vitellogéne Fig. 18-40.

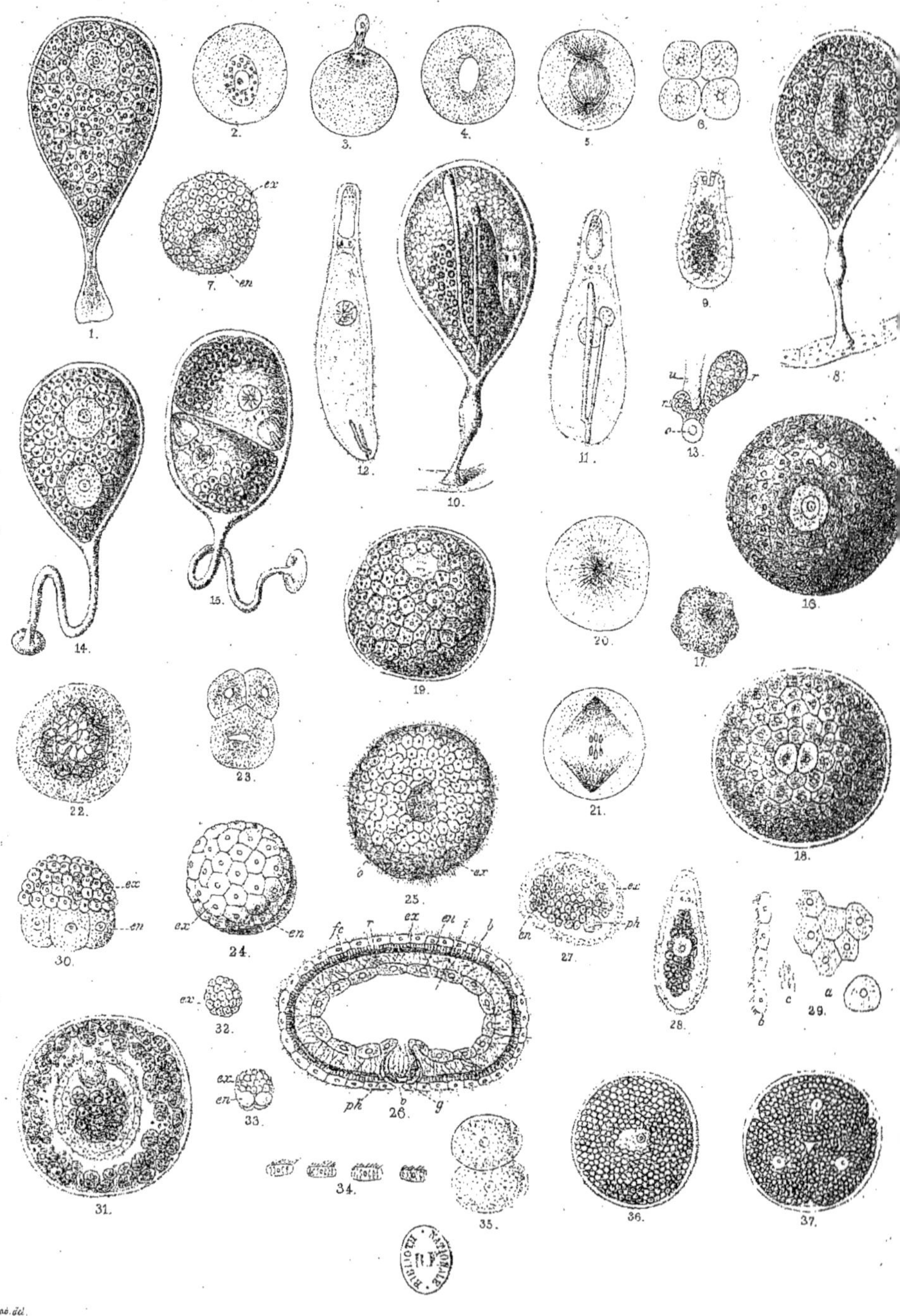

P. Hallez ad nat. del.

Lith. G. Severyns.

Embryogénie des Rhabdocœles.